河南省科技创新人才计划杰出青年基金
(No. 134100510006)资助出版

网络安全政策指南

Cyber Security Policy Guidebook

[美] Jennifer L. Bayuk Jason Healey
Paul Rohmeyer Marcus H. Sachs
Jeffrey Schmidt Joseph Weiss 著
张志勇 范科峰 向菲 译

国防工業出版社
·北京·

著作权合同登记　图字:军-2014-060号

图书在版编目(CIP)数据

网络安全政策指南/(美)贝尤克(Bayuk,J.L.)等著;张志勇,范科峰,向菲译. —北京:
国防工业出版社,2014.11
书名原文:Cyber security policy guidebook
ISBN 978-7-118-09824-2

Ⅰ.①网…　Ⅱ.①贝…②张…③范…④向…　Ⅲ.①互联网络—安全
技术—指南　Ⅳ.①TP393.08-62

中国版本图书馆CIP数据核字(2014)第282272号

Cyber Security Policy Guidebook by Jennifer L. Bayuk, Jason Healey, Paul Rohmeyer, Marcus H. Sachs, Jeffrey Schmidt, Joseph Weiss

Copyright © 2012 by John Wiley & Sons, Inc. All Rights Reserved. This translation published under license.

※

国防工业出版社出版发行

(北京市海淀区紫竹院南路23号　邮政编码100048)

北京奥鑫印刷厂印刷

新华书店经售

*

开本787×1092　1/16　印张12　字数264千字

2014年11月第1版第1次印刷　印数1—2000册　**定价58.00元**

(本书如有印装错误,我社负责调换)

国防书店:(010)88540777　　发行邮购:(010)88540776
发行传真:(010)88540755　　发行业务:(010)88540717

译 者 序

作为从事网络信息安全领域的研究人员，我们从 2012 年 WILEY 出版社出版这本原著开始，就一直关注它。这是在网络空间安全政策与战略领域，非常高屋建瓴，极具参考价值的一本书。

党中央、国务院高度重视信息安全问题，党的“十八”大首次提出“健全信息安全保障体系”的目标，国务院国发〔2012〕23 号文中提出“培育国家信息安全标准化专业力量，加快制定三网融合、云计算、物联网等领域安全标准”。2013 年 8 月，国务院以国发〔2013〕32 号印发《关于促进信息消费扩大内需的若干意见》，其中强调，加强信息基础设施建设，加快信息产业优化升级，大力丰富信息消费内容，提高信息网络安全保障能力。2014 年 2 月，中央网络安全和信息化领导小组成立。该领导小组将着眼国家安全和长远发展，统筹协调涉及经济、政治、文化、社会及军事等各个领域的网络安全和信息化重大问题，研究制定网络安全和信息化发展战略、宏观规划和重大政策，推动国家网络安全和信息化法治建设，不断增强安全保障能力。据悉，截至 2014 年，全球已有 40 余个国家颁布了网络空间国家安全战略，并且在这项工作中，美国远远走在其他国家的前列。

本书所探讨的网络安全政策涉及行政、立法、司法、商业、军事和外交行动等众多领域，详细阐释了网络空间、网络安全和网络安全政策之间的关系，描述了网络安全演化历史以及衡量网络安全的方法。针对政策决策者所面临的复杂网络安全环境，全面地给出了不同组织和行业的网络安全政策列表，以及美国政府为调整网络安全战略与政策所做出的努力。因此，本书是在了解和掌握美国网络空间安全战略方面非常难得的一本参考手册和指南。

本译著的出版受到河南省科技创新人才计划杰出青年基金（No. 134100510006）资助。相关研究工作受到国家自然科学基金（No. 61370220，No. 61172053）、国家科技重大专项“新一代宽带无线移动通信网”（No. 2015ZX03003007）、国家 242 信息安全计划（No. 2014A104）、河南省科技攻关项目（No. 142102210425）、河南省教育厅科学技术研究重点项目基础研究计划（No. 13A520240，14A520048）等支持。

本译著的主要分工如下：河南科技大学计算机系主任张志勇教授、中国电子技术标准化研究院信息安全研究中心副主任范科峰博士负责本书的申请列选、论证和最终审定全稿。本书第 1 ~ 5 章由张志勇负责翻译，第 6 章由河南科技大学电子科学与技术系副主任向菲博士负责翻译，第 7 ~ 8 章由范科峰博士负责翻译。河南科技大学“多媒体内容安全”研究团队的研究生在本书的编辑、校对等方面给予了大力协助。本译著的出版也得到了中国电子技术标准化研究院信息安全研究中心领导的关注和大力支持。他们的宝贵意见和建议，使得这本颇具价值的原著得以顺利译成并出版，和国内读者如期见面。

我们在本书翻译过程中，力求精益求精，期间翻阅和参考了大量的国外相关资料，但因能力有限，难免仍有疏漏之处，敬请读者批评指正。

张志勇　范科峰　向 菲

2014 年 8 月

序

不久前,我还是美国国土安全部(DHS)网络安全战略的负责人。在那个角色中,我主要负责和安全部的同事们一起实施维护网络安全行动。在一次例会上,当把焦点聚集在网络空间风险的管理和测量上时,我们观点交锋,互不相让。行动组一位资深员工透过桌子看着我问道:“您真的认为政策应该推动行动吗?”

除这个问题背后显而易见的异常外,它指出了这本书要传达的核心主题:网络安全战略的重要性,战略和操作之间的关系,利益相关者和政策决策者这两个完全不同团体的直接关联性,以及由此引发的不可避免的争议与辩论。这些问题非常具有时代特征,并不是由于谨小慎微而提出的。

也许令我在 DHS 的同事懊恼的是,事实上,政策确实应当推动行动。正如作者明确指出的那样,政策必然推动许多不同层面的决策。我们中有多少人没有听过美国总统在演讲中说道:“这是我的管理政策……”?他的工作是(和国会一起)制定国家政策,通过适当的实践行动实施政策,然后确保政策正确执行或根据情况进行调整。其他层面的执行者也有类似责任。

然而,在万事皆网络的发展过程中,政策并没有成为驱动力,反而成了马后炮。作者们用多种方式来说明这一点,并由此提出一个极其重要的问题:网络安全政策总是应该事后反应吗?显而易见,答案是否定的,否则,它推动的行动和标准将永远是被动的,这将导致一种本质上站不住脚的情况,即网络安全的工作总是落后于他们想要阻止的攻击。如果这种情况听起来太过熟悉,那是因为网络安全从业者在这个单调乏味的岗位上工作太久了,丝毫没有结束的迹象。

当然,很大的问题是,主动的网络安全政策设置是非常困难且耗时的工作。哪怕是最简单地详读本书第 6 章就足以告诉读者,几乎任何网络安全政策都是富有争议的,政策制定的基础本身实际上是模糊的。

作为一般规则,当一个人因为正确构建特定系统的复杂性而心烦意乱时,最好向后退一大步——然后提升自己更宏观地看待问题。只有这样,才能发现构筑本书的核心问题,“我正在建立正确的系统吗?”根据我的自身经历,这个问题的答案往往是:不。对于那些正在建立错误系统的人来说,如果构建方式是正确的,并因此加大投资,听到这样的答案将会痛苦得难以置信。

我相信,所有的这一切都能说明,《网络安全政策指南》这本书出现的理由。不论观点如何,如果毫无偏见地去读,这本书将帮助读者看到网络安全的全局及其关键政策的设置。这本书无疑是一个很好的助手。

本书的作者都是备受推崇的专业人士,都是各个领域的专家,他们将多年的经验汇集在本书中,这是非常令人愉快的。正如他们所指出的,标题惊人的广泛——这是一个自然的结果,在今天的网络化世界中,“网络”无处不在。事实上,如果主题不是如此重要和具有重大意义,总是随身把这本书抱在怀里看上去很愚蠢。

但是,对我们大多数人来说,与国家安全、商业运营或互联网相关的任何事情都是非常重要的。为此,了解一些相关措施是至关重要的。因此,这本书非常之重要。

Andy Cutts
美国国土安全部前网络安全政策指挥官

前　言

当决定写这本书时,网络安全政策会议(SIT2010)恰好正在举行。会议议题的范围从风险资本家做出的安全技术投资决策到网络安全政策在个人隐私上的实现。尽管所有的演讲者都是各自领域的专家,并且被要求提出网络安全政策的演讲议题,许多人还是将焦点放在了战略或技术问题上。对于嘉宾和观众来说,即使对政策很清楚,也会因为阐述不清而无法参与知情讨论。因此,在会议上,评论变成了乱哄哄的嗡嗡声,对于与会者而言,这确实是一段难忘的经历。

这段经历使我们发现,网络安全政策对于不同的人意味着不同的事,甚至是那些在这一领域工作的人。这个发现促使我们想要写这样一本书,旨在引导读者通过个别简单的概念去吸收、理解网络安全及其政策。

我们很清楚,在网络安全领域,没有一个人有足够的经验以至于能够单独完成这本书。我们的团队能够保证,我们的经验覆盖了网络安全的主要领域。章节的每一部分都和我们的经验一一对应。而且,每个章节都被所有的作者仔细审阅过,以保证对于不同类型的读者,这本书都在做一个整体的陈述。政策是权威人士的领域。行政当局起源于由社会契约建立起来的政府或私人企业领域。虽然本书是以管理者的角度来写的,但并不仅仅是为他们而写。在立法时,为了从公共和私人两方面听到不同的声音,网络安全政策分析必须经过严格的审查,因此,本书的读者必须扩大到执行顾问、教育工作者、研究人员、立法人员和该领域的从业人员。虽然每位读者对这本书中所提到的内容,都有他们自身的知识背景和经验,但我们还是期望能够通过和同一领域内的同行们共同分享网络安全政策方面的一般框架和专业术语,从而丰富目前网络安全政策中的概念。同行们的专业经验使他们能够处理不断变化的网络安全问题。大多数关于网络安全的文献分为两类:技术和建议。谈到对网络安全政策的案例决策时,本书将避开技术术语和专业建议。尽管本书努力解释网络安全的技术问题,但完全是以外行人的口气。同时,本书强调对网络安全政策决策的评判和分析思考的重要性,使读者能够描述具体政策的选择所产生的影响,令读者自行决定将此影响看做积极的还是消极的。

这本指南整合了网络安全政策在行政、立法、司法、商业、军事和外交行动上可能的解释。这些学科的读者可透过本领域的专业视角审视这些内容,并由他人遇到的问题引导深入了解。对于外行来说,这是一本导论性的指南,同时,它又为网络安全领域的专家提供了全面参考。

起初,正如在会议上划分的那样,这本书被归类为政策领域,并且依此划分了章节,分给了每个作者。然而,写作刚开始,我们即对划分的方法产生了怀疑。会议上的一些议题范围十分广泛,例如:法律的实施、隐私、公民权和人身自由;新兴技术、革新和商业成长;全球网络安全政策的影响。其他议题集中在系统的特定类型,如:下一代空中运输系统和电力分布。没有人认为,每章的政策内容简单组合就能组成一本书。本书的内容不能将一个行业的问题分成几个问题子集,但是它要能够达到启发外行人的目的。要使他们理解网络安全政策问题到底是什么。这一认识导致本书的行文布局使得全书更加完整统一。

第1章介绍网络空间、网络安全和网络安全政策之间的关系。第2章讲述了网络安全的简要历史。它提供了必要的背景知识,使外行也能够理解这个行业的当前状态,以及国家在网络空间领域建立安全控制的做法。本章并不是对网络犯罪或建立网络安全控制的立法尝试的事件记录,而是突出影响安全控制变革的重要事件。

第3章描述了衡量网络安全的通常做法。从安全的目的和目标的角度重温了第2章的历史;讨论了已被用来确定网络安全目标是否已经达到的各种方法;通过研究三个网络空间启用的案例来详细说明这些方法。这三个案例是:电子商务、工业控制系统和个人移动装置。

第4章为行政决策者提供指南,他们负责大的组织和选区,是网络安全利益相关者。本章强调网络安全管理与其他管理行为一样,成功的执行需要清晰明确的目标和相应的计划管理;提供了如何开始建立网络安全战略和有关网络安全政策的主要原则;建议在网络安全问题上,应当集成组织的使命和目的。

第5章介绍检查网络安全政策问题的编目方法。它将第2章和第3章的网络安全历史和指标放在网络空间操作环境中,从而将安全问题从责任问题中分离出来,在网络安全领域的"政策"适用于跨越多个组织和行业的不同层面的社会问题。因此,第5章描述了在不同的岗位上,决策者所面临问题的界定。也就是说,通信公司高管面临的政策决定与军事战略家所面临的政策决定是完全不同的。然而,由于它们之间存在重叠,因此在本章节中对这些界定特别进行了描述。界定是为了更清晰地说明,而不是为了介绍不存在的界限。

第6章在前5章介绍的概念和定义基础之上,解释了政策决策者所面临的网络安全环境。每个部分包括不同的组织和行业面临的网络安全政策问题的列表。

第7章按时间顺序记录了美国政府为调整网络安全战略与政策所做的努力,并评述了网络安全政策上历史性事件的影响。在本章的结束部分,提到了参众两院关于网络安全政策的建议。

第8章进行总结,并展示如何在每章就同一主题提出不同的观点;强调对于不同的网络空间利益相关者,网络安全政策的方法必然不同,并且在实现个人网络空间战略目标时,安全性措施必须针对有效性去衡量。

我们之间对彼此所从事领域的深度和广度深表欣赏。当我们在记录历史时,Marcus Sachs在公共和私人政策领域的第一手经验是非常宝贵的。Jason Healey在政府服务和私人研究政策分析上的丰富经验揭示了单一民族国家和全球外交的众多问题。Joe Weiss在工业控制系统深入的专业知识防止我们对技术基础设施的关键属性失去焦点。Paul

Rohmeyer 在技术管理上不间断的学术研究和商业经验，确保我们的叙述不仅对决策者意义非凡，对实施战略目标的所有人都具有重要意义，很明显，那些人就是我们的目标读者群。Jeff Schmidt 的职业生涯长时间浸泡在互联网管理和软件工程问题上，这为本书提供了合理的完整性检查。Jennifer Bayuk 雄厚的技术背景和以外行人进行写作的行文技巧将本书巧妙组织，并完成了概念的陈述，且使之易于理解。

我们将本书献给网络安全政策的制定者，无论是台前的还是幕后的。愿你们在各自的领域取得成功。

Jennifer L. Bayuk
Jason Healey
Paul Rohmeyer
Marcus H. Sachs
Jeffrey Schmidt
Joseph Weiss

致　谢

本书的灵感来自于21世纪尊敬的空军部长 Mike Wynne，他为空军的网络安全做了很大贡献，并在当时一手负责提高对于国家安全相关的网络安全政策问题的认识。在众多其他赞美和关键的任命中，Wynne 先生担任过系统工程研究中心的顾问委员会主席和斯蒂文斯理工学院院长的高级顾问。

为了建立学术界的网络安全政策意识，Wynne 先生主持了斯蒂文斯理工学院关于此主题的会议(SIT 2010)，征询了网络空间多位专家的意见。他们在会议中发表了演讲或参与到讨论中。有些不能出席的专家也提供了其书面意见。我们感谢演讲者和其他给会议提供意见的专家。

非常感谢审查本书第一回完成稿的专家，他们的宝贵意见大大提升了这里所包含的网络安全政策内容的可理解性。我们非常感谢以下人的努力和意见：Warren Axelrod、Larry Clinton、Kevin Gronberg、Richard Menta、William Miller、Brian Peretti、Andy Purdy 和 Michael zur Muehlen。感谢以下人为本书提供材料：Michael Aisenberg、Edward Amoroso、Tom Arthur、Paige Atkins、James Arden Barnett、John Boardman、David M. Bowen、Christopher Calabrese、Ann Campbell、C. R. Collazo、Greg Crabb、William Crowell、Matthew D. Howard、John A. Davis、Christopher Day、James X. Dempsey、Edward C. Eichhorn、Robert Elder、Steve Elefant、Dan Geer、Charles Gephart、Gary Gong、Gail L. Graham、Kevin Harnett、Melissa Hathaway、Husin bin Hj Jazri、Erfan Ibrahim、Robert R. Jueneman、Jeffrey S. Katz、John Kefaliotis、Alan Kessler、George Korfiatis、Darren Lacey、Pascal Levensohn、Martin Libicki、Chan D. Lieu、Eric Luiijf、Pablo Martinez、Douglas Maughan、Ellen McCarthy、Dale Meyerrose、Gregory T. Nojeim、John Osterholz、James B. Peake、Jim Richberg、Robert D. Rodriguez、Tom Ruff、Brian Sauser、Ted Schlein、Agam Sinha、Ben Stewart、John N. Stewart、Eric Trapp、David Weild、John Weinschenck 和 Paul Winstanley。我们已经尽可能多地采纳了会议的意见，感谢这些分享他们见解的专家。我们期待有关网络安全政策方面更多的建设性意见，以确保网络安全向前发展的和平与繁荣。

目　录

第1章　引言 …… 1
1.1　什么是网络安全 …… 1
1.2　什么是网络安全政策 …… 2
1.3　网络安全政策范畴 …… 5
1.3.1　法律与法规 …… 5
1.3.2　企业政策 …… 6
1.3.3　技术操作 …… 6
1.3.4　技术配置 …… 7
1.4　战略与政策 …… 7
第2章　网络安全演变 …… 10
2.1　生产率 …… 10
2.2　因特网 …… 14
2.3　电子商务 …… 19
2.4　对策 …… 23
2.5　挑战 …… 25
第3章　网络安全目标 …… 27
3.1　网络安全度量 …… 27
3.2　安全管理目标 …… 31
3.3　计算脆弱性 …… 34
3.4　安全架构 …… 35
3.4.1　电子商务系统 …… 36
3.4.2　工业控制系统 …… 39
3.4.3　个人移动设备 …… 42
3.5　安全政策目标 …… 46
第4章　决策者指南 …… 47
4.1　高层基调 …… 47
4.2　政策项目 …… 48
4.3　网络安全管理 …… 50

4.3.1 实现目标……50
4.3.2 网络安全文档……53
4.4 目录的使用……54
第5章 编目方法……56
5.1 编目格式……58
5.2 网络安全政策分类……60
第6章 网络安全政策目录……62
6.1 网络治理问题……62
6.1.1 网络中立性……63
6.1.2 因特网命名与编号……67
6.1.3 版权与商标……71
6.1.4 电子邮件与消息发送……73
6.2 网络用户问题……76
6.2.1 恶意广告……78
6.2.2 假冒……80
6.2.3 合理使用……83
6.2.4 网络犯罪……86
6.2.5 地理定位……91
6.2.6 隐私……93
6.3 网络冲突问题……96
6.3.1 知识产权窃取……96
6.3.2 网络间谍活动……99
6.3.3 网络破坏活动……101
6.3.4 网络战……103
6.4 网络管理问题……109
6.4.1 信托责任……109
6.4.2 风险管理……112
6.4.3 职业认证……115
6.4.4 供应链……117
6.4.5 安全原则……121
6.4.6 研究与发展……125
6.5 网络基础设施问题……128
6.5.1 银行业与金融业……129
6.5.2 医疗保健……131
6.5.3 工业控制系统……137

第 7 章　政府的网络安全政策 …… 143
7.1　美国联邦政府网络安全战略 …… 143
7.2　美国联邦政府网络安全公共政策发展简史 …… 144
7.2.1　1993 年 2 月 26 日纽约世界贸易中心爆炸事件 …… 144
7.2.2　1994 年 3 月 ~5 月针对美国空军的网络攻击:目标锁定五角大楼 …… 144
7.2.3　1994 年 6 月 10 月花旗银行盗窃案:如何抓住一个黑客 …… 145
7.2.4　1995 年 4 月 19 日 Murrah 联邦大楼:主要恐怖主义事件及其影响 …… 146
7.2.5　关键基础设施保护总统委员会—1996 …… 146
7.2.6　63 号总统决策指令—1998 …… 147
7.2.7　国家基础设施保护中心(National Infrastructure Protection Center,NIPC)和 ISAC—1998 …… 148
7.2.8　“合格接收机”演习—1997 …… 149
7.2.9　Solar Sunrise 漏洞入侵事件—1998 …… 149
7.2.10　计算机网络防御联合工作小组—1998 …… 150
7.2.11　2001 年 9 月 11 日恐怖分子袭击美国:灾难性事件对交通系统管理和操作的影响 …… 150
7.2.12　美国政府对 2001 年 9 月 11 日恐怖袭击事件的响应 …… 152
7.2.13　国土安全总统决策令 …… 153
7.2.14　国家战略 …… 154
7.3　网络犯罪的上升 …… 156
7.4　间谍活动与国家行动 …… 157
7.5　对日益增长的间谍威胁的政策应对:美国网络司令部 …… 158
7.6　国会行动 …… 159
7.7　总结 …… 160
第 8 章　结论 …… 161
术语表 …… 163
参考文献 …… 170

第1章 引 言

1.1 什么是网络安全

网络安全通常是指网络系统具有控制接入和保障共所包含信息安全的能力。在网络安全有效控制的地方,网络空间被认为是一种可靠的、可恢复的且可信的数字基础设施。在网络安全控制缺失、不完整或是设计不合理的地方,网络空间被认为是数字时代尚未开垦的蛮荒之地。甚至那些工作在安全行业的人们,对于他们所置身其中的网络安全的认识也不尽相同。无论一个系统是物理设施或是网络空间组件的集合,被指派负责该系统安全的专业人员的角色都是为潜在攻击做计划,并且为攻击的后果做好准备。

虽然“网络”(Cyber)一词是主流术语,但是确切来说它到底指什么,却是难以清晰描述的。原本出自科幻小说,随后基于兴起的计算机控制与通信领域而闻名的“控制论”(Cybernetics)一词,现在通常指的却是电子自动化(Safire 1994)。相应的术语“网络空间”(Cyberspace)一词,其定义范围囊括从概念到技术,并且被一些人称做是第四领域,此外还有陆地、海洋和大气层空间等前三个领域(Kuehl 2009)。关于网络空间与网络安全,在文献中有很多种定义。我们的意图并不是为了在语义上对这些定义进行辩论,因此没有引入那些文献中的定义。进一步讲,这些辩论对于本书的目的是没有必要的,因为通常我们并不将“网络”(Cyber)一词用做一个名词,而是一个修饰其主语的形容词,它的属性是支持一组自动化电子系统通过网络进行接入访问。正如对应到词典编纂中,就认知语言学与约定俗成的大众文学之间对于语言的使用有争论一样(Zimmer 2009),因此我们请读者撇开容易引起困惑的两个术语“网络空间”(Cyberspace)与“网络安全”(Cyber Security),这两个词仅仅指代它们各自现实的概念。同时记住,我们通常将术语“网络”作为一个形容词,它的具体属性会随着所关注讨论的系统而变化。

在很大程度上,网络安全通常以下面一些三元组来解释,它们分别用来描述安全专业人员的目标与方法(Bayuk 2010)。这些三元组结合起来几乎包含了此术语的大多数用法,它们是:

预防,检测,响应;

人员,流程,技术;

保密性,完整性,可用性。

这些分别反映了网络安全的目标,达到网络安全的方法,以及实现网络安全目标所需要的机制。

预防、检测、响应通常是解决物理安全和网络安全的目标。传统上,安全计划的主要目标是阻止一个成功的敌手攻击。然而,所有的安全专业人员都意识到:根本不可能预防所有的攻击,所以最好在损失发生前,做好计划和准备,必须包括检测正在攻击的方法。

然而，无论检测步骤是否有效，一旦一个系统明显遭受威胁，安全就应包括响应此类事件的能力。在物理安全中，术语“应急人员”(First Responders)是指政策、火灾或者紧急医疗专业的“英勇”人士。典型的响应包含击退攻击、医治幸存伤员、保护受损的资产。在网络安全中，这个三元组中的第三个元素往往以比较乐观的形式阐明，如把“响应”替换为“恢复”或“更正”。对这个三元组动作的结果有一个更好的期望，那就是恢复而不是简单的响应，这反映在信息安全计划的文献中，建议安全管理应该包含对重要商业系统的还原与恢复。由于信息技术允许操作系统所需的数据和程序拥有多样性、冗余性和可恢复性，因此信息安全专业人员希望损害可以完全消除。无论发生什么情况，都希望从响应中所得到的经验教训能够反馈给预防计划，从而形成一个可持续的、安全不断完善的循环。

人员、流程、技术通常是解决一般的技术管理和作为一个专业领域的网络安全管理的方法。这个三元组遵守：系统需要操作者，操作者必须遵守为了使系统完成它们的任务而制定的规则。若应用到安全上，这个三元组更突出这样一个事实：安全不能由安全专业人员单独实现，也不能仅仅依靠技术来完成。要保护的系统或组织被公认为包含其他人员要素，这些人员的决策与行动，对安全程序的成功执行起着至关重要的作用。如果没有预先计划好的流程，即使这些人中的每个人都希望并且积极地执行安全操作，他们也不知道如何采取联合行动预防、检测和恢复受损的系统。所以安全专业人员需要将安全程序融合在已有的组织流程中，并在战略上采用技术实现网络安全目标。

保密性、完整性、可用性是解决特定信息的安全目标。保密性是指系统拥有限制信息分发和授权使用的能力；完整性是指维持所记录或报告信息的真实性、准确性和来源的能力；可用性是指系统的功能性实时可用。这些信息安全目标在没有用在计算机的时候，已经应用到信息上，但是网络空间的到来改变了这些目标实现的方法，也改变了目标实现的相应困难度。这些支持保密性、完整性和可用性的技术，经常彼此制约。例如，在网络空间中，为使信息达到一个高级别的可用性，经常会使保持信息的保密性变得更加困难。在一个给定系统中，针对每一类信息，安排好保密性、完整性和可用性方法，是一个网络安全专业人员应有的专业素质。网络安全通常是指使用三元组人员、流程、技术，去预防、检测和恢复受损系统，并在网络空间中保证信息保密性、完整性和可用性的方法。

1.2 什么是网络安全政策

网络使整个社会的生产力提高，并能够及时、有效地分发信息。无论网络被引入到什么样的产业或应用中，生产力的提高都是不争的事实。网络空间中信息的快速传送降低了整个系统的安全性。与技术专家致力于提高生产力相比，安全措施看似直接阻碍了进步，这是因为：预防措施减少、抑制或推迟用户进入；检查措施消耗重要的系统资源；响应需求会从系统特征中分散管理的注意力，而这些注意力本该集中在提供更加直接令人满意的系统功能上。网络安全政策解决了网络功能需求与安全需求之间的矛盾。

很多涉及网络安全的情况都会提及“政策”(policy)一词。它是指与信息发布有关的法律与规定、私企中信息保护的目标、控制技术中计算机操作方法以及在电子设备中的配置变量(Gallaher, Link, et al. 2008)。但是，在使用“网络安全政策”(Cyber Security Policy)这一短语的文献中也使用了大量其他方式。就“网络空间”(Cyberspace)这一术语而言,目前还没有一个定义。但是,当术语“网络安全”(Cybersecurity)作为一个形容词用在政策声明中时,这里却是一个普通的主题。这本指南旨在为读者提供足够多的背景去理解和领会其主题,以及所引申的内容。读完后,读者应该可以更有信心地去解读众多的网络安全政策。

一般来说,术语“网络安全政策”(Cyber Security Policy)是指直接用来维护网络安全的指令。网络安全政策如图 1.1 所示。为了有助于理解被称为“系统路线图”(Systemigram)的这些复杂主题,图中用一个建模工具来说明(Boardman and Sauser 2008)。“系统路线图”以一种介绍待定义事物的组成部分(所有名词)的方式,创造了一种简洁的、用做解释的定义,并且把它们之间所形成的活动(所有动词)结合起来。这个工具需要一条主干把所有的主要元素连接起来,这个“主干”连接被定义的概念(左上)及其目的或任务(右下)。这条主干是用来捕捉外行人对这个概念的看法。这个所定义的概念的其他观点可以用复杂概念上的补充观点来加以阐述。

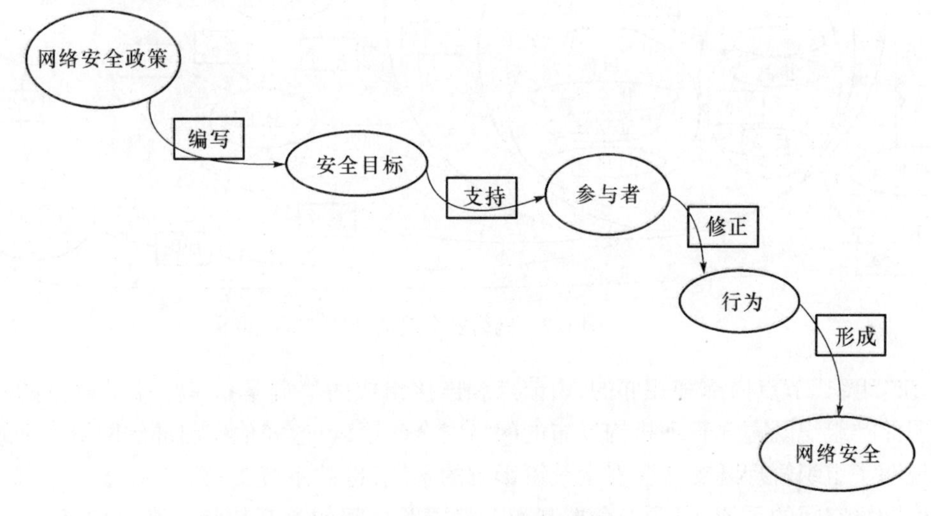

图 1.1　网络安全政策定义

在图 1.1 中,网络安全政策描述为编写网络安全目标,支持参与者遵照政策修正他们自己的行为,以实现网络安全。图 1.2 对概念做了补充,为网络安全政策中的不同观点添加了不同颜色。虽然不是所有的添加节点和连接都完全严格地包含在网络安全政策的定义范围内,但是却能够帮助理解图 1.1 中的主要定义。

在图 1.2 中,从“管理机构”节点进出的连接,说明了网络安全政策被管理机构作为一种实现安全目标的方法而采纳。此图是通用的,因为管理机构常常独立于它们领导的组织之外而存在。例如,单一民族国家可能是一个管理机构,也有人可能认为凌驾于多个独立业务单位之上的集中式企业安全办公室,也是一个管理机构。从“执行机构”节点辐射出去的连接,解释了政策执行机构的角色,即制定法律、规则和/或条例,这些不仅会影响参与者的行为,也会影响那些在决策过程中成为利益攸关的人。最左边的连接是说明标准的作用,这些标准是由受管理机构政策约束的管理组织所制定的。来自“供应商”节点的连接描述了供应商、参与者、管理者三方之间的关系,参与者与管理者既影响供应商,又被供应商所影响,供应商为遵循安全政策提供工具,为系统安全提供产品和服务。

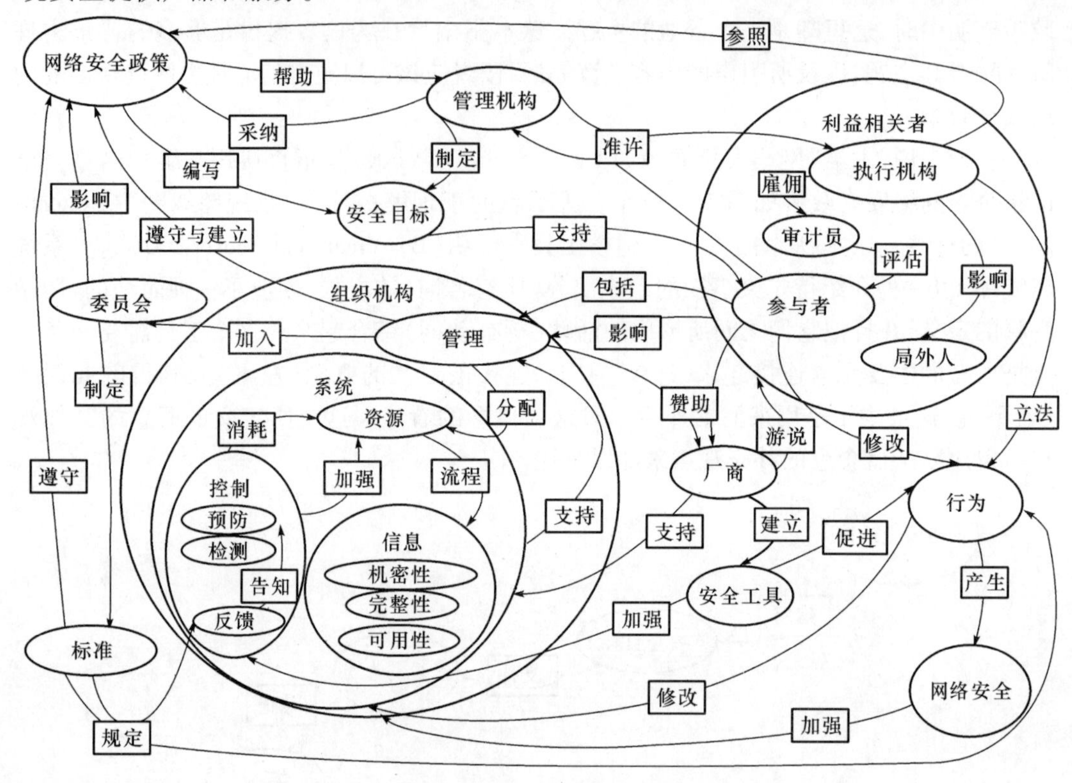

图 1.2　网络安全政策全景

在“组织”节点内部和相邻的、由节点和连接组成的集群是指一个服从政策的组织。它表明此类组织既遵守管理机构发布的网络安全政策,也遵守他们内部的网络安全政策。这也说明了组织管理既支持受安全政策影响的系统,也被系统支持。“系统”节点是指用来操作网络空间的系统,强调安全控制和系统资源之间的相互依赖关系。这反映出用于安全控制的系统资源和那些处理信息所需要的系统资源之间的平衡,也就是说,集成到操作系统中的安全控制过程越多,资源流失的安全性问题越小。在一个组织内部,网络安全战略的典型目标就是优化这个平衡,使用明文规定的政策作为通信工具去建立一种意识,即这些决策已经做出。

请注意,如图 1.2 所示,政策的角色是提供一个基础,在此基础上为实现网络安全的行为定义规则。网络域具有广泛多样性,所以就有截然不同的政策声明和相关规则,这些将在第 6 章作进一步的阐述。网络安全的目标并不直接转化为行为,但是却希望一个基于网络安全目标制定的网络安全战略能够尽可能实现更好的网络安全政策。组织为实现技术控制和相关操作流程而制定标准,并且参与者以这些标准去遵守政策。这些标准本身并不是政策,而是从政策目标到一系列技术和操作流程转化而来。凡是遵守政策的标准,都可以描述为过程和遵守政策的技术配置的结合体。然而,标准的发布可能并不针对任何具体的政策目标,并且政策可能缺乏相应的标准。

1.3 网络安全政策范畴

如图 1.2 所示，管理机构采纳了网络安全政策，并且仅在相应的管理领域正式加以应用。一个安全政策的参与者可能也被看做是利益相关者，他们会随着政策的范围而改变。例如：一个国家网络安全政策涵盖所有公民，并且外企也可能在此领域内运营，然而一个企业的网络安全政策仅适用于本公司雇佣或其他通过法律协议有效的员工，这种协议会合理要求并促使他们修正自己的行为。甚至那些完全依靠单一客户的供应商也不能指望去执行客户的安全政策，除非有合同规定。安全政策的内容将会随着相关管理机构的目标而改变。单一民族国家的安全目标与企业安全目标大不相同，所以其政策声明和相应的预期行为在政策支持过程中，也相差很多。

政策被执行机构制定、存档和签署的方式，也随着相应管理机构与参与者的不同而不同。在政府中，通过目标编写政策的过程和通过政策制定成法律的过程，是分开的和截然不同的。然而在企业中，通常由一个中央安全部门负责网络安全政策以及相关的标准和规章制度，它们就相当于企业的法律指南。

在那些安全作为优先考虑的组织中，由多个内部部门发布的网络安全政策具有交叉参与者的情况很常见，这些交叉参与者有时会在同时执行这些安全政策时发现政策不兼容问题。

1.3.1 法律与法规

当前单一民族国家网络安全政策被认定为国家安全政策的一部分。虽然单一民族国家网络安全政策被看做和外交政策、经济政策是同等重要的，但这些网络安全政策却没有同等的法律效力。相反，这些政策的制定和形成是通过报告与演讲、论据与谈判而完成的。政策是用来引导判断需要考虑什么样的法律与规定，并不是指法律与规定本身。当然，在所有可能性中，最好的条约、法律与规定可以反映一个明智且深思熟虑的政策。即便如此，未能清晰表达一个网络安全政策的网络安全执行指令、法律与规定，也有可能存在。

在美国，大多数影响网络安全的法律法规不会专门为解决网络空间问题而特别制定，但在政策实施中，已经出现了与网络安全有关的法律法规。实际上，这些政策常常是偏向经济的。例如，任何受美国财政部货币监理署控制的金融机构，都面临着安全审计和对它们面向因特网的基础设施的评估。2009 年美国安全政策审查对政策一词做了重新定义："网络安全政策包括网络空间中关于操作安全性的战略、策略、标准，涵盖全方位的减轻威胁、减少漏洞，威慑、国际参与、应急响应、反弹和恢复政策与活动，涉及计算机网络操作、信息保障、法律实施、外交、军事和智能任务，因为它们涉及全球信息与通信基础设施的安全与稳定"（Hathaway et al. 2009）。这就是制定安全政策时要考虑的所有问题。此外，这段评论的结果不是政策建议，它仅仅概述了为了增强国家抵御网络攻击能力，公共部门与私营部门之间正在沟通与合作的战略。关于美国网络安全政策的方法，将在第 7 章作进一步讨论。

无论政府对网络安全政策是否进行了清晰的描述,它的网络安全规则应限制在其治理领域内。也就是说,政府的分支机构或部门需在国家层面的规章制度范围管辖下,即它们自身的政策与规则应与此范围内的政策规则保持一致。一个分支机构或部门仅仅可以为它自己的选区和所管辖范围制定新的法律。例如,行业监管者制定的网络安全政策仅仅应用于他们监管的领域。能源监管者能够要求能源设备进行冗余通信,但不能要求电信运营商对每个能源设备部署冗余通信电缆。电信行业的规则只能由电信行业监管机构制定,并且这些规章不可能包括为其他监管者领域所提供的服务。在一个用于关键基础设施监管的全面系统级方法中,这些鸿沟由于约束限制留下了一些漏洞,从而变成了系统安全性覆盖面片面和不足的借口。更有效地,网络安全政策应该如同美国联邦贸易委员会那样,为一个单一目的,跨越多个监管领域。

1.3.2 企业政策

在高级管理政策过渡为可执行的规则时,一般不限制私营部门组织,而政府部门则要遵守这些规则。在一个社团环境中,典型的是在制裁威胁下,直到解除合约,企业都要遵守这些政策。例如,人力资源、法律、会计政策都已经制定,任何违反的情况都可能会终止合约。那些如员工雇佣或经费申请一类的中层管理者所做的工作,一般情况下这些部门行为也需要符合企业政策,并且有时会需要建立一些部门级的指标,以服从企业政策。就政府部门而言,任何分属机构面临着权利范围内的约束。虽然这里有一些例外,在一些非常重视信息分类的地方,由总裁颁布的企业安全政策,将应用于整个公司,由首席信息官颁布的政策通常仅作用于技术员工。企业内最近关于首席信息安全官或首席隐私官的职位发生了变化,他们负责企业安全态势的主要方面。然而,这些角色的义务并没有如首席财务官那样被更好地接受,有时候,他们做的最多的是公关而非安全管理。

大多数企业安全政策和法律或人力资源部门颁布的安全政策,有着令人遗憾的差异:网络安全政策经常将网络安全风险评估留给了中层管理者,这些中层管理者或许并不熟悉网络安全,也没有风险管理的理念。以首席财务官来比喻,就相当于将合理的差旅费的定义留给了出差人员。例如,一个网络安全政策可能会这样叙述:“在信息机密性危险风险高的网络空间中,如果供应商保障信息安全的能力没有经过仔细审查,就不要将信息与之分享”。此类政策将信息安全风险评估留给了管理者,而这些管理者可能会将部门信息的一部分外包出去,以便削减成本。为了进一步降低成本,这些管理者甚至不会保证一项必要的审查。造成这种情况的原因是企业将安全职责分配给了不称职的人,或者企业文化是风险容忍,但无论哪种方式,这里都出现了职责分离的问题。这种情况也因网络安全措施不如会计或人力资源领域的度量指标那么成熟而加剧。网络安全度量将在第3章做更完整的讨论。

1.3.3 技术操作

为了帮助客户遵循法律上和监管的信息安全需求,法律、会计和专业顾问已经就审查事宜采纳了信息安全方面的标准,并且建议围绕采纳的标准建立客户端处理模型。有时这些标准是咨询公司专有的,但通常是基于已颁布的标准,例如国家标准技术研究所

(NIST)的联邦信息系统推荐安全控制(Ross,Katzke,et al. 2007),以及它们私营部门的标准(ISO/IEC 2005a,b;ISF 2007)。那些为了确保安全的技术环境而成为优选操作模式的标准,常常也被称做面向技术操作和管理的网络安全政策。

无论这些技术操作政策仅仅是规定标准应该遵循,或者在计算机操作组织内,为流程执行定制具体角色和义务的标准,政策范围都将被限制于一个已定义完好的技术平台的管理和运营。甚至有时存在这种情况,在相同组织下,可能运行多个技术平台,而网络安全政策仅仅应用于其中的一部分。这种情形可能是一个技术服务提供商为这些安全服务收取额外费用,并不是他们所有的客户平台都被该安全政策所覆盖。

政策是作为高层管理指令而被严格定义,这类文件对于安全专业人员来说,可能根本不能看做政策,而仅仅是操作流程或标准。然而,当前包括这种命名法的文献却很普遍。不过在本书中,我们特别地将术语"政策"一词指代为实现整体网络安全目标,而阐明和编写战略的更高级的管理指令,相对于政策而言,这些指令仅仅是为技术流程上的正确操作。

1.3.4 技术配置

因为许多技术操作标准由专业安全软件和设备实现,所以技术人员一般将这些设备由标准规范的技术配置俗称为"安全策略"。这些规范已经被供应商和服务提供商实施多年,他们设计的这些计算设备的技术配置,允许系统管理员声明遵守各种不同的标准。这就导致了供应商将产品可供选择的技术配置,称为"安全策略"。在努力使解决方案与企业的整体战略达成统一的过程中,供应商的销售资料将这些技术配置视为策略。例如,"我们的产品允许您自动化配置公司安全策略"。

类似于使用策略一词指代操作流程和标准,它并不和安全管理指令相对应。但是再一次说明,目前的文献仍然沿用这种命名,这也是当前的流行用法。通常,术语"策略"一词的用法,对于设备或配置的技术将和一个形容词共同出现。例如,"防火墙策略","UNIX 安全策略"。这些词表明一组技术配置变量,而不是一个高级管理指令。这些技术和设备将在第 2 章做进一步的讨论。

1.4 战略与政策

网络安全政策清晰阐述了网络安全目标实现的战略,并对网络安全措施的合理使用,给它的参与者提供了方向指南。这个方向可能是社会共识,或被管理机构所控制。我们也认识到,独立企业需要建立管理条例来支持网络安全战略,并且使用修改后的术语"企业政策"来指代在一个特定企业内部应用的政策。即使这些企业政策常常受网络安全标准的指导,例如那些由国际标准化组织(ISO)(ISO/IEC 2005a,b)与美国国家标准技术研究所(Ross,Katzke,et al. 2007)制定的标准,这些企业自己制定的标准并非政策。通常这些标准是流程指导与技术控制推荐的结合体。流程指导建议政策被建立,但是它自身不能准确地被称做政策。

在某种意义上,所有的政策与由它们执行起来的标准都不相同,因为简单地采用政策并不能保证建立正确的规则以实现安全目标。如果对网络安全的影响没有一个明确的概念认识,设计网络安全战略与相应政策将不是件简单的事情。即使在政策执行机制问题上达成广泛的共识,甚至此共识能追溯到政策指令,集体的决策也会被误导,这些机制也将不能实现安全政策目标。第6章提供了许多政策声明的例子,这些政策声明可能会产生意想不到的后果。网络安全政策规划的关键是:①要认识到不管是否有适当的正式政策,安全控制决策都会被实施;②要明白政策是引导多个独立的安全决策实施的合适工具;③吸纳尽可能多的信息,这些信息是关于安全决策在设计安全战略的过程中是如何被影响的。

假设这样一种观点,在任何组织、政府机构或私营企业中,网络安全政策都是一个非常重要的安全管理工具。图1.3展示了在一个全面的网络安全质量管理循环体系中网络安全政策的位置。与一个战略相比,政策就是"做什么",而战略则是高层次的"如何做"。那些支持政策的标准的建立没有直接转化为影响网络安全的行为。政策是一个组织的整体安全方案的一部分,包括规则与规则的实施机制,而不是政策本身的实施机制(Amoroso 2010)。任何一个制定政策的管理机构都应该建立监控机制,确认政策实施战略是否满足了安全目标。为了有效监控,监控不能作为实施流程的一部分,必须在实施流程之外建立。

如图1.3所示,政策贯穿一个组织的整个网络安全战略。在网络安全战略的发展中,个别政策声明通常是有争议的,最后在争议中确定最终的声明。政策声明一旦得以充分阐述,就可以提高个人为自己行为负责的网络安全战略意识。这种意识就是为政策的遵守不断加强问责制度,促进遵照政策的系统实施。在成熟的网络安全程序中,政策遵循是被监控的。在审查流程生命周期内,监控机制可以通过自动传感器实现持续监测、周期性的检查与调节和/或间歇性的监控。这些监控可以识别出是否遵守安全政策问题,或者识别出和政策期望不一致的网络安全事件,这时必须要有补救方案。如果没有可行的补救方案,便将此情况反馈给网络安全战略专家,他们借助于这些来完善政策。不同机构对安全管理周期六个阶段的称呼不同,但就整个具有网络安全意识的组织而言,它们是相对标准的。

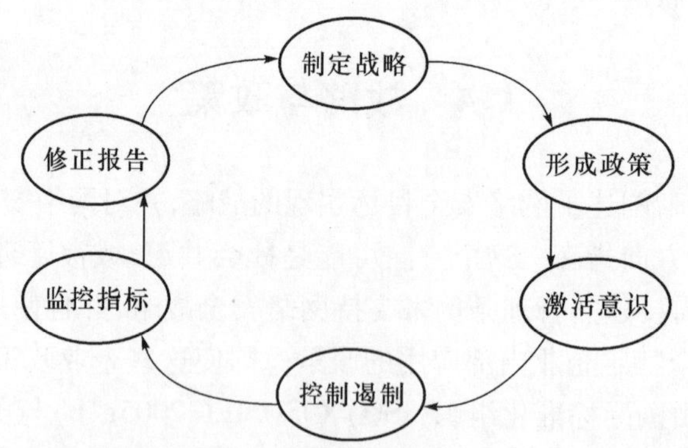

图1.3 网络安全管理周期(Bayuk 2007)

例如,一个网络安全战略可能包含网络安全政策文本文件的努力完善和相关的意识运动,这是洞察能力和违背政策后果的一个补充。为了说明如何使一个现有政策达到一个战术策略级的高度,同一个机构常常将政策、标准、操作过程以及准则一起发布。那些指南文档也涉及了网络安全管理周期的意识步骤,并且这些文档归执行管理所拥有。然而,执行管理战略很少能延伸到实施工具和技术,因为技术与相应的威胁环境是不断变化的,规定技术措施的执行战略寿命很短暂,而在这短暂的时间内这些措施是有效的。

网络安全政策应该具有灵活性,在一些物质变化的情形下应该是可回溯的,也应该是足够健壮的,可以承受技术上的频繁变化,在技术进化过程中,战略应该支持可供选择的实施措施。然而,这些变化有时会引起技术实现与政策之间的偏移,这点很重要。以前能够实现政策的措施或许不能游刃有余地应对当前网络空间环境的变化。因此,需要持续监控以确保实现措施继续影响政策,异常情况可能会需要通过技术之外的战略或政策的改变等形式来补救。这就是图 1.3 所示的管理反馈环为什么要直接报告和补救战略流程的原因。安全管理周期将在第 4 章做进一步的探讨。

总之,在执行决策者中,制定明智的决策的期望与日俱增,这些决策可以反映出他们自己公司政策的目标,但是对他们而言几乎没有网络安全决策方面的指南,可以帮助他们实现这些网络安全目标。本章引言提出了网络安全政策讨论的上下环境。为了清晰阐述政策本身,这本指南的剩余部分介绍了网络安全政策的多选方案。它提供了最新的摘要信息,并且包括这些摘要的参考文献。这本指南并没有提出一种网络安全战略。相反,将帮助读者辨别政策的组成部分,这些组成部分是别人推荐的反映在网络安全战略中。这本指南也没有提供一种网络安全政策模型。出版此书的目的是协助读者担负起创建网络安全战略的重任。总体目标是增强网络风险管理的主动性、战略性和整体性。

第2章　网络安全演变

为了更好地理解网络安全政策，了解网络安全的发展历程对读者将会有很好的帮助。当计算机开启了第一个自动化进程，这一学科的主要目标就是提高生产率，同时，用这些能够产生更精确结果的自动化系统来代替人工计算。随着更多软件的出现，计算机的生产效率优势蒸蒸日上。得益于因特网快速而又准确的信息通信，生产率再次得到进一步的提高。这也直接提升了处理在线交易的能力。这种能力被称为电子商务（E－Commerce）。截至2000年，经济已经开始依赖于电子商务，但是电子商务也成为网络犯罪分子频繁攻击的目标，安全技术发展为保护那些可能被用于实施欺诈交易的数据。这些技术通称为对策，它们是旨在对抗具体威胁的安全措施。本章以时间为序，叙述了网络安全技术的发展，以及对正在进行的网络军备竞赛挑战的观察，发现这其中的对策是比较落后的。

2.1　生产率

网络安全的历史开始于20世纪60年代的大型机时代。这是商家负担得起的第一种类型的计算机，让他们看到了电子数据处理系统的投资回报。在此之前，"Computer"一词是指执行计算的人，"网络"一词也只存在于科幻小说中。在那个时代，计算机由门卫与大门保护。物理安全流程设计用来确保只有获得授权的人才能在计算机上工作，并拥有物理上的访问权限。计算机体积很大，为了操作使用它，需要规划数百平方英尺的空间，并且需要专门的安全人员。门卫有时还需要充当计算机操作员的角色，此时他们被称为作业控制技师。需要使用计算机的人要在门卫那里排队，手里拿着他们一堆打孔卡片的数据和程序。门卫需要检查他们是否具有使用计算机的权限，然后收走他们的卡片，并将卡片放在读卡器中，读卡器会自动将卡片上的孔转换为比特或字节（Schacht 1975）。到了20世纪60年代后期，远程作业输入开始允许接收来自多个办公地点的打孔卡片，这些办公地点通过电缆连接到主机。此时计算机安全人员有了额外的工作责任，去顺着地板下面以及穿过墙面和天花板的连接线查看，以确保被授权的人就坐在连接线的另一端。

这些早期的自动化计算机系统的管理人员已经敏锐地意识到安全风险，但是保密性、完整性、可用性这三个要素此时并不是业界标准。除极少数军事情报中的装置外，保密性并不是主要的安全需求。尽管商家确实希望保持客户名单的保密性，但是不成熟的软件不断失败，因此他们最在意的不是保密性，而是完整性。造成灾难性数据完整性错误的是潜在的人为错误，在计算机软件开发与操作中尤为明显。由于计算机开始控制一些系统，而这些系统中错误的操作可危及生命，软件工程组织成为第一个提高安全意识的组织

(Ceruzzi 2003)。另外,到了20世纪70年代早期,经济欺诈形式的计算机犯罪普遍出现,并成为小说与电视节目的主要题材((Mcneil 1978)。即使假设将人为因素从安全威胁中剔除出去,随着在一个计算机系统的真空管中发现了第一个真正意义上的bug,系统故障的发生便成了理所当然(Slater 1987,p. 223)。

20世纪70年代,通过键盘和终端的电子输入输出取代了打孔卡片。电缆与终端进一步扩大了范围,这其中的授权用户可以坐下来处理数据。系统安全延伸到以下范围:随着穿墙而过的电缆以确保在办公室的电缆终端,被已授权的计算机用户所使用。这使得用户可以在远离计算机的办公室中,通过连接在计算机上的输入/输出(IO)端口,在自己的办公桌上使用计算机。不过机房门前依然有门卫,但一般是登记机房访问者或是维修商。信息安全已经转移到定制业务逻辑领域。为用户分配登录名,登录名与菜单联系在一起,而菜单提供用户所要执行作业功能的视窗管理程序。视窗管理程序对数据字段和菜单进行字面上的筛选、过滤,其结果是大多数用户看到的是相同的视窗管理画面,但是不同用户所能操作的数据字段和菜单是不同的。视窗管理画面受限于软件中的业务逻辑编码。例如,文员可以看到客户服务视窗管理画面,同时也可能会看到客户记录信息,但不能修改他们的余额。不过,业务逻辑视窗管理程序也常常包括重载。例如,一个管理人员了解到:客户服务人员可以通过不同的受限制的屏幕显示功能,输入一段特殊的代码,以允许一次性的余额数据修改操作。

键盘技术的引入使得计算机得到广泛的使用,与此同时,也引起了对保密控制问题的关注。军事情报方面也加强了计算机的使用。政府资助的密码学研究中,一些算法用长序列位的“密钥”加密和解密数据,将数据转化为不可读的格式。这些加密算法一是基于扩散,将一个信息散发为统计上更长、更晦涩难懂的格式传播;二是基于混淆,使加密信息与对应密钥间存在很复杂的关系,以至于无法猜测(Shannon 1949)。然而,计算机性能的显著提高,增强了有毅力的对手去猜测和破解消息与密钥的能力。很容易预见,有这么一天:现有的自动加密算法不足够复杂而能击败自动统计分析((Grampp and McIlroy 1989)。另外,通过由美国社会安全管理局与国税局等政府机构主导的自动记录,可以识别出网络空间中的某些利益人,包括那些在现实生活中和由比特与字节所代表的息息相关的人。意识到保密需求不断增长,但却没有好的方法去应对,对于国家加密标准,美国国家标准局(现在是美国国家标准技术研究所(NIST))努力达成了一致。1974年,美国计算安全法案(隐私法案)是第一部为建立信息传播控制权而设立的法律。法律仅包括政府使用计算机与如今称为个人识别信息(PII)的信息。但它却坚定地将建立保密性和努力提高加密技术,作为网络安全的主流目标。

随着20世纪70年代技术的发展,如DEC PDP-11这种小型计算机通常作为大公司中主机的补充,并迅速蔓延到更小的公司,他们为文字处理类自动化办公任务支付得起这些机器。对于支付不起任何一台计算机费用的公司,经验丰富的企业家启动了新的服务:允许人们在计算机上租用时间。由于这个行业的公司以客户所在计算机上消费的时间来收费,所以称为“分时服务”。一旦终端与键盘技术使得通过电缆扩展输入/输出设备得以实现,人们就开始利用模拟调制解调器技术和普通的电话线,扩大计算机终端的连接范围。这些公司开始专注于自己的行业,开发如计算工资税和商业租赁费的复杂软件。从公司成本收益分析来讲,对于一个不在软件商业中的公司,这种软件开发进展并不顺利,它是一个许多公司仍然在做的非常耗时的人工过程。分时服务使得商业业务中的非主流业务从自动化操作中获益不小,尽管它们仍然需要访问别的计算机。如今,分时服务已经应用到因特网,并且收费模式已经改变,它们不再称为"分时",而是"云计算"。

这些分时服务基于用户活动消耗的计算资源进行收费,因此为了向用户收取费用,需要有一种方式来标识它们。经常地,在分时服务中存在着有竞争者的客户,虽然有时也会执行口令机制,而用户标识却简单地是公司名称。然而,从用户的角度出发,用户名与他们计算机上的信息相关,调制解调器的连接看起来也并没有安全风险。很明显,当时任何能够拥有一台计算机的公司都拥有相当的财富和物资,因此分时服务公司都假定他们计算机的周围具有物理安全性,而口令机制能进一步努力地保障他们的安全性。考虑到分时服务运营商允许用户逻辑访问的风险,以及用户的财富和物资安全,运营商应该相应地保护他们的资产。

从 20 世纪 70 年代到 80 年代,小型机变得更便宜,最终人们可以拥有一台完整的计算机,供自己使用。20 世纪 70 年代末,苹果公司推出了家用计算机,并很快使之加入到了数据处理行业。1981 年,IBM 相继推出了个人计算机(PC)。物理安全仍是小型计算机的基本准则,主要的保护机制就是把办公室的门锁好。随后,网络技术使得在同一座大楼内的台式计算机彼此可以分享数据,计算机变得越来越重要,因为它有助于同网络中的其他计算机进行信息分享。像计算机终端连接到主机需要保护一样,局域网(LAN)电缆也需要被保护,还有一种可通信的叫"集线器"的新型网络设备,它必须放在安全区域。集线器允许用户将计算机接入局域网,可通过锁定非公开区域来保护它。

直到局域网引入,计算机环境下的访问控制一直属于例外而不是标准。如果登录用户 ID 是分布式的,它们将很少被禁用。ID 机制是一种方便的标识数据的方法,这样用户可以知道数据属于谁,而非限制数据的访问。但是,由于用户通常仅在计算机桌面登录机器,局域网互联的计算环境与越来越多的个人计算机,使得追踪网络个人计算机活动变得困难。随着局域网区域的扩大,政府研究实验室为企业主机制定了集中管理方案(Schweitzer 1982,1983)。强制访问控制(MAC)允许管理标识计算机对象(程序和文件),并指定可以访问这些对象的主体(用户)。作为补充,自主访问控制(DAC)方案允许每个用户指定谁可以访问他们的文件。

随着许多局域网用户已经在桌面上拥有了主机终端,并且不久之后计算机将取代终端功能,主机应该和局域网相连。正是局域网技术的发展,使得网络安全成为一个技术管理的热门话题。虽然一些分时类型的口令技术应用在局域网中,局域网用户名主要被支持用来为目录服务提供便利,但不能用来阻止确定的攻击。也就是说,用户名有助于了解一些人的名字,他们已经写过特定文件或是在客户记录上发布过备注。为计算机用户指定登录名,可使程序将登录名作为业务逻辑来使用,以便提供正确的菜单和桌面。在之前的网络空间发展中,大型机上的事务处理能够被个人终端所追踪,在给定的物理位置,随后使用物理与数字取证等跟踪调查,可以有更好的机会来判别一个嫌疑人。但是局域网和调制解调器使用户间的区别变得模糊,使罪犯更容易拒绝承认——使用一个十分流行的计算机安全词汇——否认来自于局域网计算机上实施的活动。即使在采用口令机制的地方,它们由于足够脆弱也容易被猜到。这里还没有网络加密的概念,任何能访问集线器的用户都可以看见网络上的口令。而且,许多网络程序允许匿名访问,如此一来,用户名并不是对每个网络连接可见。

只需要看几件内幕欺诈的案件就能够明白:当时的状况已达到风险多到无法让人容忍的地步。这时安全技术才成为军事研究的课题,但却被主要计算机厂商匆匆实现了,并且应用于主机数据集和局域网文件资源。这些包括用户标识、身份认证,采用了增加口令难度,管理计算机访问授权等形式。安全操作所需要的一个完整的系统特征集,很快可以在美国国防部的一个出版物上读到,由于其封皮颜色,该读物被称做"橘皮书"(DoD 1985)。这个完整的特征集包括技术实现标准和面向复杂流程的术语标准,以确保用户可以被识别、认证和审计。这些特征被共同称做访问控制列表(ACLs,发音为"ak - els"),因为它们允许管理员有能力规范哪个用户可以在哪台计算机上做什么。针对大量的计算机安全问题,加密是一种效果明显的解决方案(NRC 1996)。但是它太过昂贵,除了军用拥有足够空间的计算处理能力,很少有公司或组织负担得起,所以计算机越小,供应商采用的加密算法会越弱,加密只能简单地应用于特殊的数据处理操作,例如口令的存储。

虽然事务处理核查制迅速成为各种欺诈技术研讨会上的热门话题,计算机操作领域的法律实践活动却是有限的。尽管如此,20 世纪 80 年代初期也成为数据取证时代的开端。网络空间为调查传统犯罪的法律实施,展示了新的道路。通过电话线上的调制解调器可实施的电子公告栏服务,使得那些在社交网络上吹嘘自己犯罪行为的人,能够被抓到。毒贩、谋杀犯、儿童色情影像制贩者,会因他们存储在个人计算机上的图片、会计数据和影像照片而被起诉。执法部门与技术部门搭档,开发出一种软件,它可以将罪犯从计算机上尽力删除的文件进行恢复(Schmidt 2006)。

20 世纪 80 年代初期提出的典型配置的网络空间体系结构,如图 2.1 所示。图中大型机、微型机与小型机并存,不一定是通过网络连接。但是,小型机常常用于通过一些同类型的电话线来连接远程计算机。然而,随着科技创新步伐的加快,体系结构是不断发展变化的,而这种发展变化又是不可避免的。

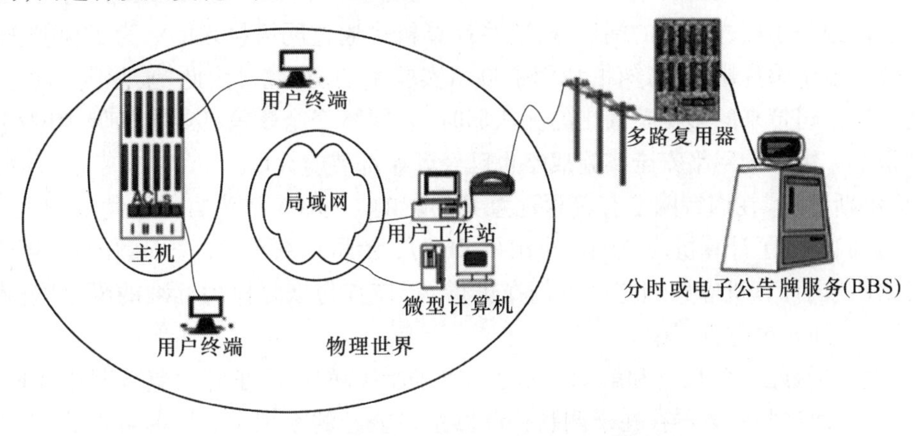

图 2.1　20 世纪 80 年代的网络空间

2.2 因特网

到20世纪80年代末,跨越不同城市的通信已经达到了与局域网同等的水平。可用的目录服务允许各行各业和研究所以及有军事限制的高级研究计划署(ARPA)网络(又叫ARPANET),进行互联互通,随着ARPANET演变成公共因特网,其使用用例与命名规则被放宽。从技术管理的角度来看,这些因特网连接像是另一种类似于调制解调器的技术服务。因特网就是一个大公司在商业上链接到其他大公司计算器的纽带。从管理的角度来看,这种链接唯一明显的副产品就是有能力发送电子邮件。技术成熟的公司很快注册了他们的域名,这样一来,他们就拥有了自己的网络空间。只有为数不多的研究者关注因接入计算机数量呈指数级增加而引起的系统滥用的潜在问题。

美国电话电报公司贝尔实验室的Robert Morris就是这些研究者中的一员。他是早期的计算机先驱,在某种程度上,在计算机进入市场给消费者很久时间以前,他在自己家中就已经拥有了。他的儿子Robert Tappan Morris就是在这些计算机环境下长大的,对不经授权便可使用计算机的方法非常熟悉(Littman 1990)。1988年,Robert Tappan Morris设计了第一种因特网蠕虫病毒。"莫里斯蠕虫"用电子邮件服务器访问计算机,利用漏洞识别所有电子邮件服务器上所熟知的计算机,进而链接所有的计算机并试图同样利用它们。在短短几个小时内,大部分的因特网已受到严重的影响和损害。由于蠕虫的无周期活动,或者没有为事务处理留下足够的网络带宽,因特网通信几乎停止,计算资源不堪重负,业务流程也被中断。

美国电话电报公司贝尔实验室是ARPANET上唯一没有受到"莫里斯蠕虫"病毒伤害的组织机构。实验室得以安全的原因与Morris无关,而是由于其他一些计算机网络研究人员进行的实验。这些研究人员创建了一种检验方法,在网络流量中,用所谓的防火墙来检验每一个单独的信息包(Cheswick and Bellovin 1994)。防火墙的设计是为了允许网络仅能访问一些数据包,它们的源地址与目的地址要同先前的授权列表相匹配。使用通信计算机的网络地址来制定网络接入规则中的源地址和目的地址,以及在每台计算机上为软件运行而服务于接入地址的端口号,这些计算机是通过网络接入的。为了保护美国电话电报公司电子邮件服务器,匆忙利用了贝尔实验室的防火墙,因此"莫里斯蠕虫"给美国电话电报公司带来的影响是最小的。从那时起,网络安全政策已经包括保护网络外围的管理指令。主要的网络安全实施战略也已经开始部署防火墙。

"莫里斯蠕虫"在因特网上有着深远意义的影响。ARPA作为官方继续管理网络,作为回应,他们建立了计算机应急响应小组(CERT),为那些受网络安全问题困扰的人提供技术帮助(美国计算机应急响应小组仍在进行)。检查与恢复作为标准的网络安全控制机制,也正式加入预防机制中。

对"莫里斯蠕虫"的反省和解剖揭示了在面向因特网的电子邮件服务器中相同类型的漏洞存在,而这些服务器存在于调制解调器接口公开的系统中。黑客可以拨打电话号码本上的每个号码,并监听计算机调制解调器发出嗡嗡声。一旦确认,黑客们会通过他们自己的计算机来访问这些调制解调器,经常能发现不安全的地方。黑客们将这些号码分享在电子公告板上，在脆弱的计算机上玩游戏或进行其他活动，而此时计算机的主人却毫不知情。那些窃取计算机时间只是为了玩游戏的人，被称为“窃车兜风的人”(Joyriders)。已经有一些关于黑客为了利益去入侵系统的公开例子，但这些例子大多是关于盗窃电话服务的，电话公司偶尔会与执法部门合作，整顿这一情况(Sterling 1992)。

然而，他们针对的不仅仅是电话公司，电话公司只是最明显的。在1986年的某个月，天体物理学研究生Cliff Stoll有一份大学分时服务管理员的工作，他注意到有75美分计算机耗时的账单错误，而这75美分的时间并没有用户消费。虽然他既不管理劳伦斯·伯克利国家实验室，也与执法管理无关，但他很好奇这个错误是如何出现在一个计算精确的计算机上的。Cliff Stoll最终通过追查这差错的计算机耗时账单，发现了东欧间谍网。他在1989年以类似侦探故事的形式出版了一本名叫《杜鹃蛋》(The Cuckoo's Egg)的书，书中讲述了他1989年的调查研究内容(Stoll 1989)。《杜鹃蛋》引起了技术管理者对通过调制解调器的计算机访问的识别和锁定等方面上的诸多努力。

不是为调制解调器开发了类似防火墙技术，而是电话系统技术的各种组合满足了这些要求。来电显示与回拨就是这种结合。来电显示是用来识别出尝试连接的号码，它使得呼叫者可以对比那些允许连接的家庭电话号码的数据库。然而，通过来电显示协议，任何客户端手机设备都可以显示出接收的号码，从根本上说，也可以接收到任何一个冒充为已经授权的家庭电话号码，或者伪装成一个已授权的号码源。因此，在来电显示呈现出已知电话号码的前提下，简单地接受来电仍旧是不安全的。经核实的电话号码才是更安全的，为了确保安全而不被欺骗，被拨号的计算机进入挂起状态并且回拨已授权的号码，以确认该号码没有被假冒。

看似安全的防火墙后面，有稍微复杂一点的回拨调制解调器，一些组织允许用户从家里拨打和使用他们的网络，并且可以在快速增长的因特网上冲浪，因特网大范围地包括了大学校园与研究图书馆的网络。第一代易于使用的浏览器使非技术人员使用因特网变得简单，并且迅速为熟悉浏览器使用的人建立了可选择的电话簿。体积小、单一用途的服务器变得更廉价，许多公司拥有专用于共享服务器连接的因特网域，被称为服务器群。随着人们对于服务器运行与因特网的日益熟悉，许多拥有自己域名和电子邮件服务器的公司也开始建立网络服务器。这些网站一般是介绍性的，允许因特网用户下载本公司的产品目录，并拨打他们的销售热线。

图2.2展示出在20世纪90年代早期的网络通常是如何连接的。圆圈表示为保护网络设备，哪些地方需要加强物理安全。设备代表的是防火墙和与其他公司线路连接的通信设备的逻辑位置。通信线路连接被描绘成逻辑分离的空间，在这些空间内，商业合作伙伴的线路终端在内部网络相连。这条网路上除了两个物理位置之间的传输外，没有别的网络通信，因此被称为“专用线路”。

不幸的是，所有这些网络的外围控制并不能阻止黑客与Joyriders利用病毒来中断计算机操作。病毒分布于软盘中(即可移动媒介，在20世纪90年代相当于通用串行总线(USB)记忆棒)，并且也会植入到向企业和政府因特网用户发布信息的网站上。已经获得了安全认证的网络取证专家分析这些病毒标本，帮助执法部门找到数字证据。网络取证专家通过标识病毒修改的每一个日志文件，并且为每种病毒创建数字签名。他们开发了一种反病毒软件,将软件销售给工业行业和政府。反病毒软件生产商向客户承诺:每当有病毒入侵因特网时,他们将会立即更新这些病毒的数字签名列表。鉴于已经有成千上万的病毒散布,公司迅速制定了让所有用户在个人计算机上安装反病毒软件的方案。

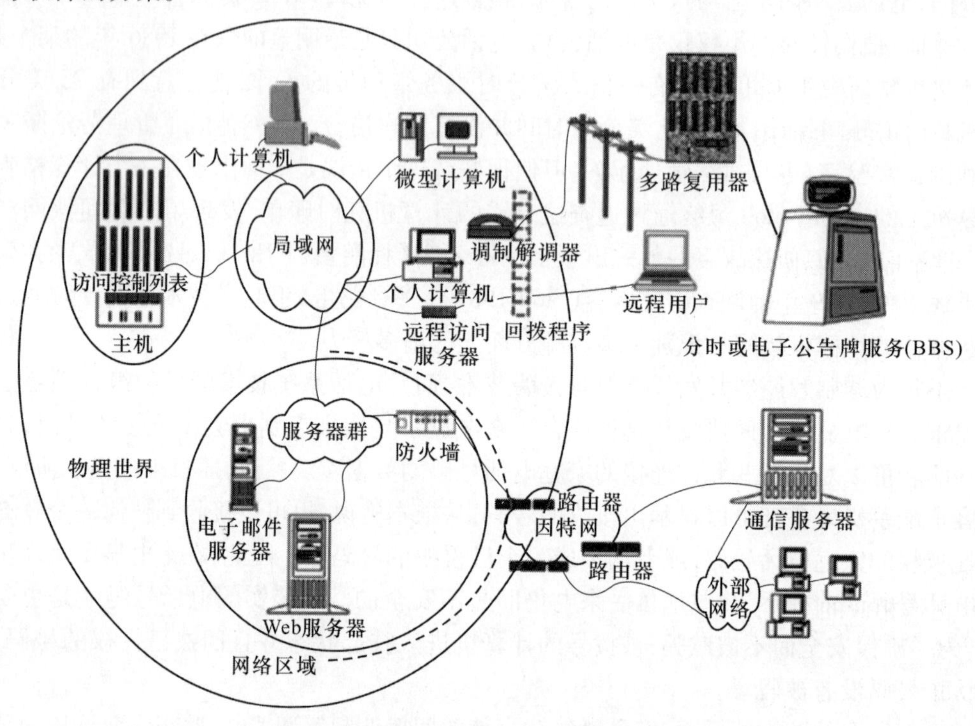

图 2.2　20 世纪 90 年代早期的网络空间

反病毒软件厂商的网络取证专家通常也能够利用已被病毒感染过的操作系统或其他软件,识别出软件安全缺陷或漏洞。用来标识一种病毒的数字签名,并不是试图验证一个病毒直接和一种软件漏洞紧密相连,而是找到病毒所存放的文件,病毒创建者可以稍微修改他(她)的代码,以利用相同的软件漏洞,躲开反病毒软件的检测。不仅更新病毒特征库越来越重要,要求软件厂商修复软件中的安全缺陷与漏洞也越来越重要,因为病毒首先破坏的就是软件。为满足因特网应用的需求,软件公司充满了压力,常见的软件商业模式就是建立最小功能齐全的核心应用程序,它的图形用户接口(GUI)可以和更高级特征的软件通信(Rice 2008)。用户对最初的软件进行反馈:需要添加哪些功能,哪些缺陷和漏洞应该修补。

这种修改性的文件就是为人们所熟知的软件补丁。"补丁"(Patch)一词源于物理术语,意味着局部性修改。在计算机的环境下,其原意是指将一段电缆插入到真空管中。通过物理地改变代码执行路径,使用真空管来修改在模拟计算机中的电子处理过程。现在"补丁"一词指的是那些可修补软件中缺陷或漏洞的一行行代码。补丁是一些频繁地安装在复杂软件上的小文件,安装补丁是为了避免对手利用漏洞对系统或信息造成伤害。

20 世纪 90 年代中期,大量软件涌入因特网市场,这预示着电子商务新时代的到来,电子商务是以因特网为媒介的商品和服务交换的通用术语。软件取代了在线目录,并且允许互联网用户通过因特网购买商品,执行金融交易。软件中的漏洞始于 80 端口问题,80 端口就是防火墙的一个端口,让外部用户访问 Web 服务时必须打开此端口。Web 应用程序开发者意识到这一点,并知道如何利用 Web 服务技术来访问内部网络的问题。从面向因特网的服务器 80 端口着手,设计出 Web 服务程序来接收用户指令显示其内容,也允许用户提供的接收和执行程序的指令。每一个 Web 程序设计者都清楚一点:所有的黑客都明白,并且会使用 80 端口来攻击 Web 服务器,使用 80 端口作为发起点来访问内部网络。对 80 端口问题分析的直接结果就是:防火墙不仅仅安装于网络边缘,而且也位于围绕在面向因特网机器的虚拟环中。

一个非军事区(DMZ)网络体系结构成为了新的安全标准。贝尔实验室研究人员创建了第一代防火墙,新的安全标准也是由他们创建的;非军事区是一个允许因特网访问已定义好的特殊服务集合的网络区域。在一个非军事区中,所有的计算机可以通过因特网操作软件,这样有力地保证了别的服务若未经明确允许不可以访问,也可以将它视为有意设计的不安全的"牺牲"系统,但要密切监控攻击者是否瞄准了企业(Ramachandran 2002)。这些牺牲的系统是仿照冒充的国家安全系统建模的,这个国家安全系统曾经是 Cliff Stoll 为引诱间谍上钩而设计的。它被称做"蜜罐",比喻诱捕苍蝇要用蜂蜜而不是不停地乱打。

正像相应的军事区一样,一个网络空间非军事区在各个地方都有检查点。网络环境中的检查点涵盖防火墙技术。为了使数据包仅仅可以访问经特意部署的公用的服务器,并且可以对可能出现的黑客进行反击,非军事区的设计需要对因特网流量进行过滤。这也进一步要求流量过滤器应该部署于那些服务器与内部网络之间。只有经过一个安全架构师的明确批准,才允许打开内部网路访问路径,这已成为标准流程,安全架构师负责测试所有非军事区的安全控制和内部可访问的软件。在系统开发生命周期中,先于部署的安全审查成熟后会成为综合的安全评价方法,这就称做"系统安全工程"。这一过程已经成为国际标准(ISO/IEC 2002,2009c)。

从顾客到电子商务站点的路径隔离很快成为一种障碍。竞争者开始意识到竞争对手通过允许简单的在线访问目录来增长业务,竞争站点通过故意消耗所有可用带宽,试图达到阻止电子商务数据流流向竞争对手的目的,而这些可用带宽允许通过竞争对手的防火墙到达他们的网站。因为这些攻击可阻止其他因特网用户使用已被打击的竞争对手的 Web 服务,这就称为"拒绝服务"攻击。为了逃避检查,攻击者可使用复杂的、地理上分散的多台设备来实施这样的攻击,这被称为"分布式拒绝服务"或简称"DDOS"。除了增加分配给因特网服务的带宽外,目前还没有方法能减少这类攻击。

一些公司意识到因特网分界线的划分对警方是很困难的,这种困难在那些直接链接,并且建立了在线服务市场的分时服务中能明显表现出来。这就意味着因特网不仅仅在防火墙之外,而且在面向服务提供者的电信线路一端。这些都是事先考虑好的安全链接。除此之外,便于携带的笔记本计算机的出现,使得更多的人可以在家里或旅游的时候拨号访问因特网,而回拨数据库却变得很难安全维持下去。来电和回拨逐渐被利用加密技术产生一次性口令的手持式新技术所取代,这些一次性口令称为令牌。多个厂家为生产这款最方便的手持式设备相互竞争,而这款设备可以计算出无法猜想的字符串,可提供除口令之外的用户认证。

安全研究人员很早以前就考虑到口令对用户认证而言,其实并不足够安全。手持式设备被看做是第二个因素,如果认证过程采用它,这将使仿冒计算机用户变得更加困难。生物识别是第三种因素,它更强大,但是还停留在概念证明阶段。所以信用卡大小的手持设备生成的令牌,分发给远程用户。这些令牌包含了加密密钥,这些密钥也被同步到了内部服务器上。令牌管理服务器对于认证用户网络链接,有效补充了口令机制。

远程用户的增多加剧了病毒问题。除了安装反病毒软件或在工作站上打补丁,为了能够阻止用户访问该病毒的宿主网站,公司还邀请安全软件厂商追踪网站上病毒的传播,这样一来也减少了病毒在他们内部网站上的传播。"黑名单"这一术语在计算机安全文献中经常见到,因为网站黑名单列表中包含了传播恶意软件(malware)。Web 代理服务器通过下面的工作起作用:拦截因特网上所有流向因特网的用户流量,将通信内容与一系列由某个组织建立的通信规则进行比对,一旦流量与规则之间发生冲突,就拦截下数据流。第一次使用这种技术的是使用通用资源位置(URL)列表,它和称为"黑名单"的因特网网站相对应。一个代理服务不允许用户访问黑名单中的网站。代理服务是强制性的,除非浏览器流量来自代理服务器,否则它不允许通过防火墙的网络边缘出境,所以为了浏览,用户必须遍历所有的代理服务器。一些厂商迅速建立了新商业,以追查和兜售恶意软件网站的名单。

由于病毒、补丁和恶意软件网站不断改变,企业安全管理需要一种方法来了解是否所有的计算机实际上已更新防病毒特征库、补丁和代理配置。经常会出现这样的情况:在补丁或反病毒软件更新的过程中,在度假的用户就成为了网络干扰源,他们会将以前已根除的病毒又重新带回了内部网络。在 20 世纪 90 年代中期,新闻头条反复报道了许多知名公司的计算中心被最新的因特网病毒和蠕虫残忍摧毁。鉴于花费了大量精力用在紧跟最新安全技术上,在技术管理中他们可以评估用于服务提供商的开销,并且经常怀疑他们需要的服务没有及时更新。这种类型的服务提供商审查,往往在处理个人身份数据处理时得以加强。客户与公司之间出现网上交易时,这两个实体分别被认为是交易的甲方和乙方。如果公司外包了一些客户的数据处理操作给一个服务提供商,这个实体被监管机构称为"第三方",就交易事务而言。不必怀疑技术服务提供商跟不上日益增加的安全性需求。这种认识引出了为保护因特网外围设备而设立新标准,不仅仅是针对可公开访问的因特网链接,而且甚至还有可信的商业合作伙伴。所有网络链接目前都是潜在的入侵威胁源。防火墙处于通信线路内部,这些线路私下里从第三方服务提供商链接上公司。只有预期的服务才允许通过,仅对内部用户或需要链接而操作的服务器。

图 2.3 描绘了 20 世纪 90 年代中期的一种典型的网络拓扑结构。连线相连的 Vs 代表反病毒软件,它被安装在可识别出设备的一类机器上。Ps 代表以前有、现在有,而且经常被相关计算机所需要的补丁。整幅图中灰色阴影部分用于识别安全技术。虚线所包围的设备是典型地出现在一个非军事区。

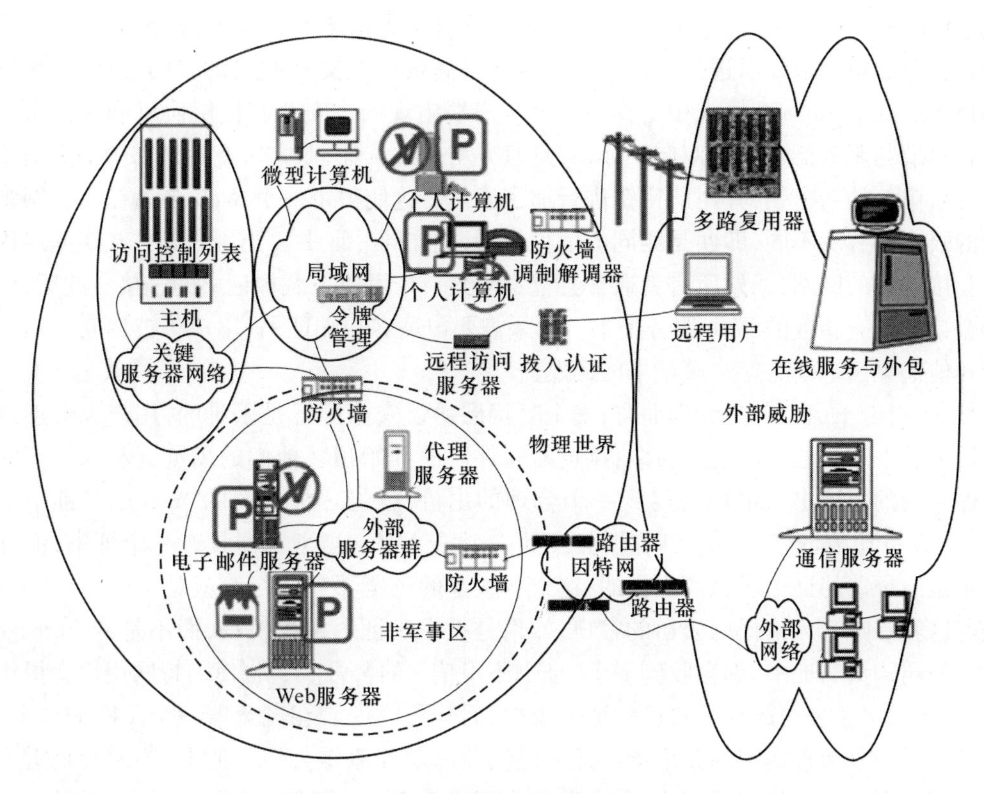

图 2.3　20 世纪 90 年代中期的网络空间

2.3　电子商务

虽然图 2.3 有些复杂，但这已经是相当简化了。在那个时期，局域网可穿越偏远地区得以普及，甚至是小公司都拥有数百台计算机和几十台服务器。所有的安全软件都是难以管理的，反病毒软件厂商提出了防病毒管理服务器，这种管理服务器可跟踪公司内所有计算机，以便确保所有计算机都更新成最新的病毒特征库。这种情形似乎并不令人满意，但看起来却是可控的，电子商务需要这种方法。如今客户并不仅仅希望在公司网站上可以找到一个产品目录或电话号码，而是实实在在地下订单和接收报告。一些通信设备突然获得了自由访问客户信息的权限，包括访问客户信用卡号码，所以第一个此类的网站面临着欺诈风险与保密威胁。

为了使企业与保密用户进行秘密通信，Web 软件公司引入了一种新的叫做“安全套接层”(SSL)的加密通信协议。这发生在 1995 年。1999 年，该协议由委员会加强，并以安全传输层(TLS)协议名目来编写(Rescorla and Dierks 1999)。虽然不时地有漏洞报告(Gorman 2012)，但安全传输层协议一直以来都是标准的通信加密机制。

TLS 协议需要 Web 服务器有较长的验证字符串，这称为证书。技术上它是比较难实现的，所以安全专业人员需要购买和操作数字证书认证软件。此软件允许员工为公司创建一个根证书，根证书可以用来为每个公司的 Web 服务器生成服务器证书。这种技术是这么工作的：访问 Web 服务器的客户需要识别证书是否由签发公司的身份签发所得，通过把它和该公司的根证书进行对比。对于可促进高资产额交易的关键应用，也应该为每位用户生成证书，在 SSL 协议中是作为一个客户端出现的。安全套接层协议利用证书来实现客户端与服务器之间的双向认证，一旦双方均通过认证，双方可使用证书中的数据来生成一个单一的新密钥，并用此密钥进行加密通信。这使得每一个 Web 会话在因特网观察者的眼中都有所不同，即便是相同的信息传播，例如同一证书。当用户第一次访问启用安全套接协议的网站，网站所有者通常会重定向到一个可以下载根证书的链接。此后，浏览器会自动检查相应的 Web 服务证书。如果需要申请客户端证书，用户将被询问一系列关于在他们桌面上安装客户端证书的问题。

然而，对电子商务客户管理而言，安全套接层协议安全配置是困难的，用户也会迷惑于根证书的下载和证书问题。所以，浏览器软件厂商开始预装他们的浏览器和来自于安全软件厂商的根证书。他们若得到一个合理的出价，就将一个公司的 Web 服务证书销售，这个 Web 服务证书对应于浏览器分发的一个根证书。当浏览器具有一个证书，但证书又不是由预选的证书提供商提供的，这个新版本的浏览器默认行为就是发布一个安全警报。这就意味着无论任何公司的客户，如果是投资于证书授权机构，而不是从 Verisign 一类的公司购买的证书，都会收到一个“证书不可信” 的警告。警告使因特网用户变得焦虑，以至于大多数公司放弃了自己的证书授权，而购买已安装在浏览器一个厂商的证书，从而建立了一个加密密钥的新市场。证书提供商周期性地作废一些证书，这无疑是雪上加霜。那些事先生成他们的密钥，并且改变和避免出现“不可信”警告的用户，不得不跟踪购买密钥的时间，在系统失效前再重新购买。客户端证书也可以购买，但是因为客户机的主要差异，事实证明客户端证书在已经被淘汰的情况下难以使用，除了高风险的电子商务金融公司，如像 payroll 这样的服务提供商。

如果没有证书，很难对因特网用户进行管理。由于销售组织具有分散性本质特征，客户关系记录很难集中管理，以至于现在登录证书和电子邮件地址必须同客户记录联系起来。除了分时系统提供商，一般公司已经很少为不在他们电话目录上的顾客发放登录证书。管理外部用户需要特殊的软件。在现有的客户关系管理流程中，身份管理系统用来简化管理与整合客户登录信息和在线活动。

随着更广泛的顾客可以访问内部开发的软件，软件开发与调度过程，以及管理过程，对用户也变得可见。软件编程错误是常规性的，草率地收集补丁所产生的损害，与我们尽力修补的损害不相上下。计算机的内部威胁从以前的仅仅做假账扩展到软件开发人员。安全战略的设计是用来监控代码开发、测试和生产环境。源代码控制和变化检测系统成为标准的网络安全设备。

20 世纪 90 年代末期，许多电子商务公司高度依赖于以软件为支撑的技术劳动力，并且长期专注于工人住所的拨号线路，如今有更多的用户使用因特网工作，电子商务公司开始对上网进行补贴。他们并不为这两项买单，而是允许用户通过因特网访问远程服务器。不得不承认，可以看到因特网用户流量的过剩的通信设备，受到了同样的窃听威胁，这种威胁面向客户数据，已经使用安全套接层协议得到解决，但是大多数使用这种技术的人不再使用客户数据，而是做技术支持工作。并且，远程控制仍需要双因素身份验证，这被认为是维持访问控制的十分有效方式,尤其是结合其他的保障措施,例如,防止一个用户同一时间有两个并发会话的控制。然而,一旦网络链接速度超过了调制解调器提供的速度,即使是处理客户数据的商业用户也想要通过互联网进行链接。为了对客户信息保密,整个的远程接入会话必须加密。虚拟专用网络(VPN)技术满足了这种需求,当个人计算机通过虚拟专用网络技术接入公司网络,如果被授权,VPN 允许在家庭网络上进行网络通信限制。网络外围可扩展到黑莓手机以及其他智能手机,所以远程用户不通过虚拟专用网络就可即时访问自己的电子邮件,这需要专门的入站代理服务器,这种代理服务器对手持设备和内部网络之间的所有流量进行加密。

虽然这些安全技术许多在用户自己的设备上已得以运行,但是它们在用户工作站和服务器上仍需要计算机处理周期。网络带宽日益增长的需求给防火墙带来了持续的挑战。具有创新性的安全公司试图通过提供网络级的入侵检测系统(IDS)来缓解工作站病毒检查的义务。关于入侵检测系统的想法与基于数字签名的防病毒技术是相同的,不是将病毒的签名与存放在网络中的文件进行对比,而是和那些将在网络中传输看起来像病毒的文件进行对比。病毒检查也很有吸引力,因为它提供了更多有关因特网上病毒来源的信息。网络入侵检测系统可以通过寻找黑客常用来扫描潜在目标的搜索活动模式,在破坏性软件安装之前,识别出攻击者。入侵检测系统也可以发现网络传播攻击,如分布式拒绝服务攻击。

虽然诸多病毒通过网络入侵检测系统检查和反病毒厂商多年来编译都是一样的,但反病毒软件对在桌面上数字签名检测的方式与在网络上检测的方式还是不同的。安全管理人员开始注意到,最终的结果是:一些病毒被某些技术检测出来,而其他病毒则不能。甚至采用相同技术的提供商检测病毒的能力也是大相径庭的,会出现不同程度的误报,即并非病毒的软件被错认为病毒(McHugh 2000)。许多企业创建了一个称为安全运营中心的部门(SOCs),通过消除这些系统的错误输出,试图确定在何种程度上它们可能受到攻击。

在 21 世纪之初,无线网加剧了对网络安全的挑战。如同 20 世纪 90 年代中期移动用户对链接的需求,21 世纪初无线网链接的需求也开始增长。虚拟专用网与手持令牌是保持通信保密性通常采用技术的方式,直到研究人员证明本身安全特征是怎样地很容易被破坏后,这些技术才在无线网中得到广泛使用。(Chatzinotas,Karlsson,et al. 2008)。

需要注意的是,对于一个公司一种新的打算而言,无论这些安全技术是最新采用的,还是重新部署的,都需要安装服务器和专门为这些应用而定制和配置的软件。正如第 1 章第 1.3.4 节中所介绍的,通俗地讲,这些技术配置,如防火墙规则集、安全补丁规范、无线加密设置和密码复杂性规则等,通俗地说都是“安全策略”。随着越来越多安全设备的出现,如防火墙、代理服务器、令牌服务器,安全设备为了与不断升级的技术服务保持一致,也需要不断改进,安全部门建立了可部署技术配置的管理服务器。他们这样做不仅仅是为了病毒特征库,还有拥有所有的安全技术这一因素。安全策略服务器是用来跟踪配置变量应该放置于哪些设备上。如果一种设备配置失败或是被误配置,将要花费很多时间重建安全策略。安全策略使技术配置得以集中监控和管理,更经济高效。

尽管以支持管理级安全政策为目的的安全策略是最佳目标,但是网络安全事件仍旧不断发生。经对一个事件调查发现:安全设备常常不遵守技术配置策略。安全管理人员应深入调查这类事件的根本原因,并且跟踪用户在多台设备上的活动。安全信息管理(SIM)服务器的引入,使管理人员在这方面的管理更加简化,因为这些服务器可以存储或查询大量的活动日志。对于日志捕捉到的事件,查询可以显示出系统正处于攻击之下。一个SIM服务器也能够验证日志实际上从总目录上查询所得,因此对于安全管理者而言,它扮演了双重角色:验证事件和遵循策略。

图2.4展示了21世纪初期网络空间安全技术状态。电子商务安全需求助推了大量过剩的安全软件公司生产如图中所示的过量的灰色安全箱。补丁管理流程被增强,添加tripwires对软件变化进行检测和报告。尽管最初出现在一篇主题是安全的硕士论文中,接着是一家软件公司的名字,"tripwires"一词的一般用法在软件中的含义与物理安全中的最初含义是相同的:检测到环境变化的一个触发机制(例如物理安全中的一根线)(Kim and Spafford 1994)。这些内部的软件变化检测机制也称做主机入侵检测系统(HIDS),不同于部署在网络边缘的网络入侵检测(IDS)(Amoroso 1999)。这个特征也体现在技术服务与系统变更控制的分离可以保护系统不受内部威胁、意外变化以及外部威胁的影响。为此,术语"区域"一词用于表明某一特殊用途的区域,以及许多约定俗成的含义。网络区域是用来隔离关键流程的,例如来自于大量不需要关心这些系统的企业用户payroll。因此,许多公司可以创建多个网络区域,它们具有第1.3.3节中提到的不同的可操作的安全策略,即便这些计算机未联网。

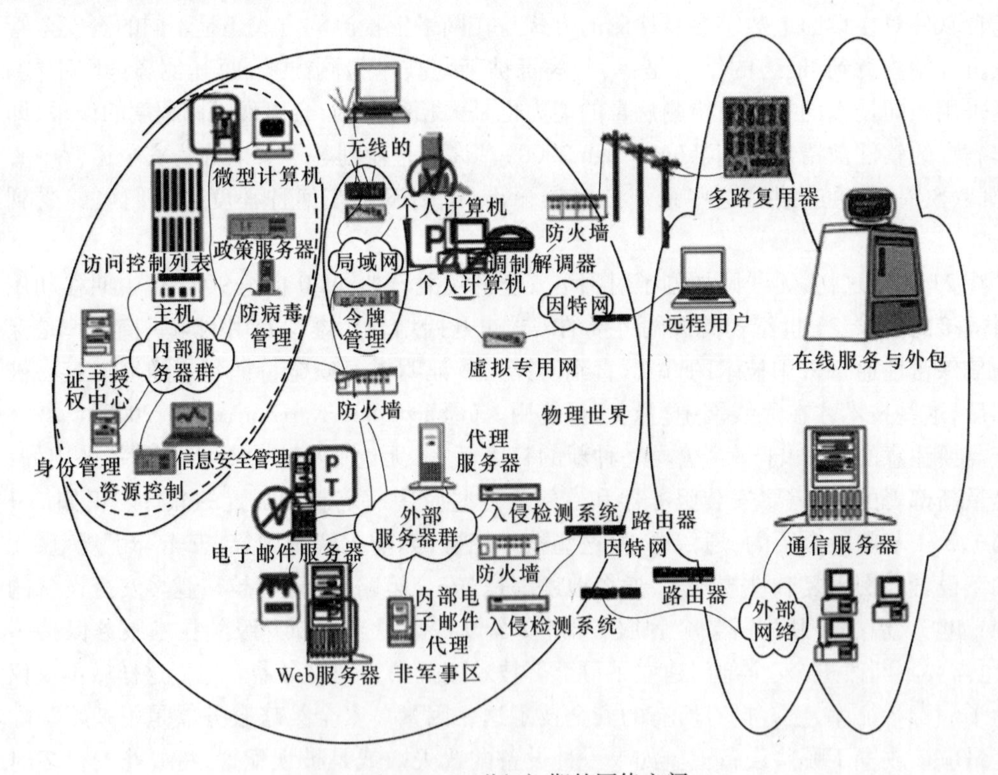

图2.4　21世纪初期的网络空间

2.4 对　　策

尽管安全技术不断创新,网络攻击依然不时奏效。如与金融机构正常沟通的含有恶意网站链接的电子邮件,诱骗客户在恶意网站中输入他们的口令,或者下载恶意软件(malware)(Skoudis and Zeltser 2004)。网络罪犯进行攻击的方法是:引诱用户到一个因特网地址,然后变更这个地址成看起来比较相像的地址。这种方法与在海里下鱼钩后看谁咬钩,或是为后续的攻击"植下种子"等比较相似,所以将这两种攻击分别称为网络钓鱼(phishing)、网址嫁接(pharming)。一种恶意软件就是记录用户敲击键盘的过程,并且将用户名和口令发送到罪犯的数据收集网站(间谍软件)。防病毒与入侵检测提供商依然针对最新的间谍软件和恶意软件创建特征库,一旦识别出这些软件,安全管理平台工作人员开发的一套常规程序就可以根除它。网络入侵检测技术提供商授予安全管理平台工作人员一种特征:服务于正在下载恶意软件的任何用户网路链接,要实现这个,必须用入侵防御系统置换掉所有的入侵检测系统。

21 世纪 10 年代中期,经历了网络有组织犯罪的急剧增长和身份盗用成风(Acohido and Swartz 2008)。也有许多高度公开化的事件,如笔记本计算机丢失,以及复制包含大量个人网络信息的磁带用做身份盗用等犯罪活动。这引起了远程用户的习惯意识,这些用户即使旅游也会带着手提计算机记录着一些数据,或者于工作与家庭之间使用移动介质携带数据,如 USB 设备。虽然一些技术在配置时已经考虑到了有被盗与丢失的威胁(例如,如果用户屡次输入错误密码,智能手机中含有的编程软件与数据,就会销毁所有数据),然而许多产品却从未考虑过安全审查这个问题。于是,厂商匆忙地为笔记本硬盘与 USB 设备提供了加密算法。公司为数字媒体的授权使用采用了标准与规则,设置了设备的访问限制。一般很难买到没有 USB 接口和 DVD 刻录机的笔记本计算机。而控制这些设备的软件常常令人讨厌,价格昂贵,并且难以监控。常常可以看到安全工作人员采取巧妙措施,例如将胶水涂在 USB 接口上,在笔记本计算机交付给用户之前将 DVD 刻录机移出。

存储设备甚至数据中心都可能被盗。因此,许多设备都会被加密,而管理员很难跟上保护加密密钥的发展。20 世纪 90 年代出现了简单的密钥管理系统,如口令保护的密钥数据库,一些需要生成的密钥用来执行技术操作任务,比如恢复被删除的文件,此类密钥的需求量迅速增加。安全产品提供商开始提供自动化密钥存储和检索系统。这些密钥经常存储在专有的物理硬件芯片上,在独立的地址中被保护,而且仅仅控制设备访问的装置可以访问到。如此一来,如果没有硬件芯片的设备被盗,单是存储介质本身数据并不能被解密。不幸的是,用户在自己家中的计算机上工作,他们想要获得数据就很艰难,只能通过电子邮件将这些数据发送给自己,以绕过移动介质上的安全控制。

直到"莫里斯蠕虫"出现,电子邮件安全才得以改进,但仅仅是为一些已知的漏洞打上了补丁而已。甚至在今天,沟通双方在没有达成具体一致的情况下,服务器之间沟通与分享信息的协议还没有被加密。电子邮件在到达它的目的地被接收之前,很容易被网络设备观测到,并且它通过多个因特网服务提供商按惯例路由。虽然已经开始尝试通过证书(如密钥)来识别授权的电子邮件服务器,但由于害怕不经意间拦截了合法用户电子邮件而被放弃。为协助分析电子邮件内容,电子邮件安全提供商开发了一款软件,很多公司怀疑如个人身份信息这样的机密数据是以在家中工作为目的、通过电子邮件发送的,并且也发现了他们的许多例行的业务流程也是通过电子邮件,把这些数据发送给客户或服务提供商的。即使一些安全政策反对使用电子邮件发送个人身份信息,但有时仍有客户为了电子邮件接受报告方便,要求他们的报告需要通过电子邮件来发送,并且愿意承担身份信息被盗的风险。企业用户会遵照客户的意愿而忽略安全政策。尽管有些行业的风险是可以接受的,但监管部门却禁止这种做法。这个问题所采用的安全技术是内容过滤。为识别敏感信息设计了一些模式。这些信息包括来自别国的一般社会保险号码和纳税人识别号,也包括软件公司内部开发的共同程序片段,在专有文件下隐藏了"仅供内部使用"的标志。用户向因特网或其他公共访问网络发送信息时要路由通过一种设备,这种设备可阻止信息丢失或暗地里警示安全工作人员,以便安全工作人员调查内部用户找出原因。频繁地、明目张胆地进行网站攻击的罪犯经常处于被雇佣与被解雇状态之间。

黑客仍然在网络外围寻找漏洞,并且这里有许多易受攻击、脆弱的 Web 服务器。网络对非军事区的控制不会阻碍 Web 软件开发人员编写一些模拟网络活动的程序,这些网络活动是经 Web 服务器允许的。客户也是以这种方式得到信息的,当然,这也包括访问一些客户的敏感信息,因为这也是客户可以访问的。开发者将公共("开源软件")或专有开发项目中的软件源代码进行共享,实现了一种改革创新。当开始一个新的项目时,为了花费更少的精力去创建新功能,他们通常会尽可能地重复使用前面已有的代码。他们可能也使用现有的没有源代码的免费软件(freeware)。这些代码大部分都有已知的安全缺陷与漏洞。它们被软件安全顾问与提供商称为软件安全"错误"。如同一系列的病毒与软件漏洞,软件安全错误都已列为国家漏洞数据库项目(MITRE 2009;MITRE 仍在进行)。网络安全提供商创建的安全源代码分析软件将被纳入到源代码控制系统,所以在软件部署前,一些错误可以被发现。使用静态软件或动态分析软件来分析这些工作,静态分析软件是在代码写入后读代码,动态分析软件在代码执行过程中读入代码。其他的网络安全提供商面向 Web 服务器软件开发了一个网络流量观测系统,同时 Web 服务器也可以响应。这些被称做网络访问防火墙(WAFW)的设备,通过编程,检测非安全软件的使用,并在实时系统中阻止网络探测的尝试。

图 2.5 描绘了网络安全实践的现状。加密机制被部署在关键服务器和远程设备上。内容过滤器阻止用户向因特网发送敏感信息。入侵防御设备取代了入侵检测设备。Web 访问防火墙为面向因特网的应用做了补充。此外,图 2.5 几乎涵盖了本章所提到的所有安全技术,但是没有将现有的所有安全技术都描绘出来,只涉及了一些主要的安全技术。

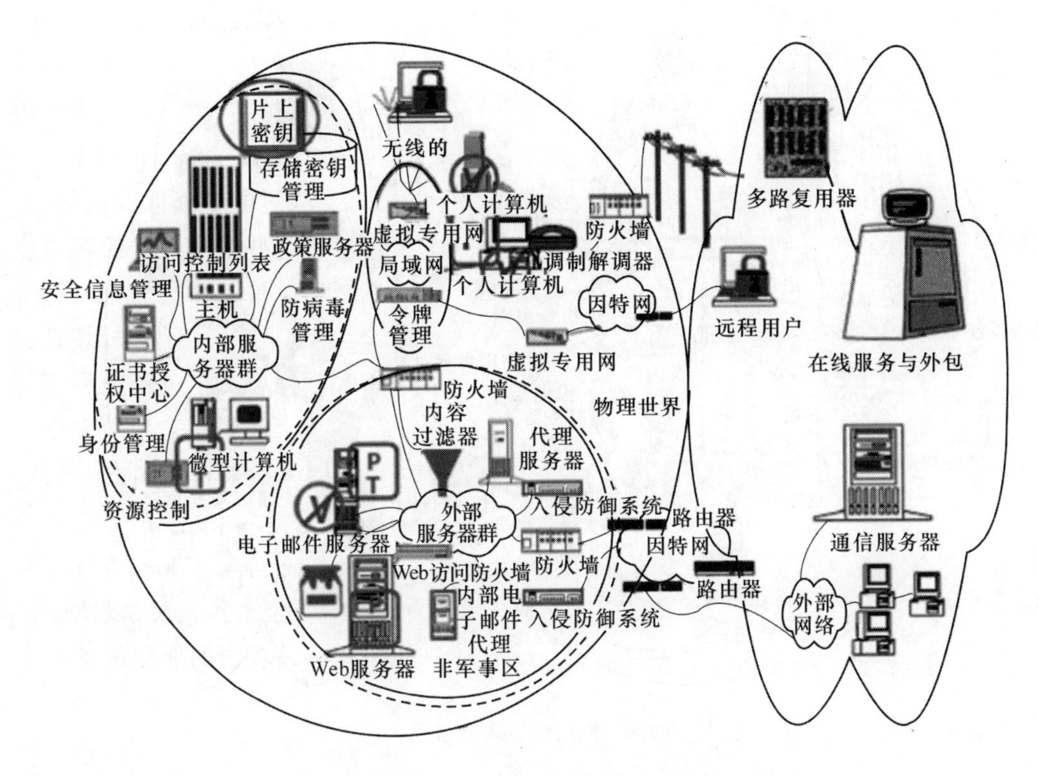

图 2.5　网络空间与网络安全对策

2.5　挑　　战

需要注意的是:我们现在使用“网络安全”这一形容词指代所有这些对策,历史上也包括计算机安全与信息安全。虽然在过去的半个世纪中,这一术语已经从计算机安全演变为信息安全到网络安全,但基本概念仍保持不变。在网络空间中,安全政策被相关利益者时刻关注。然而,网络空间利益相关者的数目以及种类数,已经远远超过了第一部计算机安全法案颁布时所预想的。计算机世界可控制金融领域、卫生保健系统、国家电网和武器系统,信息丰富的网络安全政策显示了其空前的重要性,并且在未来不长的几十年,它的重要性只可能是逐渐增加的。

有威胁的地方就有对策,威胁与对策同生,威胁与对策并存。没有一个威胁已经消失,所以所有的对策依然被认为是最佳的实践方法。尽管如此,网络安全仍有漏洞。图 2.6描绘了当今黑客攻击采用的路径。这条路径同网络空间工程师创建的允许授权用户进入系统所采用的路径是相同的。正确地处理这些安全问题,可避免黑客窃取信息。在许多领域,随着惯犯以及间谍带来了更加严重的威胁,窃取信息已经不被人重视。需要注意的是:我们所描述的网络安全演变,绝不能说明其发展的方式是确实有效的,也不能说明这种方式是恰如其分的。

新的网络安全保护考虑方式需要面对这些挑战。图 2.6 中所有的安全设备(已省略

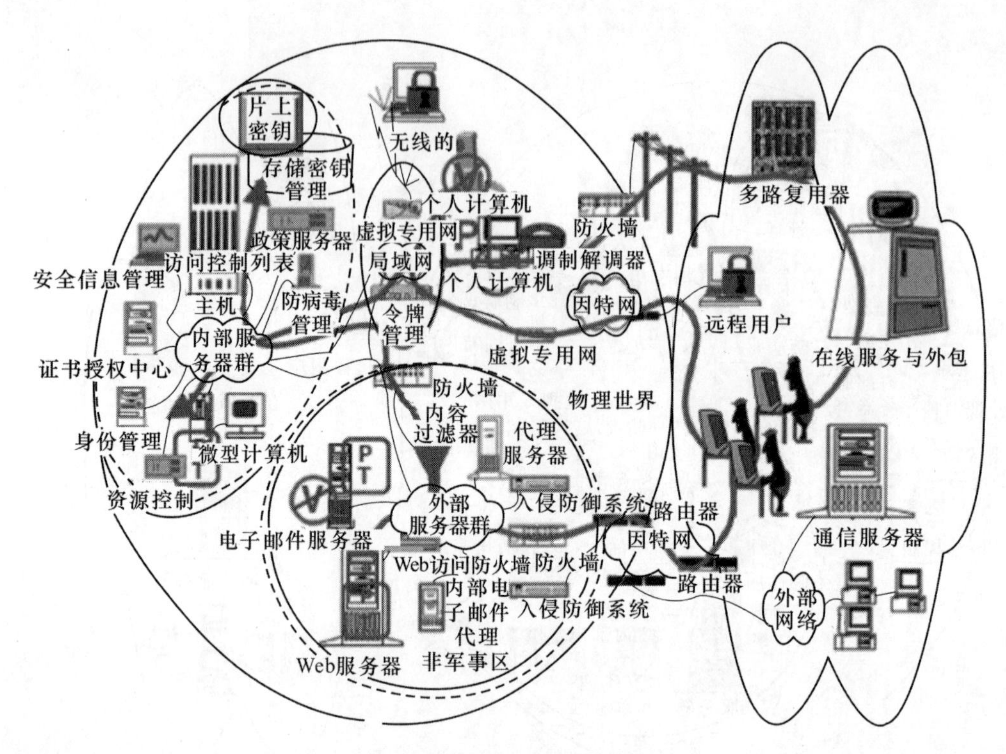

图 2.6　网络犯罪攻击路径

或遮住了几十个可能存在的安全设备)得到了目前网络安全标准的推荐。这些标准已经被提议作为立法的主题,这是以前网络安全历史出现政策问题诸多原因中的一个。借用Hubbard 的话就是:“无效的风险管理方法可以以某种方式将漏洞传播给它所接触过的任何东西”(Hubbard 2009)。

第3章 网络安全目标

鉴于网络安全技术的复杂本质,以及网络安全威胁有增无减的态势,政策制定者要不断面临如何应对最新的安全威胁问题。然而,因为关于网络安全的度量决策常常是由技术专家来决定,政策制定者可能真的无法参与决策,这样他们也没有机会去衡量不同方案对组织结构的影响。事实上,网络安全的军备竞赛似乎往往只提供很少的可选方案。在网络安全技术提出后不久,一些监管组织就把这些技术的使用作为业界标准,这就把各种组织机构锁定到了确定的对策方案中。例如,一个受监管的机构决定使用一个没有使用防火墙的网络安全方案,他们就会面临监管审计员的严格审查。持续紧跟最新的安全工具和技术似乎比重新思考一个网络安全的组织方案,显得要更容易一些。

尽管如此,如果说第2章有什么不足之处,那就是非常缺乏新的网络安全范式介绍。在这一章,我们会批判性地审视网络安全政策目标,它是伴随着第2章描述的网络安全历史发展而来。值得注意的是,这些网络安全目标过去不符合、现在也不需要符合网络安全相应的组织目标。但是,在这一章里我们也会回顾用于决定是否达到网络安全政策目标的方法。我们注意到,那些设定安全目标的人常常不能正确完成并实现安全目标。我们得出的结论是,当前的网络安全指标根本不能度量安全。本章的末尾有三个案例,它们描述了网络安全目标是如何建立,以及网络安全目标实现是如何度量的。

3.1 网络安全度量

度量是一个从经验世界到形式化的、关系世界的映射过程。度量是把审查对象的一个属性进行特征化。对一个难以捉摸的属性采取组合度量,被认为是衍生度量,并且取决于对被度量事物的抽象模型背景的理解(ISO/IEC 2007)。“度量指标”是一个通用的术语,它是指将指定领域特征化的一系列措施的集合。网络安全既不是度量的直接对象,也不是系统中可充分理解、用来定义派生措施或指标的属性。因此,那些从事网络安全度量工作的人,正在度量其他事物,并从中得出安全目标的实现程度。这一挑战催生了一个称为安全度量的研究领域(Jaquith and Geer 2005)。

传统上,物理安全度量专注于一个系统满足抵御设计基准威胁目标(DBT)(Garcia 2008)的能力。一个DBT描述了能实际抵御最强大和最具创造性敌手的一些特征,这些敌手现实上期望被抵抗。在纽约,这样的敌手可能会是一个配备了尖端通信设备和爆炸装备的恐怖组织。在爱达荷州,它则可能会是一个在摩托车上架着自动突击武器的20人武装团。安全方面使用DBT方案,意味着系统所需安全保护的强度要从技术规范评估它可能遭受的攻击中计算得出。在物理安全方面,这个过程是直截了当的。如果DBT是一支获得了访问指定类型爆炸物的20人武装力量,那么对付非法入侵物理屏障的强度必须能禁得住那20人可能给系统物理接触所产生的成吨的冲击力量。屏障保护材料会被指定,威胁延迟和反应系统会被设计,相应的测试验证也会被实施。

在网络安全中,罪犯、威胁、探测和漏洞这些术语都是商业名字,它们的含义是明晰而相关的。如图3.1系统图所展示的那样,一个罪犯是一个人或实体。威胁是一个被罪犯可能实施的潜在活动。探测是指构成攻击的技术细节。漏洞是一个可以让攻击获得成功的系统特性。因此,图3.1中系统主干主要表达的意思是,"安全会阻止那些发动威胁的罪犯,这些威胁将探测系统漏洞而产生危害,反过来造成价值损失"(Bayuk, Barnabe, et al. 2010)。

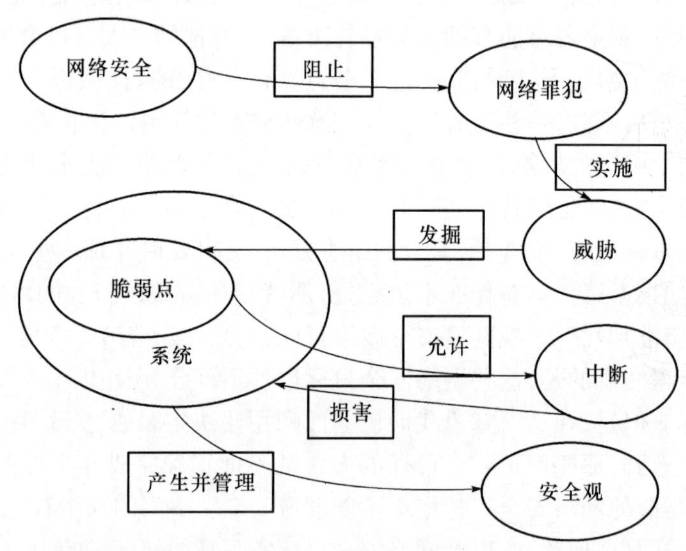

图3.1　安全系统主干

自计算机系统出现以来,计算机安全DBT已考虑了潜在的罪犯,如joyriders式的黑客、恶意代理的网络破坏和间谍活动代理。然而,不像DBT的一个物理安全分析那样,计算机安全方面的DBT对回应威胁设计的对策,并没有专注于威胁实施者本身,也没有专注于最新的战术手段是什么,而是专注于最近被利用来实施主要威胁的技术漏洞。各种类型的系统漏洞都会引起安全社区的关注,一系列相应的安全对策技术也会进入市场,成为不断增长的最佳安全实践推荐的一部分。当对策应用于脆弱的系统组件中,所有实施对策的集合被认为可以囊括一切系统威胁。图3.2说明了这个方案,即在图3.1基础上添加了这些概念及其他们之间的关系。图3.2显示出网络安全度量指标、管理方案、审计和检测技术,它们都是建立在安全工具和技术的基础之上。不幸的是,如第2章所描述,它们都是来源于正在使用中的工具和技术,而不是系统需求所指定的。

利用对策技术实现安全目标这一共识,是以将DBT作为系统自身设计的一部分为代价而达成的。图3.3说明了传统安全架构方案和一个更加全面、系统级的安全方案之间的差异。它描绘了作为系统属性子集的脆弱系统属性和作为系统脆弱属性子集的罪犯目标。传统意义上,安全工程已经用安全相关组件攻克了这个问题,这被戏称为"螺栓紧固"。它们被标记为"补偿性控制",它属于审计方面的一个技术词汇,是指由于系统本身没有控制力而设计出来的管理控制,目的是将利用漏洞造成的伤害降至最小。螺栓紧固

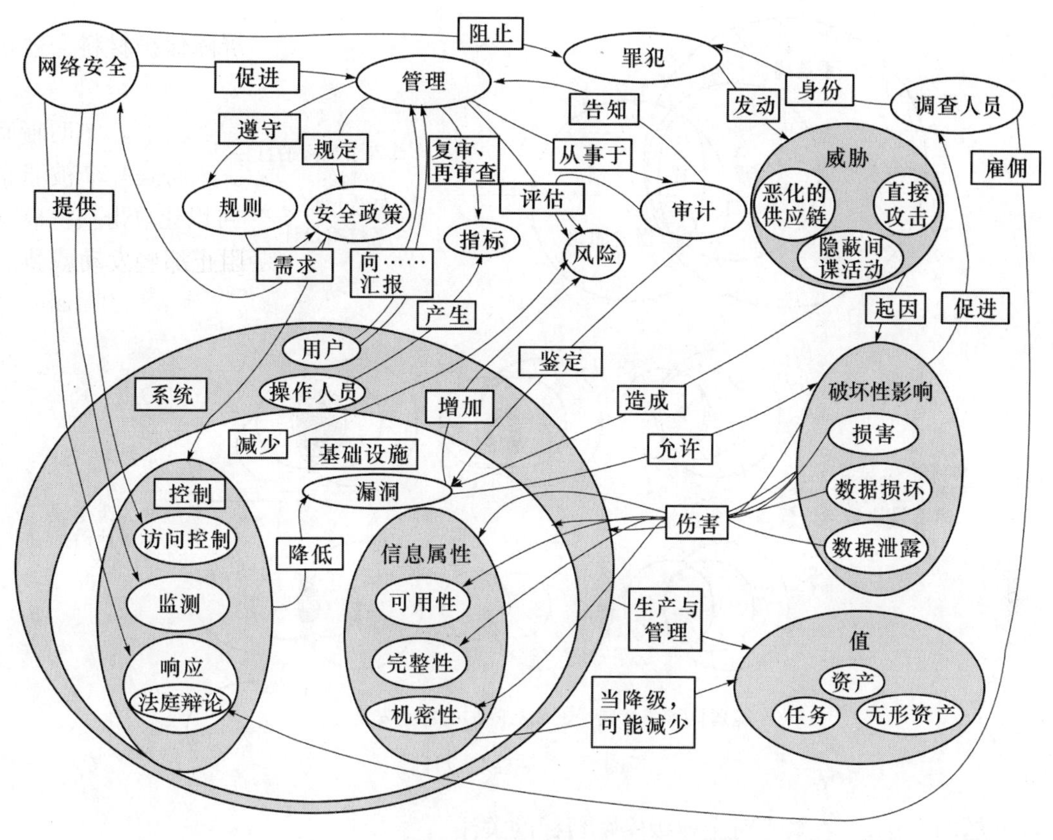

图 3.2　全景式安全系统

从定义上讲是一个变通方案,它并不是系统本身的一部分,比如第 2 章提到的防火墙。图 3.3的下半部分展示了解决安全问题的螺栓紧固方案和一个通过修改系统级属性来消除或减少漏洞的安全设计方案之间的对比。如果先实施这个方案,安全相关的补偿性控制数量应该是最小的。

然而,这看起来无意识地几乎全部采用了第 2 章列出的安全技术。其结果是一个典型的安全目标阐述,显示出实现这些商业领域和计算机操作系统所列举的安全技术的发展过程。图 3.4 就是一个典型的例子。在这幅图的典型分析中可以看出,市场营销业务没有金融领域这么多的安全措施,这一事实也许可以从市场营销比金融有更高的风险容忍度这个方面来解释。从第 2 章中提到过的威胁、反制、再威胁、再反制这样的循环可以明显看出,网络安全专业人员将所有能用得上的安全技术都用在了那些希望降低风险的商业领域。这种应对方案没有留出时间来评估威胁到底是什么,以及整体的企业安全目标是什么(Jaqith 2007)。而且,尽管一些调查已经指出这种状况可能正在改善(Loveland and Lobel 2011),不过,历史上网络安全从业人员从他们正在保护的商业利益相关者那里获得了很少的输入信息。第 2.4 节提到几个很好的例子,其中商业用户发送带有敏感信息的电子邮件给客户和他们自己家中的计算机,尽管这样的行为是被安全政策所禁止的。事实上,安全工作人员与商业目标似乎并不一致。迄今为止,网络安全活动还是以埋头苦干为特征,集中精力于实施控制和对策措施。这是一个通过限制操作来应对外部威胁解

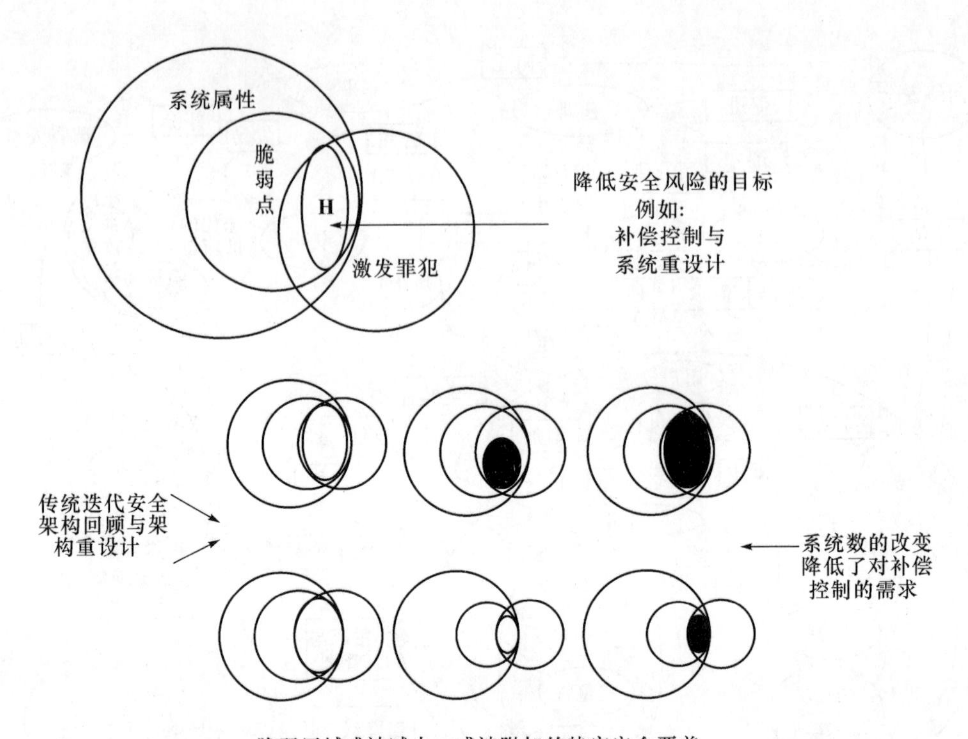

图 3.3　螺栓与设计

决问题的方法,一直缺乏对企业级安全目标的关注。

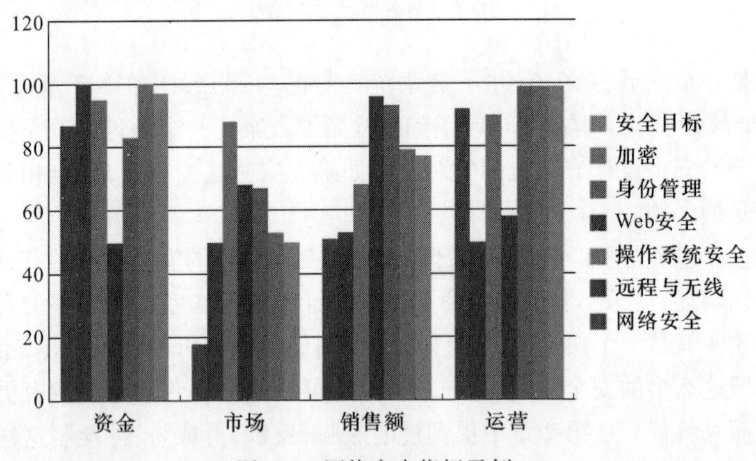

图 3.4　网络安全指标示例

下面对将这个现象和在其他复杂领域的管理问题进行对比。如果一条生产线在维持设备运转方面存在困难,是否还要继续生产而不顾它给产品带来的明显副作用？一个运营良好的制造企业中,战略思想家盛行,生产线会重新设计,也许会舍弃掉一部分设备,之后才会重新投入运行。如果一个交通运输系统中的部件长期处于维护状态,并且会导致服务推迟,它们在运行过程中是否会进行修补？至少在有效运转的组织中,它们会被拉出去,也许是替换掉或重新配置。相比之下,在网络安全领域,底层业务过程检查往往不被描述为工程行业领域的一部分。这对那些技术操作被独立于业务运营的组织来说,尤为如此。业务和安全措施并行运行，而不是串行运行。安全从业者被告诫不要干预系统操作，并且安全本身也不被认为是系统功能的重要组成部分。因此，安全措施的失败经常会让管理层吃惊，并且这些失败会带来灾难性的影响。

在非安全领域中，特定安全目标包含在系统需求中，这里总是认为这些安全目标可能不会实现，相应的意外处置计划都是为商业运营而制定的。如果营业收入不符合预期，业务扩展计划可能就要修改。如果一个新的市场营销计划没有能够增加客户流量，备选的广告推广计划就会做好准备。如果一个新的客户服务战略使客户流失，它就会立即被修改。如果安全目标看起来都差不多，那么安全战略规划将受到类似的严格审查。例如，"保护知识产权"这个目标会有一个相应的关于知识产权的定义，这个定义使得知识产权的保护能被监控，以确保目标达成。这种监控既包括计划是否被合理执行的验证，也包括计划是否达到其所制定的安全目标的确认。验证和确认的失败都将促发补救措施。

3.2 安全管理目标

很多主管们除了知道"我想得到安全"外，并没有更清晰的安全目标。在这种情况下，这里也会有一种正常运行而不用多说的安全目标要素，其完整清晰的表达一般是"我想得到安全，并对我的组织影响很少或不受影响。"如同他们把资产负债表委托给会计工作人员时说的那样，他们向安全专业人员提出这样的指示："我想得到精确的数字。"抛开这两个职业都需要遵守法律和规章制度这个相似之处，这样的委托就意味着相信主管所委托的专业人员，理解了任务所涉及的问题，并且能够与所有那些受委托的业务中的利益相关者密切合作，以实现主管期望的目标。

然而，经过几千年历史确立下来的会计行业，有能力结合环境与制裁的关系来定义信任(Guinnane 2005)。相比之下，网络安全行业自第一个行业或国家标准以来，只有半个世纪的历史，比国际安全标准(一个小例子包括 DoD 1985，ISO/IEC 2005a，b，FFIEC2006，Ross，Katzke，et al. 2007，PCI 2008)的出现要晚得多。而且，除去任何公认的行业标准之外，比如会计行业公认的会计准则(GAAP)，在网络安全领域还有很多多方竞争标准，一个商业机构为登记和比较这些标准而建立起来(中佛罗里达大学正在进行)。最终结果以电子表格或其他结构化数据形式而交付，这意味着它将导入到安全信息管理(SIM)系统中，使得安全管理者可以轻松展示怎样才能符合多个标准而不用把它们都读一下。

安全程序是出于遵从法规的目的，不是特别设计用来实现组织目标的安全，而是旨在证明遵守安全管理标准。因此，标准本身事实上已成为跨组织边界的安全度量指标分类。人们往往建议从业者们制定指标时，要围绕那些他们希望被审计是否符合安全管理标准的需求部分(Herrmann 2007；Jaquith 2007)。甚至有一个国际标准，使用安全管理标准来创建安全度量指标(ISO/IEC 2009b)。

这种安全管理方法的缺点在于标准遵守的细节会被视为孤立的技术配置，而映射到预先建立的记分卡上，而不是设计计分卡以反映企业安全目标。这些标准都没有包含一种公认的方法，根据阻止威胁的效果来直接度量安全(King 2010)。它们通常用于确保管理层在建立保障安全的活动方面履行应尽职责，而不是衡量这些活动是否有效。

与之形成对比的是外行人对安全的看法。例如,对有时换了工作的人来说,他们衡量原公司和新公司的安全是以本地或远程获取重要数据或信息的困难度来判断的。比如,他们也可能识别出,家中台式计算机访问办公室中的客户数据所用到的密码位数,并判断出迫使他们使用更多身份认证因素的公司,是否更为安全。图 3.5 显示了这种分层防卫的系统安全。这种分层也常被称为纵深防御。这个术语是指安全控制的分层和冗余架构,系统中的一部分漏洞被另外一部分弥补。也就是说,没有一个控制会呈现出单点失效,因为一个入侵者至少要破坏两个控制才能进入系统。

图 3.5 提供了一个关于图 2.6 类型的典型网络的层次化视角。它有多个安全"层",被描述在图的中下部。在图的顶部,说明了"远程访问"用户需要验证一个工作站,这个工作站可能受企业控制,也可能不受企业控制。然后用户通过因特网验证企业网,从网络接入点,远程用户可以直接验证内部网络中的其他任何一层。这就是为什么远程访问特别需要更高层次的安全,因为一旦进入内部网络中,就可以有大量的平台访问选择。

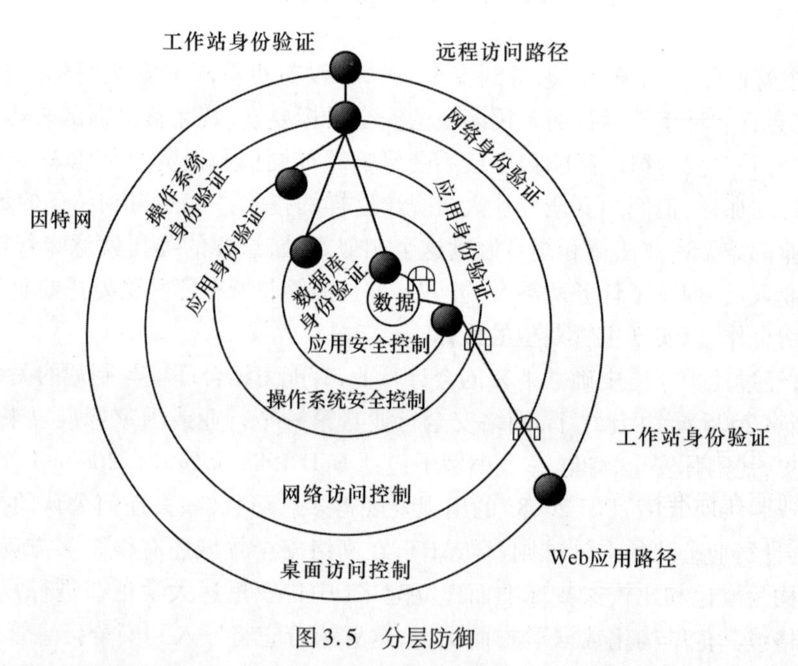

图 3.5　分层防御

这个远程访问路径与 Web 应用程序的访问路径对比,如图 3.5 所示。对于 Web 应用而言,层的存在并不真正构成纵深防御,这是因为这样的因特网络访问应用程序通常只需进行一次登录。Web 应用程序路径表明:因特网用户典型地只验证他们自己的工作站,而这些工作站是不受企业控制的。然后一个用户就可以在不需要验证网络的情况下访问应用程序,因为防火墙允许网络上的任何一个人可以直接访问 Web 服务器上的登录界面。同样网络用户也没有必要验证服务器自身的操作系统。如果进入应用程序内部,数据验证层就不会呈现给用户,应用程序会自动代表用户链接上去。图中这些便利设施表示为层之间的桥,这些层是需要远程用户验证通过的,但应用程序用户却不需要。因此,纵深防御用在这里不太恰当。

回顾第2章里防御这些层所需要的技术，很明显我们必须配置多个设备协调运行，以确保每一层对于没有权限的人都无法进入。因此，在许多关于安全度量的文献中，目标被假定为正确配置所有这些层（Hayden 2010）。然而，尽管有这个设想，仍然没有一个对应安全度量指标的标准分类。不同研究者已经探究了这种分类的原则，这些探究也产生了不同的结果。几年前编写了一个安全指标分类调查，现在看来仍然是以从业者的视角准确描述了这个领域（Savola 2007）。据报道，安全度量文献中的一个共同主题就是安全指标分类倾向于从安全管理的角度来解决技术配置和操作过程，而不是直接说明业务安全目标。甚至那些包括除管理之外的治理分类方法，也倾向于关注那些本身就是治理证据的安全管理任务，这些指标很容易被归类到管理列表部分（CISWG 2005）。如图3.6所示，本书建议将安全指标提高到考虑业务级别的安全需求。

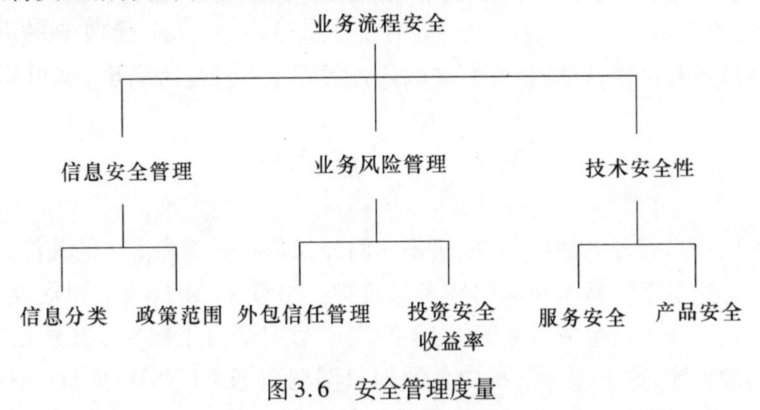

图3.6 安全管理度量

然而，这个方案还有一个问题，那就是目前还没有一个集合能囊括一个组织管理的安全架构，因此就没有一个相应权威的业务级安全度量指标分类方法。相反，却存在大量达成共识的安全过程标准（ISO/IEC 2005；ISO/IEC 2005；ISACA 2007；ISF 2007；Ross，Katzke，et al. 2007）。

然而，即便在标准社区内部，对于什么是好的安全度量也有争论。例如，美国国家标准技术研究所提出了创建安全度量的标准（Chew，Swanson，et al. 2008），但是也有记录报告指出目前的系统安全措施是不够的，并呼吁安全度量指标方面的研究（Jansen 2009）。这份报告承认管理符合标准的管理安全同提供有效安全是不同的。这里正确性与有效性的区别可以类比为一个工程上验证和确认的区别，它们在表述上强调一个差别，“系统被正确建立”和“正确的系统被建立”（INCOSE 2011）。前者是指和设计规范一致，后者是指设计达到了期望功能性的能力。这个NIST的报告中也提出了将安全度量分类为安全有效性的前置、并发和滞后指标。前置指标的一个例子是对于一个即将部署的系统的安全性进行积极评估；并发指标是以技术为目标的指标，显示出当前安全性配置是否正确；滞后指标将发掘那些过去由于安全需求定义不足，或维护指定配置失败所引发的安全事故。如果度量目标是了解当前系统的安全性状况，并发指标会更适合一些。然而，由于当前没有系统属性是公认安全的，也就没有对并发安全指标达成一致意见。换句话说，任何一个组织都可以说他们的系统是“正确”构建的，即符合他们的规范。但是，没有一个组织在网络安全领域实现这个梦想，这个梦想就是知道“正确的”安全被建立起来。

安全度量指标建议通常是一个层次化的指标结构，业务过程安全指标在顶端，下一级包含了支持过程指标，如信息安全管理、业务风险管理和技术产品与服务（Savola 2007）。如图3.6所示，支持过程被期望通过把目标分解为更细粒度的度量来实现安全，或许通过几个层次分解才能到达“叶子”级的度量，也就是说，把层次结构看做一棵树，读取分支末端的最低层。每一个“叶子”级度量与它的同级产生出一个聚合度量，这个聚合度量确定层次结构中它们上一级的度量。例如，图3.6中标有“产品安全”的叶节点将被填写为图3.4中对应的安全产品的累计总值。这个数值将和安全服务指标相结合，产生一个总体安全技术指标。假设安全日志、网络安全、操作系统安全和网络安全被认为是产品、加密、身份管理，以及远程与无线连接被认为是服务。将上面每个子集在四个业务领域的目标完成的平均百分比，分别称为“产品安全”指标和“服务安全”指标。这两个指标的平均值就是“技术安全”指标。这个度量方法依旧是安全设计是否按计划实现的静态验证，而不是通过分解过程和度量叶节点性能，来确认顶级安全目标是否满足。

3.3 计算脆弱性

在安全指标技术管理方法中，一个显著的例外就是对漏洞和威胁的关注，尽管它没有直接度量安全。这是系统漏洞和滥用技术的枚举。NIST和MITRE公司促成了一个由安全产品供应商和从业人员组成的联盟，用于产生一个用结构化数据来描述已知软件漏洞的不断增长的数据库，这个项目就是知名的国家漏洞数据库（NVD）项目（MITRE在进行中）。第一个公共漏洞枚举（CVE）在1997年公布（MITRE在进行中），它提供了这样一个标准：通过提供一个“待修正”的列表，来认定安全保护的工作是有效的。从第二家反病毒软件供应商开始，安全从业人员很难知道他们所使用的安全软件是否阻止了特定的恶意软件。这是因为反病毒软件供应商如果感觉自己应当为第一个发现这种恶意软件而得到好评，那么他们对这个恶意软件的命名就和竞争对手是不同的，虽然这是同一个恶意软件（一个大型反病毒软件公司的产品经理在一次会议小组讨论中承认了这一点，Gilliland and Gula 2009）。只是列出恶意软件可以攻击的漏洞并不能解决识别和根除恶意软件这样的问题，于是在2004年，公共漏洞枚举（CVE）发展成了将恶意软件按照其利用的漏洞进行分类的公共恶意软件枚举（CME），这促进了自动检测和清除恶意软件的发展。MITRE公司的国家漏洞数据库（NVD）在2006进行了扩展，包含了公共弱点枚举（CWE），这是一个软件开发中经常出错并导致漏洞的列表。一个具体问题的实例将作为一个软件安全缺陷标识出现在“决不该发生事件”列表里。这个列表是关于国家质量论坛（NQF）中医疗“决不该发生事件”列表的一个隐喻（Charette 2009）。那个列表包含了一些严重的、很大程度上可以避免的医疗失误，以及以公共问责制为目的的公众和卫生保健服务者关注，例如把手术器械留在病人体内。“决不该发生事件”列表的软件完整性版本是一个列出了软件开发者最容易引入安全缺陷（前面我们称为CWE）的列表。这类指标例子中的SQL注入攻击就是决不该发生事件中的一个。SQL注入错误使得用户可以在网页上输入数据库命令，用户可以执行任何数据库查询语句得到那些应用程序本来不允许访问的信息（Thompson and Chase 2005，ch. 21）。这个度量指标是允许SQL注入的应用程序的数量。度量将依赖应用程序清单来实现100%的应用程序无SQL注入的目标,同样系统源代码的扫描过程也由一个熟悉系统认证工作的人来完成。为了防止一些已经设计好的系统访问特证可能引入安全漏洞,NIST在2009年引入了一个常见误用评分系统,这个系统通过将软件信任缺陷与负面影响评估相关联的方式,来度量软件信任缺陷的严重性(Ruitenbeek and Scarfone 2009)。

国家漏洞数据库中所有类型的漏洞都用来创建安全度量指标,把这些指标作为一个检查列表,来检测技术环境是否存在漏洞。安全软件厂商也使用这个数据库来创建一系列的测试用例,来检查他们的安全软件是否能有效防止这些漏洞。不仅仅是反恶意软件厂商,软件漏洞检测厂商也使用这个数据库。恶意黑客(也被称为"黑帽黑客",在老式西方电影中英雄经常是戴着白帽的)所使用的渗透测试是网络安全分析师("白帽黑客")利用国家漏洞数据库中的任意一个或全部漏洞所设计出来的。把它们自动化以后就可以在控制台命令行中执行了。这个安全度量指标通常是指:对国家漏洞数据库中的任意一个漏洞,其检测结果为安全的机器清单中这类机器所占百分比的倒数。

如果所述安全目标没有已知的漏洞,那么测试结果看起来至少达到了一个良好的网络安全指标。然而,在实践中,由于在多个环境下设计和执行测试的困难性,这种类型的度量过程充满了误报和漏报的情况(Thompson 2003;Fernandez & Delessy 2006)。此外,尽管这种漏洞度量指标对仅仅防范已知攻击为目标的从业人员来说可能是有用处的,但通常来说它仍是一个有漏洞的安全目标设定方法。这些指标对零日攻击必然是无效的,因此,如果完整的技术清单测试成功,完美地通过所有国家漏洞数据库中已知漏洞,这并不意味着系统就是安全的。这可能只是意味着,系统中安全漏洞和缺陷是不能确定的。正如一个软件安全专家所说,它们是一个不良度量标准(McGraw 2006)。如图3.7所示,这些类型的度量可以提供安全性差的证据,但是没有度量值可以表明安全性是如何的好。

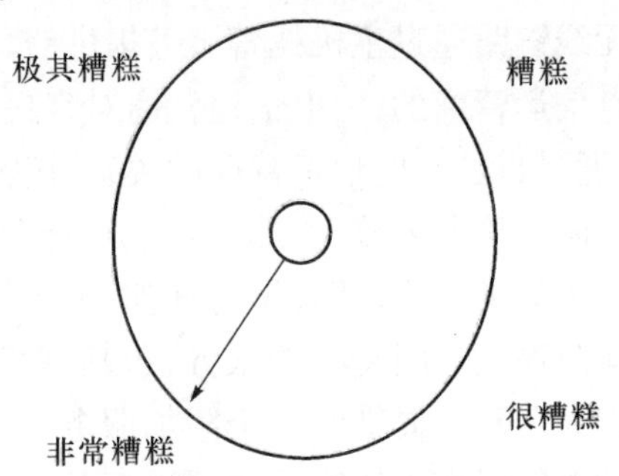

图3.7　安全恶劣程度计量(来源:McGraw (2006))

3.4　安全架构

迄今为止,本书中有关网络空间的使用一般和互联网技术有关,以及它们如何被众多的电子商务和政府机构所利用。然而,这仅仅是看待网络空间的一个视角。当网络空间和一些不同于敏感信息数据库那样的东西相连时,对于给定指标对安全目标所产生的影响这一理解，也将随之发生很大改变。网络空间涵盖汽车、火车、轮船、飞机、建筑物、游乐园和工业控制系统（ICS）。往较小的方面说，它包括无线电天线、冰箱、微波炉、视听系统和手机。网络安全的目标和实现目标的方法，在网络组件运作的架构中也将会有很大的不同。

在这一章中，为了与其他类型的框架进行对比，我们将电子商务系统描述为一个框架。这里有许多系统框架，就像使用电子技术的方法一样多，所以我们首先选择了电子商务系统，然后接下来就使用两种截然不同的系统来进行阐明：工业控制系统和个人移动设备。

3.4.1 电子商务系统

电子商务系统是面向因特网、促进交易的系统。这个词本身是当今最热门形容词的简称，如“电子商务”中的“电子”一词。电子商务在许多在线零售商中已经成熟，许多品牌只能通过网上商店和业务才能交易。除了传统的客户对企业的关系（C2B），电子商务还包括生产商、供应商、分销商和零售商之间企业对企业的（B2B）交易。

电子商务系统被称为“面向互联网”，是因为它们使互联网能够与其他系统直接通信。为了能够面向互联网，一个系统必须连接到互联网服务提供商（ISP）。“ISP”是一个通用术语，为不同类型的公司提供互联网连接服务。互联网服务提供商可能是当地的有线电视公司、一家大型电信运营商、市政网络运营商或者是一个网络托管服务提供商。这些服务的共同要素是客户和因特网之间的网络流量必须流经 ISP。图 3.8 以互联网为背景描述了一些备用的 ISP 链接。由于大量的系统必须在各种网络图中表现出来，因特网本身在网络图中表示为云。自 20 世纪 70 年代以来，云符号一直在使用，它并不是指因特网服务的子集，我们现在使用“云”这个词作为一个营销术语。

注意到图3.8 中，客户到主机托管服务提供商的链接，并不是自身与因特网直连。相反，它是由电话线、电缆或无线链路通过主机托管服务提供商，成为管道网络来提供服务。这个线路通常是租用大型电信运营商的，但电信运营商对客户而言，并不是因特网服务提供商；主机托管服务提供商通过自己与电信运营商的关系，把客户连接到因特网。如果托管服务提供商和客户端都在同一栋办公楼上，那么他们可能只安排一根电缆穿过墙壁或天花板连接他们的设备。该图就是为了说明，没有任何一个单一类型的公司可以提供互联网服务。不同的公司向客户提供不同类型的服务，包括网络安全服务。某些类型的网络安全服务可能仅仅只是作为运营商提供的一个附加服务，如阻止拒绝服务攻击。其他的功能，如垃圾邮件过滤，可能仅仅作为托管服务提供商的附加功能。因此，一个系统连接到互联网的方式也可能会限制它的网络安全的选择。

一旦互联网连接建立，典型的电子商务系统将按照图 3.9 的架构，在企业的边界和任意外部网络之间部署防火墙。所有面向互联网的计算机将被封闭在一个独立的网络区域内，任何关键的安全系统将会连接到一个内部网络区域，这个内部网络没有直接路由到外部网络。用户桌面通常也将被分隔成它们自己的网络区域。各种安全技术将被放置在网络区域的接口部分，以方便任务执行，如远程访问内部网络、入侵检测和通信监控等。

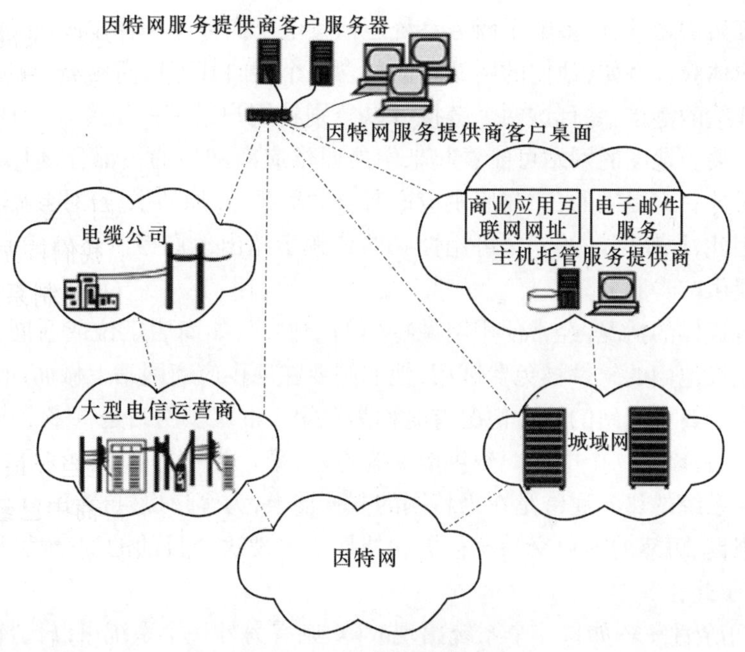

图 3.8　电子商务系统环境

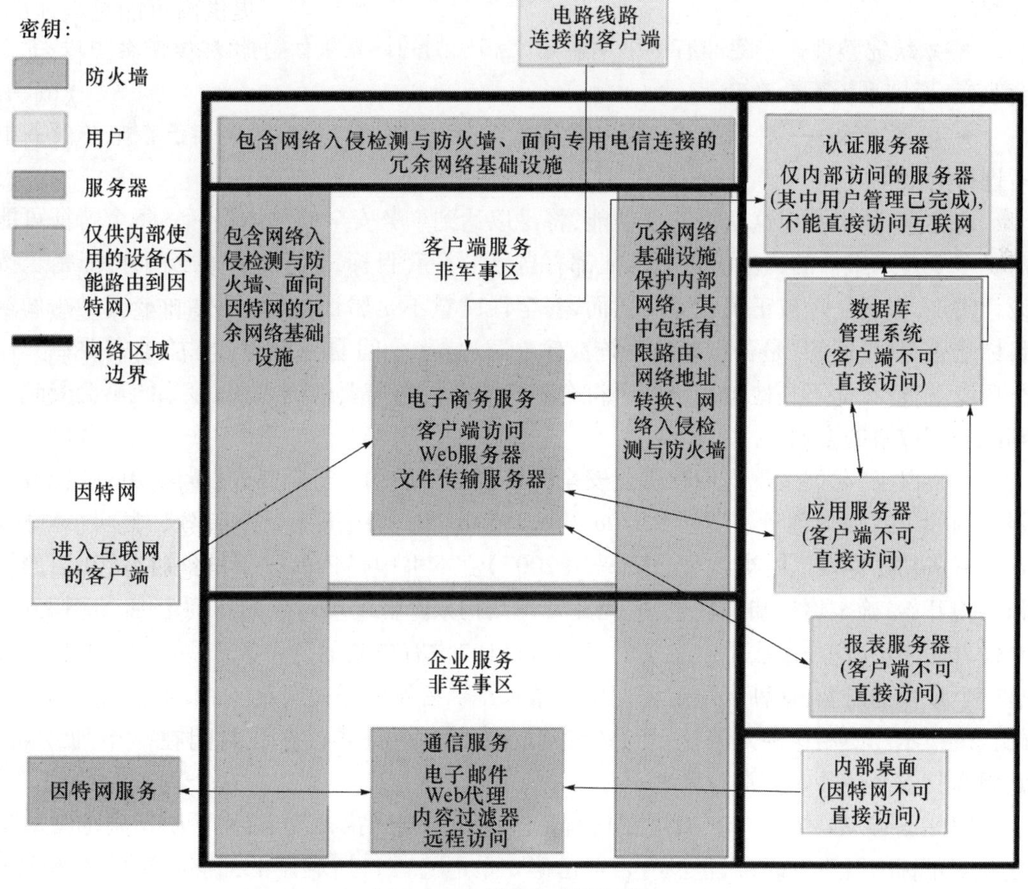

图 3.9　电子商务系统架构

除了内部架构之外，许多电子商务系统还依赖电子商务业务合作伙伴，来完善他们应用程序的用户体验。例如，他们的网站可能包含一个指向其零售商店的链接，或是一个指向他们股票业绩的链接，并且这两个链接可以分别将用户带到一个专业的地图和股票分析的网站上。关于地图的网站可能看起来像是原供应商网站的一部分，但实际上地图的图像却是由另外一家提供的，它与原供应商有合同关系，在原始供应商网站上提供所需特征的子集。因此，原始网站的完全可用性必然依赖于超出他们控制之外的服务。这些技术也被用于提供广告服务。

当然也有这样的情况，经常使用网站特征的提供商，如商店定位或新闻发布等，作为交换条件也允许他们的软件被免费试用，他们则要在原供应商网站上做面向客户的广告。用户对综合电子商务网站的体验情况有时称为混聚。混聚型网站是将多个电子商务企业的服务相结合后，以某一个电子商务供应商为主题，聚合成一个单独的网页。

电子商务系统的目的通常是在因特网的服务器上，为客户提供持续不断的交易，同时使因特网上强健、可靠的商业交易流程更加便捷。实现这个目的的安全特征包括以下内容，但不仅限于此：

- 系统冗余性——如果一个系统出现故障，则有另外一个系统可以代替它。
- 系统多样性——如果一个系统正遭受攻击，则可以使用替代技术继续支持事务处理。
- 系统完整性——除非有一个明确定义和检测的计划来保持服务的连续性，系统才会改变，否则系统不会改变。
- 事务审计——对手被认定以一种方式运行，即不允许他们否定自己在电子商务中所进行的活动。

请注意，如果实现这四个安全功能，将足以达到事务安全的总体目标。每个特征可能需要多个技术组件的集成。每个特征都有自己的一套目标，指示它们的安全特征是否按设计实现，系统是否被正确建立。然而，安全性度量不是验证指标，是要确定满足的安全目标是否正确，回答"是否正确的系统被建立"这样一个问题。安全目标验证需要在其运行环境下度量，而不是检验系统是否符合安全规范。它需要证据表明，该系统不会受到不利的安全威胁的影响。

一直以来，我们发现人们在提出安全验证指标时的第一直觉是，度量成功的攻击或入侵。例如，在《如何衡量一切》(*How to Measure Anything*)一书中，作者建议安全目标应该在没有成功病毒攻击时被度量(Hubbard 2007)。本书中描述的过程是：以你所知道的知识结构开始，确定你想知道什么，应用此知识结构来降低度量对象的不确定性。应用到安全性方面来说，这种做法是有意义的；但是，这种"没有成功的病毒攻击"的建议度量指标有一个致命的缺陷，这种度量过程期望的结果是没有发生任何安全事件，而不是满足指标的积极指示。使用这种方法，一个很少受到攻击的系统将被认为比其他系统更安全，仅仅是因为其安全性并未经常被测试。

因此，通常都尽力支持"通过在自身系统进行计划和执行攻击，而不使用病毒度量"。这种度量标准既没有病毒，也没有目前已确定的恶意软件所利用的漏洞。这种实践做法被称为"渗透测试"，利用第 3.2 节所述的不良度量计量。由于这些攻击是在完全了解阻止攻击的安全特征是如何设计的,这个实践表明,一个设计规范得以确认,并不是一个设计目标被验证正确。

电子商务系统安全目标可以参考其操作上下文的目的来验证。它不仅需要“最近一组已知攻击将失败”的证据,还需要有“攻击是不可能(或至少是非常困难)实施安全威胁而影响系统性能”的证据。这样一个显示要求,系统操作受到确定攻击引起故障类型,而不是一些模拟一个或多个已知攻击的方法。因此,电子商务业务持续度量通常包括故障模式测试,这些测试证明:冗余故障转移和不同组件故障转移是经常发生的,并且这些故障转移是可以在不影响系统完整性、事务审计,以及不对系统操作员进行警告的情况下实施。虽然事故和假警报无意中可能触发安全警报,但这并不需要完全自动化环境。在这些情况下,自动响应会导致不必要的故障转移活动。如第1章所述,系统安全需要人员、流程和技术协同工作。还需要注意的是,验证所有安全目标需要:冗余或者多样的备选系统配置要有系统完整性和事务审计。虽然没有系统是100%安全的,但这里有设计电子商务系统著名的技术架构模式,方便了这个实现。度量结果应能够表明系统是按照设计正常工作,以及设计可以防止电子商务犯罪知名的攻击例子。

建立这样安全指标的方法之一是使用攻击路径分析技术来模拟犯罪活动。在这个方法中,攻击目标被分解成子目标,而且实现每个子目标所需的活动,是根据时间、成本或攻击者方面其他认证的能力而被度量。然后,每个导致系统受损的攻击路径,是根据完成所有导致系统受损的子目标的综合能力来度量的。这种技术考虑到阻止和延缓攻击者的安全措施的战略部署,并且也考虑到在攻击造成一定影响之前,对响应正在进行的攻击行为的相关事故管理流程。在理想状态下,这种指标将被用来展示成功的系统折中方案,拥有超越任何已知敌手的能力。

3.4.2 工业控制系统

工业控制系统经营全球的工业基础设施,包括电力、水、石油/天然气、管道、化工、矿山、制药、交通运输和制造。工业控制系统度量、控制和提供工业控制系统监视传感器的物理过程视图,以及自动物理机械的工作过程,如杠杆、阀门和传送带。当大多数人想起网络空间,就会想到互联网支持的应用程序和相应的信息技术(IT)。工业控制系统还利用先进的通信能力和联网功能,来提高工艺效率、生产力、规范一致性和安全性。这种联网功能可以在一个设备里,也可以在大洲之间的多个设备中。当工业控制系统不能正常工作时,它所产生的影响可能是轻微的,也可能是灾难性的。因此,人们迫切需要确保电子影响不会产生、作用和误操作工业控制系统。

图3.10是工业控制系统框架的一个例子。一个典型的工业控制系统是由一个包含人机界面(HMI,也就是操作员显示器)的控制中心构成。这里通常是基于Windows的工作站系统。工业控制系统控制中心的其他典型组件包括监视控制与数据采集系统(SCADA)和分布式控制系统(DCS)。控制中心通过使用专有的通信协议,基于通信网络和远程现场设备进行通信。这些协议可以以因特网的方式进行传输,但数据仍含有控制系统所特有的数据包字段。数据包通常是通过有线或无线局域网(LAN)发送。控制中心一般可以连接到远程控制装置,例如远程终端单元(RTU),或直接连接到一个控制器,例如

可编程逻辑控制器(PLC)或智能电子设备(IED,例如智能继电器或智能断路器)。PLC或IED具有自动预编程控制执行能力和将信息反馈控制中心的能力。PLC或IED通过串口、以太网、微波、扩频电台以及其他大量的通信协议进行通信。通信通过传感器接收,并收集压力、温度、流量、电流、电压、电机转速、化学组成或其他物理现象测量值。如果系统需求变化或者系统不规范时,则需要确定最终元件,如阀门、电机和交换机,何时需要被激活或是否需要被激活。一般情况下,这些变化都是自动完成,并发送给控制中心的操作员。然而,对于一个工业控制系统,可能仅仅把报告状态发给操作员,操作员可以进行手动更改。

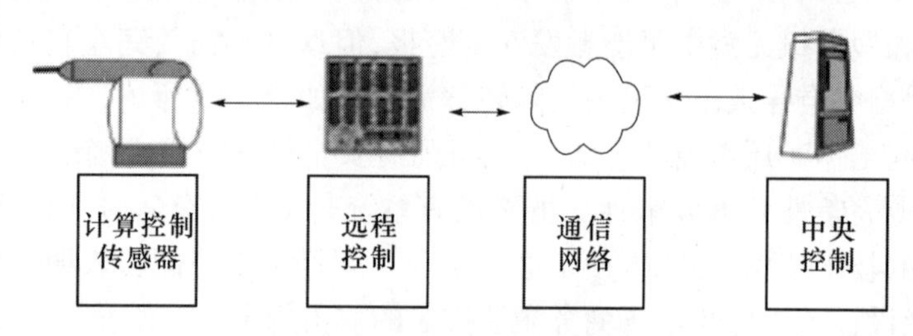

图3.10 工业控制系统框架

运行电子商务的信息技术(IT)的类型和运行工业控制系统的信息技术类型之间存在较大差别。在信息技术世界,主要涉及的问题是信息内容;在工业控制系统中,主要涉及的问题是可靠性和安全性。在信息技术中,无意识攻击并不被看做是主要问题;在工业控制系统中,无意识攻击仅仅是糟糕的。安全事件并不一定有一个重要意义的恶意源头。

人机界面有网络和工作站两种类型的系统。工业控制系统中的人机界面一般都是这样的系统:有点像信息系统,并且可能易受标准信息技术漏洞和威胁的影响。因此,他们可以利用IT安全技术、传统的IT教育和申请IT培训(参见,Byres,Karsch,et al. 2005)。然而,工业控制系统现场指令和控制器一般不采用商用现成的操作系统,目的是消耗尽可能少的硅和能源(Stouffer,Falco,et al. 2009)。他们经常使用专有的实时操作系统(RTOS)或嵌入式处理器。由于他们在物理工作流上独特的地位,现场仪器和控制器上往往有操作要求和IT系统中从来没有过的限制。例如,恶劣的天气条件和极短的平均修复时间规范(MTTR)。这些系统既受到典型的IT系统类型的网络威胁,也会受到工业控制系统独有的网络威胁。

人们早已认识到对工业控制系统的网络攻击,例如控制电网的网络攻击可能会超过对单个目标单一的攻击,并且也可以结合物理攻击(Schewe 2007)。北美电力可靠性公司(NERC)举行了一次高冲击、低频率会议(HILF),以解决超出设计基准之外的攻击(NERC 2010)。

工业控制系统供货商数量仅仅是有限的,并且他们提供世界范围内大多数的工业流程。尽管如此,在工业相关文献中,用来形容工业控制系统技术和安全保障能力的关键术语非常模糊。例如SCADA和现场仪器操作等关键术语,在不同的组织有不同的含义。例如,术语SCADA可以指主站或从主站到终端现场设备的整个控制回路。因此,当这些术语在安全标准中使用时,公用事业单位经常采用他们自己的解释。

甚至在单一行业,"安全"也有许多定义。尽管在能源工业对于网络安全的定义会参考工业控制系统,但对能源工业安全的其他看法参考、囊括了从对外国石油的依赖,到允许能源在地域之间流动等。最新的 NERC 监管指南要求能源公用事业单位把技术安全标准应用到他们重要的基础设施。几个受管制的公用事业单位在报告中提到,他们没有至关重要的基础设施,因此不必遵守已被禁用的安全标准(Assante,2009)。除非我们在国家基础设施组件术语和它的安全意义的常识理解上达成共识,否则这些政策的执行仍然有障碍。

工业控制系统安全问题的根源是工业控制系统之间彼此不同,也没有一种对所有可能的控制配置的特征化,能够与适用于各行业的任意一组定义相关(Igure,Laughter,et al. 2006)。在物理安全方面,网络安全术语对安全控制实施有不同的意义和涵义。例如,入侵检测系统(IDS)术语在物理安全方面是指监控器利用来自于摄影机、人员徽章或物理访问读卡器的图像,而在网络安全方面,术语 IDS 是指主机或网络检测系统对已知的恶意软件和/或损坏网络空间资源的破坏性影响。此外,在安全和控制系统环境中,也有许多重叠的首字母缩写词,比它们所代表的实际词汇更加顺畅地使用,所以在这样的情况下,社区间的原始沟通出现了弊端。例如,在物理安全专业人士中,IED 术语指的是简易爆炸装置,对于控制系统专业人士而言,IED 指的则是智能电子设备。(不幸的是,这些可能组合使用以方便自动破坏。)

不过,供应商数量有限的结果是,工业设施之间工业控制网络安全相关的差异并不大,这应该允许工业控制网络安全政策和标准的通用。所不同的是,工业运行和相应的遍及系统的控制设备、传感器、物理材料。表 3.1 中显示了来自不同行业的影响的例子,这些差异强调了网络安全故障领域的不同影响。例如,网络安全故障对于核电站与污水处理厂的影响显然不同。(不幸的是,这些可能组合使用以方便破坏。)

表 3.1 来自工业控制系统网络事件的影响*

工业	网络安全事件	实际影响
电力	2008 年佛罗里达州电力中断,发电厂设备故障	因断电波及近 300 万人
石油/汽油	太平洋汽油与电力公司天然气管道故障	9 人死亡,到目前为止损失超过 4 亿美元
管道	奥林匹克管道公司汽油管道断裂	3 人死亡,经济损失 45000099 美元,奥林匹克管道公司破产
农业/食物	食品加工厂 PLC 故障	工厂停工
水	超大场所污染	饮用水遭受污染
运输	直流地铁列车	9 人死亡
*来自:NTSB 2010,Weiss 2010		

注意到,在一个工业控制系统中,一个网络安全事件的最坏影响可能不会导致系统关闭,但是会破坏它的控制过程。因此,尽管"拒绝服务"攻击对于一个电子商务系统会有可怕的后果,但对一个工业控制系统并不是最坏的情况;相反,拒绝控制或拒绝查看将会更糟糕。这可以通过直接攻击控制过程,或者使用误导信息使得操作员屏幕显示陷入危险,它可能会导致操作执行命令去解决一个根本不存在的问题。另外,互联网不是工业控制系统最大的威胁,因为它们通常可以在没有链接互联网的情况下长时间持续工作。相

反,工业控制系统最大的威胁是利用了任何维持现场设备所必需的访问操作漏洞,包括物理访问。

一个工业控制系统的目标通常是操纵某种类型的物理过程。环境传感器提供系统使用规则集处理的状态信息,例如是否触发阀门或控制杆,来达到运行过程中的稳定性。有时这些触发器是人为控制该系统的“人脑”核心组件。在其他时候,这些触发器会自动触发。即使系统环路中有人员参与,作为对操作员命令的回应,这些系统的网络组件依然接收和发送电子信号来操作设备。便于这些目标实现的安全特征包括,但不限于:

- 工业控制系统设备(可能包括传感器、继电器、控制器)可靠性——如果一个传感器出现故障,则有另外一个可以代替它。
- 传感器多样性——如果一个传感器很容易在运行中受到攻击,它监控的环境条件可以用备选技术来实现。
- 软件隔离——某种程度上,由软件自动输入的错误指令受到补偿因子的限制,如范围限制、输入验证规则。
- 系统恢复能力——即使组件出现故障,系统也可以继续运行,即使性能降低。

如果实现这四个安全功能,将足以支撑一个工业控制系统的总体控制目标,其中包括防止它在外人控制下失效。当然,许多其他人工和商业流程也需要支持工业控制系统支持的实际工业过程。正如在电子商务例子中,每个安全特征可能需要多个技术组件集成。每个特征都会有自己一套的确认流程,验证需要证据证明影响系统性能的安全威胁是不可能的(或至少是非常困难的)。

当系统运行时遭受了由于不合适操作或恶意攻击而引起的各种类型故障时,才能获得工业控制系统安全目标的验证。故障模式测试显示,任何软件组件故障都不会对工业控制系统控制的流程运行产生不利影响。同电子商务实例不同,这里没有完善的架构模式用于测试这些流程,并且故意使工业控制系统关闭的风险是相当高的。因此,验证测试必须借助于对任何一个单一组件,以及组件之间网络连接所产生的故障影响进行建模。需对工业系统的物理流在尽可能详细的范围内进行建模,为了确保每个物理控制点被表征,每个网络组件与物理传感器、电子开关、机械杠杆等正确相连,而这些物理传感器、电子开关、机械杠杆可能会受网络组件操作的影响。这些建模模型应当扩展到系统接口,使得任何一个部件出现故障的潜在级联影响是清晰可见的。

发展工业控制系统网络取证、资源受限的设备认证和仿真安全模型等,需要研究。但是,工业控制系统中的网络安全问题并不需要先进科学来解决,只需安全工程来解决。有关安全工业控制系统设计中的技术架构模式的研究,应该可以有助于这些问题的解决。在故障模式规避目标上的一致看法应当允许建立相关的安全政策,以维持通过诸多技术机制的控制。这种类型的应用在核监管环境中是常见的(Preckshot 1994),但在其他支持工业控制系统基础设施的行业中并不普遍。

3.4.3 个人移动设备

许多人认为个人移动设备不过是小计算机。在某种程度上这种想法是正确的,因为它们也是使用计算技术所生产的。但是从安全的角度看,移动个人设备缺少许多在计算机操作中所赋予的元素。自 20 世纪 80 年代初,计算机操作系统的安全特征已成为标准规范。如第 2 章有关橘皮书中所述,这些都是为了方便管理员控制一台机器,并且用户可以在一个不间断并且保密的控制流中操作数据。一个标准的计算机被设计成独立运作,并且不论该计算机是否连接到互联网,对于许多用户都具有实用性。然而,一个手机操作系统的设计并不包含大多数标准操作系统的安全功能。相反,移动设备被设计成允许移动运营服务提供商来控制设备。手机操作系统在某种意义上是与移动运营商绑定在一起的,没有运营商就不能实现它们的目的。这就是为什么移动运营商更关注于,如何确保设备配置可以被远程访问,而不太关心提供给用户的数字内容控制功能。

一些移动运营商与企业管理员共享这些设备的控制功能。例如,一些设备操作系统可能具有可配置的安全设置,允许管理员禁止应用程序的安装,也允许安装来自公共服务器的应用程序。实际上,该公司相当于手机管理员的角色。尽管手机用户为移动运营商的服务直接付费,一旦这些设备是根据公司的服务合同登记的,这些设备的主要客户在移动运营商的眼中就变成了公司,而不是手机用户。

图 3.11 显示了手机的连通性。手机信号发射塔将信号转发给设备,设备对这些发送装置进行认证,并遵循基站运营商和管理电话的移动运营商达成的协议,将这些地面通信带宽分配给移动设备(当然,基站运营商和移动运营商可能是同一个公司)。凡是通过手机服务管理的设备配置,都由移动运营商数据中心的计算机管理。他们确认设备连接并发送数据和指令,更新设备上的软件。值得注意的是,管理进程使用了同一个带宽,而这些带宽是保留给手机服务本身的,并且移动运营商不会为更新软件的服务时间向客户再次收费。这使得来自移动运营商的更新最少,如果这些补丁程序在移动服务需求高峰的时候才可以使用,这实际上可能更延迟了安全补丁程序的执行。这就是为什么一些移动运营商要求手机设备连接到一台连网的计算机上,就是为了便于下载配置更新和修补程序。设备管理进程可能耗尽一个公司,即设备产商的公司,或者是直接来自手机运营商的公司。

移动设备具有广泛的功能。虽然该设备可为玩游戏以及日程管理和计算这样的办公实用程序提供便利,但这些服务并非系统的核心任务,而是方便建立设备和相关移动通信运营商之间的竞争优势。移动设备的通用或核心功能是通过数据传输,提供个性化语音和消息链接服务。因此,个人移动设备的目的是为了方便通信。但是移动设备不能与其自身通信。如图 3.11,它必须是一个为了实现其任务的较大通信系统的一部分。目前来说,这意味着它必须是一个远程通信网络上的节点,该通信网络包括与其通信的其他网络节点。手机本身具有一定的功能性,但如果用于通信,它需要访问多个独立的、具有良好协议接口的操作系统。它是系统集成(System of Systems,SOS)中的一个系统。系统集成的特点是在一定的情况下,如果没有较大系统集成的参与,单个系统的完全功能运行将不可能实现,而较大系统集成的功能性既不能归于其任何一个组成部分,也不是它们简单的集合体。单个工作系统之间的交互产生了涌现特性,这是系统集成的功能性。所有的社交网络系统共享这一特征。单个系统可能会随着连续运行的系统集成而不断变化。

方便实现这些目标的安全性特征包括,但不仅限于此:

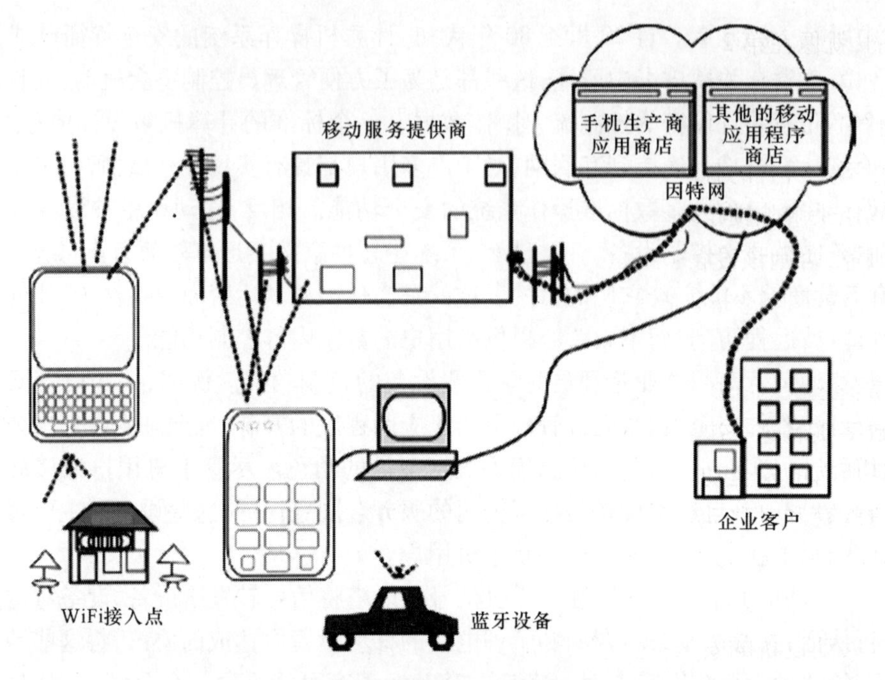

图 3.11　移动设备系统框架

- 所有权——与该设备相关的电话号码未经所有者许可不能转让。
- 可靠性——一个用户发送的消息应由指定的收件人接收。
- 连接性——该系统可用于发送和接收数据信息。
- 保密性——移动用户期望数据传输不会受到各方拦截,除了他们专门选择的通信方。

请注意,如果实现这四个安全特征,将足以支撑移动传输安全性的总体目标。每个特征可能需要多个技术组件的集成。一些技术,尤其是保密技术,目前没有实现,但可以由电信运营商实现部分功能,如加密的无线传输功能。

由于设备属主具有限制的设备操作控制这一事实,导致移动设备安全功能按设计要求的核实比较复杂。安全功能是由移动运营商和手机厂商协同工作,为优先事项提供服务,而不是客户期望的安全需求(Barrera and van Oorschot 2011)。所有的手机厂商已经实现了某种形式的进程隔离,该进程在设备上把其他人提供的应用程序中分离出他们自己的软件。移动运营商通常用该软件卸载软件、暂停服务,如果知道该设备是偷来的,或已被恶意损坏,甚至可以清除该设备上的所有数据。

为了适应设备使用的用户喜好,许多厂商都包含一个权限文件,其中列出了用户可控制的设备设置,并允许用户更改这些设置。然而,有些手机还允许应用程序像用户那样更改设置,在这种情况下,用户不会察觉到自己手机的设置发生了悄然变化。此外,一些厂商限制手机管理员所有的权限设置,手机管理员可能是一个企业客户。可以设置的权限可能包括有能力读取和写入文件,例如用户的联系人和日程安排,有能力访问硬件设备,如麦克风和摄像机,并且有能力运行一个给定的源程序。

移动设备上应用程序级的权限通常是通过某种形式的应用程序代码的数字签名证书

来实施的，就像在第 2 章中所讨论的 Web 服务器证书。每个应用程序供应商都有他们自己的根证书，这些证书用来为他们开发的应用程序做签名操作。在软件安装前，移动设备在任何时间可以检查根证书，并通过程序检查软件的出处。

虽然不是所有的移动设备都需要身份验证操作，但许多移动设备都有密码保护的功能。密码用来解除锁定键盘和该设备的屏幕，允许设备操作。然而，除非设备本身可以鉴别手机服务，否则该设备将无法运行。当为用户提供设备时，可以把这种认证程序内置在一个芯片，或是通过一个设备分发器嵌入。此外，PIN 码或用于身份认证的密码口令可用于保护该设备所支持的其他网络连接的安全，如近距离蓝牙协议。一个典型的移动设备用户通常被这些选项所迷惑，但是相比于此，关于文件系统访问，对所请求的应用程序是否需要数字签名这一决策，其可选项将显得更少(Botha，Furnell，et al. 2009)。

验证所有的安全功能是否根据每个用户的需求进行了配置，在这个阶段，只能利用广泛的用户教育和对移动设备软件配置的法庭辩论分析来完成。这样的验证将会揭示所有设备的权限是否按预期来设置，而不是按移动运营商和他们的客户之间共享的目标，它可能仍然无法验证系统被正确地建立。

个人移动设备的安全目标验证甚至是间接的，因为不同的用户具有不同的安全目标，而且运营商和厂商的安全目标也和终端用户的目标很不一样。运营商的目标是专注于服务的完整性和收费职责，而终端用户对移动设备的安全需求是需要考虑到手机属主的使用情况。有些人可能会在移动设备上保存有价值的客户联系人，从而有保密性的要求；而有些人从来不存储过多的联系人，所以没有保密要求。有些人进行网上银行交易时，用户密钥可能存储在他们的移动手机上，作为身份认证的第二个因素，所以有数据保密性的需求；而另一些人无非就是使用手机的语音通信功能，因此可能只有声音的保密性需求，而没有数据的保密要求。

为了确定安全性验证指标，必须明确阐述一个系统的特定目的，不能简单地清楚表述将移动通信作为一个整体的系统集成的安全目标。然而，在较大的集成系统中，一个通信系统的子集可能有一个共同目标，这是可以明确表述的，也不可能确定一个适用于整个系统集成的特定目标。只有当双方用户和网络运营商都相同时，比如企业控制的移动网络，可能所有利益相关者的目标是足够一致的，才能够确定验证措施。

因此，我们必须缩小案例范围来确定安全验证指标。我们可以说这里有企业移动通信系统，公司发布的手机和它所支持的通信网类服务器，以及该公司签约的具体移动运营商等，它们可能组成一个系统。该系统的目的是确保内部用户之间的通信保密性，同时使他们可以从外部资源访问信息。狭义上来看，通过有效的度量，保密性安全目标可能会被验证。

保密性是一件很难被验证的事，这是因为当信息被泄露或窃取后，信息的原属主仍然没有意识到他的信息已经落入未经授权人的手中。因此，验证保密性的唯一方法是，确定数据被授权使用的所有地方，并监控数据是否仍旧驻留于此。在工程方面，就是创建信息流模型，并设计方法用样本检查它是否被破坏。在移动网络中，移动用户与企业间的数据通信应提前授权给终端，并且如果数据没有被网关过滤，则不能传递给外部实体。如果所有在授权通信流中的数据，被打上一些“仅供内部使用”的标识符，将会很容易看到这些数据是否超出了授权范围。据推测，在没有访问监视器的情况下，网关不会让数据通过，该监视器可以确定数据是否属于机密。然而，这种类型的验证测试很难在现在的移动网络中实现，因为通常有机密性标记的是那些已经被认为是敏感的数据。此外，不是所有用户和外部实体之间的通信信道都遍历企业网关。移动运营商仍然有直接接入到设备。在专业安全人士中，这种方法也被承认，很容易理解安全性失败同地下经济失败的方式相同(Nelson, Dinolt, et al. 2011)。那些受其限制的专业人士会开发新的工作区来满足他们的需要。机密数据的标识机制可通过监控网络外的机密标记来鉴定信息的泄露。

移动技术主要增加的技术特点是需要创建机制来标记所有保密数据，如果它们不被允许，则取消标记。然而，事实上安全性验证目标不容易实现，所以不应该阻止目标的设置。不幸的是，这些方案往往不是通过改变技术发挥作用的方式来解决，而是通过绑定在多层安全管理上来解决的(例如第2章中描述的入侵检测机制层)。由于技术限制，目前不能检测的目标应当被视为安全功能的需求，而这些安全功能应当被融入在产品中以支撑这些测试。

3.5 安全政策目标

通常认为"无法管理你不能衡量的东西"是理所当然的。不幸的是，这个观察引发了对一个事实的关注，即管理网络安全有很大的障碍。安全政策制定者必须意识到，与验证一个政策是否有效相比，选择一个支持战略的政策却是一件简单的任务。网络安全专业中实践的情况是为安全性而设计，并且验证这些设计被正确实施，看起来验证一个实现是正确的而不是有效的，其技术挑战还是很大的。这大概就是安全标准常常代替定制的安全目标的原因。当然，替代这些目标的安全标准引入了另外一个经常被引用的短语"度量驱动行为"。必须承认，没有一个放之四海而皆准的战略，它满足每一个安全框架。虽然安全标准有它的实用性，可确保验证技术对设计决策是合理的，但是所有的网络安全系统应当事先设定一些定制的设计目标，以形成网络安全验证度量的基础。也就是说，如果按照标准度量，你就会符合标准，但你将无法实现安全目标，因为你没有度量安全目标的实现。

安全政策声明应该表述为能够被验证的目标。即使在安全框架内，一种业务模式的细微差别将会影响技术操作，这是显而易见的，并由此会影响安全标准的实施。第4章将为负责安全战略的决策者们提供安全政策指南。

第4章 决策者指南

4.1 高层基调

在第3章中对会计行业和网络安全行业做了简短的比较。做这个比较是有益的,原因之一是因为当今许多的信息安全控制是被电子数据处理审计协会(EDPAA,现在是信息系统审计与控制协会,ISACA)作为标准制定的(Bayuk 2005)。从比较中我们得到的一个主要观点,那就是会计行业关于财政管理完整性的表述完全适用于网络安全管理范围。那就是:"基调是在顶层设置"(COSO 2009)。在任何努力中都存在管理基调,无论政策是否被正式制定,并且管理基调和正式的政策制定不同。在网络安全领域,政策是关于网络安全目标和宗旨的一个成文的企业协议,而基调是管理面向那个文件政策和相应的强制措施的承诺等级。

对于决策者来说,没有一个单一的合适方式来确保人们真正理解和遵循网络安全政策。但是自觉或不自觉地,每位好的领导都有一个广泛得到重要信息的方法(Bayuk 2010)。例如,一个管理者为了对一个重要问题展示出最大的热情和价值程度,在实践中总是处理问题时保持同样程度的冷静;另一个管理者则是快速处理各种事情,但是当解释一些他们认为真正重要的事情时速度会减慢。一个管理员对于网络安全政策方面的重要性问题表现出的处理方式,为企业定下了基调。

为了方便他们自己的业务,由中层或更低层的管理者所做的日常决策,偶尔会对一个组织的总体网络安全态势产生意外的结果,并且需要及时响应。在安全危机环境下,所采用的必要的奇特政策可能和企业级的网络安全战略不一致。战略和政策上的调整对于组织不断进化的需求必须成为惯例,那也就意味着他们正不断地形成正式的政策。

例如,经常有这种情况,负责网络安全政策设置在一个低级别的信息技术部门内部。在许多组织中,网络安全计划被视为一个技术风险管理功能。尽管如此,应该设计网络安全战略来实现风险的最小化,它不仅是用充足的网络安全来使技术风险最小化,而且同样也使业务风险最小化。为了更加有效,网络安全战略必须是业务、系统或是任务计划的主流部分,而不是一个只有技术功能的子部件。例如,当通过电子邮件分享管理密码时,对用户可选择的密码设置不合理的硬性标准,这对于一个不设置安全战略的技术部门来说是常见的。在这种情况下,对于业务来说网络安全是混乱的,与此同时,对于抵抗不依不饶的黑客则提供了很差的保护。

需要花时间来精巧地制定政策,以确保网络安全对于业务来说不是混乱的,并且为减少风险而采取临时措施并不总是一个合适的长期解决办法。一个决策者经常依靠一个信息安全专业人士来指导网络安全政策(例如,首席信息安全官或者"CISO"),并确保它仍然是有效的、合适的。如果不合适,那些空隙就无疑会被一些安全专业人士称做"安全剧院”(Security Theater)的东西填满。

当企业迅速行动遇到安全问题时创建安全剧院,但是相比效果来说,行动更容易被看见。这是因为人们考虑一些需要实现的安全事情,因此他们在认为人们想要安全的地方,创建了看似安全的活动(Schneier 2003)。安全剧院实际上并没有阻止任何不好的事情发生,它只是在合适的地方创建了安全的错觉。例如,在一个建筑内经常发生盗窃,于是在一栋楼大厅的桌子后面安排一个门卫,告诉门卫要进行身份识别,但是任何人拿着任何一种有名字和照片在上面的识别卡,都能够进入。虽然这看起来像一个不错的方法,因为它“解决”了安全问题,但是效果怎样却值得怀疑。拿它与一个对同样情境而设计的真正安全控制比较,例如,那些被允许进入大楼的人都是通过犯罪记录事先筛选、有照片,发给他们一个可以启动激活高大的旋转式门禁的胸卡,并允许进入大楼。该卡具有电子身份识别功能,它用来检查数据库里真正持卡人的照片。门卫检查使用该卡的人的照片,通过门卫主动确认照片与想要进去的人是否匹配,来完成旋转门禁的激活。大楼内部的进出口也可以使用相似的流程。真正的安全控制,就像这个,提供了可衡量的价值。在这种情况下,价值就是准确地知道哪个人在什么时间在大楼的什么区域。

对于特定安全剧院的一个常见方法是使网络安全政策对技术使用的影响变得明显。让人们进入网络、获得他们的数据、使用应用程序,等等,变得更加困难。安全在某种程度上被视为审查的繁琐程度,以及授权工作流程对获得网络访问权限呈现出障碍。通常认为,越多的安全控制就意味着越少的网络空间可用性。但是,为了支持富有成效的用例,可以通过安全政策来加强技术的可用性,这也是正确的。一旦网络安全政策被很好地理解,它也可以被看做照亮战略,评价实现网络安全目标的可选择行动路线的一道曙光,大部分网络安全政策不应该要求繁琐的手续。政策是约束而不是引导,其结果产生在边缘工作区而不是内部工作区。

真正的安全和安全剧院可能有相同的要求,例如,雇佣门卫并且让人服从授权过程。安全与安全剧院之间的不同在于:首先,授权背后该流程的设计目的是为了让未授权的个体被阻挡在门外;其次,授权背后流程的设计目的更多的是为展示,并且结果是随机的。当然,对于任何一个特定的决策,授权访问是多么的重要,以及了解什么人在什么地方,都应当依据企业的风险而有所不同。虽然做基于风险的判断是明智的,但这应该与一个明确的政策一致。对于同样的公司在相似功能的两栋大楼里采取不一致的安全措施,是很常见的,其中一栋楼展现出有效的安全措施,而另一栋显示安全剧院。同样的人可能傻傻地遵从这个两个流程,但是这并不意味着他们无视其中的不同。这使得贯穿于整个组织的安全政策看起来像是一个笑话,不利于管理层的公信力。安全剧院是特定安全战略的一个标记。随着定义结构良好、形式化安全政策的不断发展,暴露了现有战略的漏洞,同时铺设了通向真正安全的路。

4.2 政策项目

正如第1章所描述的,网络安全本身容易通过目标和自我控制管理,以及基于观察结果的观察和计划校正,从而适用于一个德鲁克式的(Drucker - style)管理周期(Drucker

2001)。这种管理方式也遵从军事安全建议来管理军事行为:观察地形情况,基于背景知识和分析去观察方向,决定行动路线、方法以及观察行动对于当前情况的影响(Boyd 1987)。这些活动结合在一起使用,组成了一个企业安全流程的管理周期。这里网络安全被当做一种流程来进行管理,为了维持支持网络安全的活动,这个流程架构提供组织、战略和操作过程。这里安全也被当做其他业务或任务目标的一部分,或是结合而成的整体,明显地实现安全目标的战略不能是一个单独的项目,而必须是一个更大流程的一部分。在一个企业的管理架构内,网络安全流程将是一个相互联系的离散项目的集合,并结合过程管理,以协调的方式来获取利益和控制,这在单独管理过程中是不可实现的(PMI 2008)。

网络安全政策建立的过程是网络安全流程的一部分。正如任何重要的举措一样,网络安全政策的确定需要任务定义、计划和清晰的目标。也就是说,建立网络安全政策是一个项目,并应作为一个项目进行管理。正如其他任何项目,网络安全政策创建以目标和目的来开始。以承认政策遵从业务或企业战略为开始,同样也有帮助,反之则不是。图4.1是第1章提出的安全管理生命周期的一个更加规范、直接的版本。它表明网络安全管理始于战略,旨在实现网络安全的目标和目的,与企业目的保持一致。政策是战略执行的一个极其重要的成分,因为它被用于传达期望的结果。即使一个执行问题只有一个政策声明,该声明将在其他计划、目的和完成一个组织网络安全态势的操作环境背景下来解释。预期结果的清晰文档化是企业通信的一个关键要素,是激励从组织的高管成员到第一级员工实现安全目标的认识活动所必需的。目标实现进展应当被监控,如果有可能的话,政策遵循中的差异或遵从战略中的困难应该被更正;如果在遵守政策中有太多困难,这个事实应该在管理反馈环路中被捕获到。

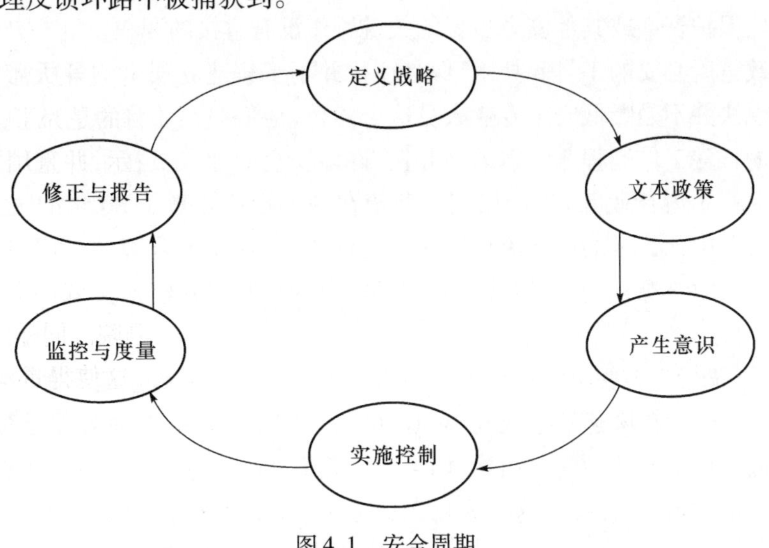

图4.1 安全周期

鉴于业务、系统和/或任务风险管理应该推动网络安全战略和相应的政策,阐明对业务、系统和/或网络空间任务的威胁所造成的风险,是开始一个网络安全政策项目的良好方法。尽管对于这些风险的描述可能并不包含在最终的政策文件中,但它有助于在利益相关者中间,产生“为什么政策被认为是必要的”这一认识。清晰描述的风险也提供了对生成政策的完整性检查。政策应该关注减少网络安全风险,而不是在表面上设置任何其他目标,例如遵守行业最佳实践。这样一个完整性检查在这个政策项目中应该是一个正式的里程碑。图4.2是典型的网络安全政策项目甘特图。

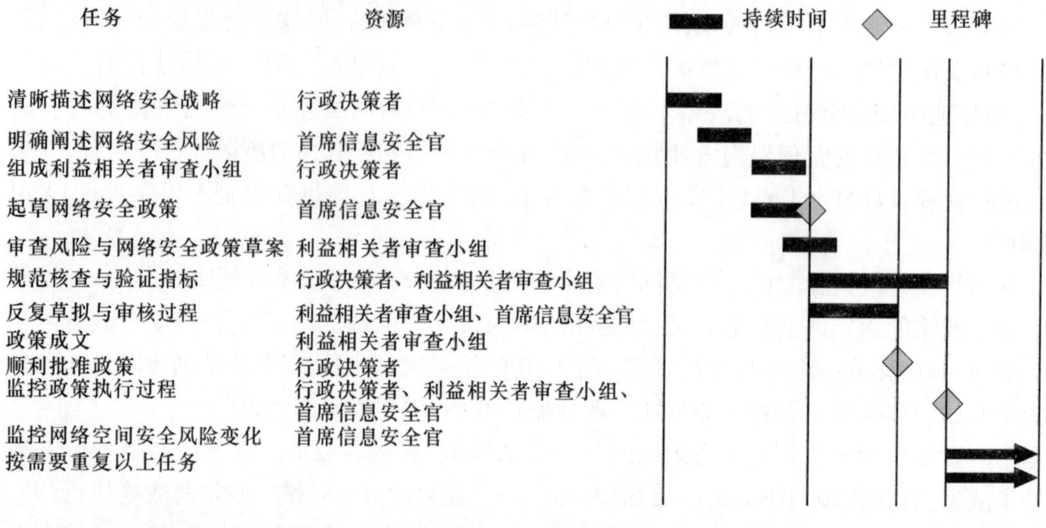

图4.2 甘特图

4.3 网络安全管理

许多公司已经设立了首席安全办公室或者首席信息安全办公室。然而,这些办公室一般对于那些保护资产或其他安全目标的关键操作没有直接的职权。这些办公室一般精通实施安全政策所必要的工具和技术,但是往往并不了解建立安全政策所需要的业务或任务。这个说法并不是贬低安全专业人员这个角色,他们只是不像他们的领导那样对每个业务单元的日常工作流程非常熟悉。并且,许多安全专业人员在早期采用了安全技术的行业(如军事、金融行业等)进行培训。期望在一个行业花费了20年的人去了解一个完全不同的行业中什么样的业务流程应该获得优先权,这是不合理的。这同样也适用于首席财务官或人力资源官们。尽管许多技能是可转换的,但是经常会有一个行业学习的弯路要走。

因此,一个执行者需要决定安全政策的团队也是召集在一起创建其他重要战略目标的团队。它应该包含首席运营官或同等职位的人。它也可能包含业务领导和/或来自企业的任何领域的可信赖的顾问。当然,如果一个职位高的人专门从事安全工作,那么当讨论一个建议政策的潜在效用时,这个人将无疑是一个好的共鸣者,无论他是否精通业务。

4.3.1 实现目标

开始进入制定网络安全政策的过程时,执行官们可能要问自己以下这些问题:

- 哪些资产需要在合适的位置用以维持操作?哪些是重中之重?这些改变和/或发展是我们长期的业务计划吗?

- 什么样的网络空间基础架构覆盖或影响我们最关键的资产？
- 我们有任何应该避免一般流通的信息吗？如果有的话：
- 我们应该使用什么标准来把它发布给组织内部的某些人？
- 我们应该使用什么标准来把它发布给组织外部的某些人？
- 如果某些离开组织的人能够访问它，它是不是应该仍然受到保护？
- 我们要跟对我们的利益有敌意的团体共享社会技术网络吗？在一个更大社区中，我们正遭受网络威胁而不成为旁观者吗？

一旦这些企业内部的网络安全全部环境因素被理解，在由操作、金融和技术人员组成的网络安全工作组的帮助下，更多的细节问题将能够被探究。在工业标准文献中可能会发现以下这样的问题，例如（AnSI and ISA 2010）：

- 我们已经分析过我们的网络责任了吗？哪些法律规定适用于我们维护的，或者是由厂商、合作伙伴和其他第三方保持的信息？在不同的州和国家，哪些法律适用于我们开展的业务？
- 我们对被顾客和供应商诉讼的风险进行评估了吗？在与厂商签订的合同中，我们已经保护我们的公司了吗？
- 从技术或安全的角度看，我们最大的一个脆弱性是什么？针对我们的数据和系统的保密性、完整性和可用性的那些攻击，我们有怎样的弱点？我们多长时间重新评估一次我们的技术风险影响？
- 如果我们的系统下降，恢复和运转需要多长时间？这里有我们不想快速恢复的情形吗？我们的业务连续性计划准备得怎样？我们的厂商和服务提供商的技术或业务操作失败的风险影响是什么？
- 在一个网络安全事件上，我们是否完全理解错误处理与我们的主要利益相关者之间的通信所造成的总体金融影响？我们已经为网络安全事件做了预算吗？
- 我们是否有成文的、前瞻性的应急通信计划？我们是否认定并培训了所有的执行通信计划所需的内部资源？如果我们需要他们的服务，我们有专业的应急通信公司的联系方式吗？在涉及到个人识别信息（PII）的网络安全事件的情况下，我们是否有一个可用的系统能够快速地决定谁应该被通知？怎样通知？
- 我们已经对我们的主要利益相关者之间的合适的通信响应进行了评估吗？我们有一个模板时间轴来执行通信计划吗？根据这种情形，我们可能需要为不同类型或水平的客户或员工精心制作不同的信息，我们考虑过这些吗？
- 我们怎样吸引、投资以及雇佣关键的网络安全技术和领导人才，并使其适应新环境，包括那些在功能区域内所需的精通网络安全的人才？

从这些类型的问题中，可以开发出一个信息分类系统（例如，顾客信息、金融信息和市场信息）。这个分类应该和相应的业务流程具有一样的粒度。有可能把这些分类合并成一个层次分类，但是在最初努力时，重要的是不错过任何信息中有价值的部分，因为这类信息可以把很多十分相似的业务混淆在一起。

上面这些问题的答案应当为清晰的安全目标提供基础。因为委员会往往是被管理机构的需求激发积极性，这种需求诱惑是用规章作为安全战略的基础。我们警惕以这种方法开始。每个人的业务流程不同,并且规章并不总是与行业的变化一致。保护业务流程的战略应该也保护管理机构规范的信息,但是现实中却很少这样做。通过专注于业务流程而不是管理机构要求,很有可能兼得效率和经济技术两个方面。如果一个网络安全政策服务于业务需要,一个简单的内部审计应当能够确认它同样也满足管理者的需要,或是能够确定以一种兼容的方式,可以弥补和商定的业务安全需求之间的一个缺口。

网络安全业务或任务目标应该关注于怎样的安全才有助于企业的任务或目的。网络安全目标如下:

- 使操作安全免受黑客攻击;
- 在没有内部人协作的情况下,窃取存储在实物资产里的信息是极其困难的;
- 经常检测支撑网络空间的资产欺诈或窃取。

注意到,期望网络安全目标100%实现是不合理的。它们只是控制指标和完整性检查,是为了确保所建立的所有网络安全战略和政策有一定的切实价值。它们为指定系统范围和过程级的安全工作奠定了基础。然而,主管们不应该弄错网络安全最佳实践中的技术实现的研究进展,这些技术实践是为了实现网络安全目标。正如第3章讨论的那样,网络安全技术部署的检验措施提供了一个完全不同的信息验证措施,对黑客来说系统是安全的。决策者理解验证措施是义不容辞的,并且要专注于评估它们是否已经达到。任何不朝着它的目标发展的网络安全程序,将无法达到它的目标。融合资产和信息库存术语,这些安全目标应该在业务操作的环境下讨论,应该有一个合适的战略协议,能够验证这些目标。

拥有切实可行的目标,一个网络安全程序计划就能够证明其战略和相应的政策。网络安全政策声明应该采用一种语言措辞来描述,它被制定网络安全目标的决策执行团队所熟悉。例如,如果业务文献中顾客被叫做客户,那么政策中应该使用“客户”这个术语,或者如果业务文献中通信线路叫做通信设施,“通信设施”这个术语就不应该用来描述建筑。根据以上三个样本目标,网络安全政策声明的样例可能是:

- 关键的计划信息包括软件、系统配置、文档和面向所有业务应用的测试生成方法,也包括可支持电子控制的机械设备。应该保持所有的关键计划信息的完整性。

- 所有信息资产的物理访问应该仅限于那些需要通过业务职能操作它们的人。任何能够存储信息的物理设备要足够小而便于携带,物理设备应该被集中加密,并且加密密钥不能离开内部网络。

- 任何资产能够通过在线机制进行支付的地方,软件控制的支付应该需要有端到端的抗否认性,该特性采用物理验证、地理验证、逻辑验证、授权以及健壮的交付验证技术来实现。

请注意,一个政策声明并没有规定包含“应当”的声明语句,应该实现成什么样一种状况。作为整个战略的一部分,实施机制可能是集中或分散在政策范围内的不同相关利益者之间。政策对于其结果的可测量性应该是特别足够的,但一般是允许在业务过程级的层面上来描述合适的信息处理流程。

然而,重要的是要组成一个信息安全政策文档,以便在规定范围内的组织中可清晰地看到明确定义的安全目标和一个为了实现信息安全而一致认可的管理方案。如果这里有关于政策内容的争论,在政策执行中争论将会继续存在,其结果是导致信息安全计划本身机能失调。

网络安全政策声明反映了一个并不孤立、糟糕的安全态势,这也是事实。一个主管可能会接受这样一个情况:对于一个给定的政策声明,消极影响比积极影响更容易产生。但是在整体战略的背景下可能会发出一个指令,通过提供补偿性控制,尽力支撑一个组织的弹性行为,对付由于缺乏安全措施而产生的负面影响。

4.3.2 网络安全文档

如图 4.1 所示,政策认识是在政策规划之后和政策实现之前完成的一个必要步骤。如果人们不知道在战略和政策中决策,那么他们将没有依照决策来实施的理由。这就是为什么安全标准、操作流程和指导方针常常与政策同时发布,来演示怎样实现遵守一个给定的、可实现的政策。尽管每个组织在政策强制执行的指令类型和他们看来是合适归类到标准的指令之间划定了界限,标准通常记录特定的技术平台的实现细节,然而政策声明是为更高级别的管理控制目标而保留。在一个技术平台上,可能会有多个同样有效的政策执行方法,为了经济和效率并存,标准通常被采纳。它们经常是以设置技术配置变量的形式来阐述。因此,当策略被配置并和控制活动(例如诸多流程)相结合时,就可以实现政策遵循。

操作规程是记录一步步的执行指令,为了成功地执行政策和标准,技术人员应该遵从这些指令。这些指令不仅用来确保符合政策的技术配置,而且用来培养新的技术人员学习配置技术的机制。因此操作规程必须以比政策或标准更底层的、详细的方式来书写,并且它们必须充分解释如何操纵技术。

指南是最普通类型的安全文档。设计它们是为了在那些必须遵守政策的人中培养安全意识。它们为政策遵从提供选择。它们并不精确地阐述怎样遵从或是必须做什么,而是教育或忠告那些必须把有关安全的日常选择作为他们工作职责的人。

因为像首席信息安全官(CISO)之类的安全专业人员是经常记录网络安全政策的人,他们并不一定和网络安全战略家一样,理解这一点很重要。对于行政决策者,网络安全专家经常被当做可信赖的顾问,但是不像那些被期望创建网络安全战略的执行主管们一样,精通所有的组织任务。网络安全专家通常就网络安全技术和实现提出建议,而把形成政策基础一类的组织目标留给行政决策者。一旦行政决策者可以清楚地表明网络安全目标,一个网络安全专家就可能草拟把这些目标转化成网络安全政策的指令。如甘特图 4.2 所示,这些指令将会被评估,在利益相关者中流转,被行政管理层精炼。毕竟,主管要签字,因此要为产生的网络安全政策及其对于组织战略和行动计划的总体影响负责。

当今首席安全官类似于 20 世纪 90 年代的首席信息官(CIO)。头衔是新的,职能不是很像他们之前的技术顾问,网络安全顾问是近来在高层工作机构新增的一个头衔。它们构成一个新的专家领域,因为对于解决网络安全问题有一个显著的需求,但是至于什么是一般意义上的网络安全,至今公众还没有共识,甚至在一般性的研究组织中也没有达成一致。像 20 世纪 90 年代的首席信息官一样,雇佣他们的老板没有很好地去理解首席安全官们的工作。他们的职责频繁改变,并且因为他们无法控制的事项,他们的任期经常是短暂的。他们寻求建立标准的方法来配置技术,以便可以很容易地检测是否遵从了政策。他们通过教育和培训负责配置设备的工作人员,来寻求补充完善那些标准。他们可能授权员工一步步地执行程序,在以前对他们没有需求的领域(例如,大门口的门卫)。他们可以起草指南,并且期望其他人服从他们的建议。只有真正理解他们活动终极目标的高层执行官,才能够为支持这样一个首席信息安全官领导的网络安全计划,提供必要的高层基调。

还有一种技术被网络安全专业人员所使用,无论是从事安全专业的员工还是审计员,在这里政策和标准被转化成一系列关于技术环境的问题。不是直接地评估技术,一个网络安全评估者反而可能向管理部门提出一系列关于一个给定的技术环境的安全问题。这些问题通常是由脑子里特定的网络安全政策或标准所规划考虑到的,但是它们并不能取代标准。这些问题对于评估者来说,使他们有了收集信息的便利。参与这种类型评估过程的人,经常把那些问题当做政策,但是它们不是。这样安全问题的集合完全在网络安全管理过程之外。此外,尽管这种类型的问答套路,已典型地应用在对安全进行某种程度的评估等尽职的调查过程中,但是它不应该被误认为是一个专业的技术审计(Bayuk 2005)。

当一个主管完全理解了企业安全政策的动机和起源时,实现的过程应该像其他技术工作一样容易管理。这并不是说技术工作在任何时候一向易于管理。然而,典型的管理技术,例如 Drucker 和 Deming 式的持续监控,在网络安全领域的作为就像它们在任何其他领域中做得一样(Drucker 2001;Pande, Neuman, et al. 2001)。这样技术应用于网络安全,允许企业目的或战略任务向前发展,并且增强对抗当前未知威胁的能力。此外,良好的管理实践应用到安全领域,带来了好的意想不到的效果,具有了通过技术审核的能力。

4.4 目录的使用

本书接下来的两章描述了网络安全政策的编目方法,并且提供了大量已经被其他人采用的网络安全政策陈述的例子。这些章节的深入阅读将会对网络安全一般主题下出现的问题,在广度和深度上提供一个评价,而任何人从来不会遇到绝大多数这些问题。然而,通过它也可以很容易地看到一些人在自己的领域是如何决策,并影响他人的。

就像在一个物理安全环境中,社会中每一个重大的社会、经济、制度和政治团体都有许多可以施加影响的潜在资源(NCPI 2001)。警察、私人安全服务、技术供应商、政府、行业协会、公民组织都有一个角色。每个组织的角色需要清楚他的范围和对整个问题的潜在影响。第 6 章的网络安全政策问题就是以基于角色的方式相应地进行内容组织。

然而,第 6 章的政策陈述并不意味着它们是一个选择列表,在这个列表中可以选出适合一个人角色的网络安全政策。不仅这一章没有定制成关于任何给定企业的术语介绍,而且涉及到常常用于执行管理的网络安全政策也不会出现在本书中。我们不期望这个列表永远是详尽的。即使在这本书送去出版之前,到完成出版过程的时间里,也有可能完善这样一个列表,因为网络空间总会有这样一些变化:政策制定有了必需的新的方式。至多,这本书在一个很好理解的政策问题的架构下,给主管们提供了正确分析新的网络安全形式的能力。

这里也有一大类的政策陈述被有意地遗漏,这就是诸如在第 1.3.4 节中所描述的网络空间软硬件组件的技术安全配置。当许多组织在政策的大标题下出版技术安全规范说明书时,他们没有自己反映出他们的管理动机。相反,他们为负责执行管理政策指令的专业技术人员提供了实现标准。在这里必要的是,这些技术标准被始终如一、毫无例外地执行,它们才可能有资格称为网络安全政策。然而,根据企业或任务,实际上这些实现标准可能并不期望高层管理能完全理解,对于指令那就更不用说了。

网络攻击需要协调一致的响应。然而,为了协调响应,一个人首先需要有检测网络攻击、获取情报、用情报对这些攻击进行分析的能力,以及响应的方法和手段(Amoroso 2006)。一个单独的组织可能设定计划来协调它自己的响应,但是对于跨越利益集团的响应,在共同的战线面前需要更加协调的政策。通过第 6 章的阅读,你可能会找到一种方法来将问题自动分类为:你可能有能力控制的问题,你可能左右的问题,那些你知道但是解决不了的问题。

尽管这里有一些影响应该被寻求和提供的情形,我们还是提防客户或其他终端用户被主动邀请去参与任何一个特定企业的网络安全政策目标。不应该请求公民参与,直到政策制定者理解了个人行动的要点和目的。刺激恐惧,但是不提供有效攻击响应的居民意识程式,在最小化任何威胁所造成的潜在社会影响中,是没用的(Siegel 2005)。然而,问题越明显的地方,补救措施越容易得到,公民组织可能依靠辨认出他们自己领域中的问题,并且联合之前存在于不同团体内的战线。桥牌社和书友会的讨论可能导致当地社区参与犯罪问卷调查,然后是政府会议和最终立法。在自我监管可能有机会出现的地方,例如,在同一电缆连接的邻居之间,应该支持和鼓励足够多的邻居监视犯罪活动。在一个企业政策架构内,积极追求合法利益可能是好的,这有助于完善网络安全战略。

政策应该不仅要解决目标实现问题,而且要识别目标实现的主要障碍和预见变革的阻力。这个阻力可能来自内部和外部的组织。那些负责安全措施有经验的人,很好地理解安全政策经常被用做反对变革的盾牌。对于给定的业务操作组成的安全政策指令看起来运转好的地方,业务操作的进化可能因为一个僵化的安全政策而陷入风险。也就是说,那些反对创造性建议的人,可能使用一个遗留系统的安全政策作为反对变革的理由。这里政策已被错误地定格为一个支持难以捉摸的"安全"概念的企业级指令,而不是支持一个给定的操作或任务,这个看法得到相当多的支持,因为没有人愿意负责介绍系统的脆弱性。然而,一个真正的企业战略家将会把安全政策看做一个用来实现动机的灵活工具,而不是作为创新的一个障碍,或是抑制因素。

当世界平静下来时,做计划是很有意义的。作为 AT&T 的首席信息安全官,作为地球上历史长河中最受攻击的目标之一,Amoroso 曾这样说到:"在一段看似安静的时间内,千万不要将好运与改善网络安全混淆在一起"(Amoroso 2006)。

第5章　编目方法

最近尝试编纂所有度量网络安全的方式，总结出了一个有900多项的列表（Herrmann 2007）。可能某一天会出现在网络安全政策决策者面前的这些问题的范围是同样长的。一个包含所有网络安全问题的列表是不可能达到的，因为它是随着有些问题的解决就会过时的一种类型的列表。但是，编目方法为网络安全政策的分类与例证提供了组织结构。第6章使用一种编目方法来分离和解释决策标准，这是网络安全政策任务通常作为基础的东西。

列表和解释网络安全政策问题集合的主要原因是为了引入和阐明频繁出现在网络安全政策争论中的概念基础。第二个原因，提出一个编目也是为了使读者对网络安全政策领域涉及面之宽、之广有一个深刻的印象。第三个原因是涵盖解释网络安全政策问题的详细细节，对于决策者识别一个给定的政策对他们企业的影响将是一个怎样的结果，无论这是一个他们自己采纳的政策，或是被别人所采用。考虑到这一列表仍旧是不完整的，它的目的是为了解释清楚和增强意识。首先必须提出用于建立列表的命名方法，这本身已成为网络安全政策问题的分类方法。

这个编目的原始分类在本书中已相当成型。列举问题和在作者中相应的讨论过程促进了列表分类的几次修改。随着列表问题的增多，需要更多的解释性指南对读者而言，更易于理解。

此外，有关网络安全的争论通常集中在网络安全事件的影响上。网络安全事件的根源分析，如同其他根源分析运用一样，产生两种类型的原因：事件与条件。事件是最接近的原因，条件则是一种允许事件发生的情形。例如，条件就是干燥的火种被放在浸泡过汽油的抹布旁边这一情形，而事件就是由于火种的存在，一支被丢弃的香烟点燃了抹布并且引起失控的火灾。本质上事件是难以预测、难以控制的。但是使网络空间事件成为安全性问题的条件，或许可以受到政策的控制。在条件上，而不是事件上的关注引出了目前网络安全政策问题编目的分类方法。或许其他的编目方法同样有效，但目前的编目在促进网络安全政策问题的教育与宣传上是一种切实可行的方法。依据事件环绕在安全问题的常规描述的典型恐惧、不确定、怀疑（被称为是网络安全人士的FUD因素），这是一个可选方法。没有接受如第2章所描述的目前情形：最新的威胁通常是不期而至，对可选择的网络安全政策的一个回顾，提供了更全面地审视如何避免无法预期的威胁所带来的巨大影响。如第3章描述的一样，因为困难重重，不如放弃安全性验证度量，网络安全政策选择的回顾呈现出了我们能够收集到的度量数据这一重大意义的全貌。个别机构与组织所面临的网络安全问题似乎不希望在孤立中复杂化，但是在全球性问题的背景下，个别组织关于网络社区的选择是有意义的。对于许多看似无望的情形，对网络安全政策问题的深刻理解会得出潜在的解决方案，这些方案不仅为组织，也为说服影响他们做出选择的机构，提供了坚实的基础。

例如,几乎所有用到网络空间的人都会受到因特网域名监管与编号分配机制的影响。但是只有在某种程度上,在该领域中被政策选择影响的人,才会助长这些事情,对他们可能调研这些问题的公司造成不好的影响。即使这样,在政策不同的情况下,一般都是针对因特网如何工作进行调查,而不是针对怎样才能工作。从编目中有关因特网管理问题的清晰阐述可以得出:无论有多少律师,如果一些政策没有在全球范围内改变,那么所有领域将继续受到假冒攻击威胁。如果更多的机构意识到了这一点,或许我们可以达成这样一个共识:综合资源与其用在法律法庭上,倒不如用于外交努力和合作预防条约上。一个综合性目录描述的是这样的情形:网络事件上升为安全问题可以协助所有组织更好地利用他们自身的影响范围,从而提升自己的网络安全战略。

为此,我们提出了第 6 章的网络安全政策目录。如同之前的每一章,这一章着眼于不同视角的网络安全。案例上的多视角出发点是安全政策问题本身。本章基于网络安全政策目标的五个方面,把网络安全政策问题划分为多个小节:

6.1 网络治理问题;

6.2 网络用户问题;

6.3 网络冲突问题;

6.4 网络管理问题;

6.5 网络基础设施问题。

选择这个分类方案是为了解释彼此关联在一起的各种类型的问题,以便提供一个整体集合的更加全面的理解。图 5.1 描绘了这些彼此建立起来的章节,对如何期望政策有助于网络安全,产生一个全面的洞察。网络治理关心的是因特网运行和它的持续效用与可行性等问题。当然,个体经营的网络空间也存在这些问题,但问题范围比较小。治理领域中这些问题的解决方案无疑会严重影响电子商务环境,这就是许多用户暴露出网络安全政策的问题。网络空间作为开展业务的平台,网络用户关心网络空间的稳定性以及他们个人对因特网通信的期望。这一领域决定的网络安全政策问题可能会造成接连的、在政治派别与单一民族国家间的网络冲突的后果,包括有意的或无意的。这些冲突问题将会推动网络安全需求,并且在技术运营和管理等实践中都会出现政策问题。在某种意义上,网络管理政策形成了一个关于安全的行为准则基线,然而每个行业都将面对这个唯一关心的安全问题。因此,我们提供一些关于网络空间基础设施问题的例子。

图 5.1 的任何一个政策领域都不是孤立的。这些政策以一种顺序来描述,这种顺序允许把这些描述的前提条件用作所遵循的政策的背景解释。但在实践中,就专家剖析问题而言,包括第 6 章中的内容,在这些领域的政策讨论都会经常遇到比较困难的地方。网络安全政策真正出现之前,为了让大家意识到这些政策是相互独立彼此不同的,引导性的讨论要点集中在了对不同类型政策问题的理解上。例如,即使一些人可能代表用户约束政策选择,但大多数网络治理问题的解决都独立于用户问题。而且,用户隐私问题的解决可能限制或约束了涉及网络冲突问题的网络安全政策选择。第 6 章各部分之间的相互作用和重叠,经常会在讨论中加以强调。本章还试图澄清经常刊登在头条的重大政策问题之间的区别,例如网络犯罪与网络战争。

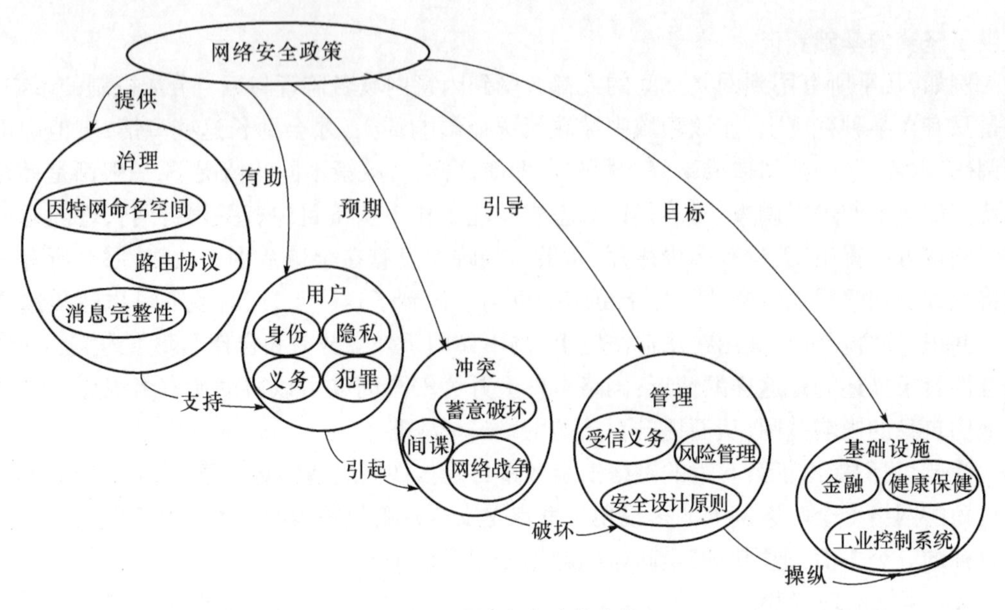

图 5.1　网络安全政策分类

不难理解,一些高管将会发现第 6 章的一部分章节提供了大量的网络安全政策教育的例子,可以细读一到两个例子后直接跳到第 7 章阅读。其他人或许会发现每一节高层次的描述提供了足够的理解,为此他们自己跳读一些政策问题的例子。但是,对网络安全公共政策有兴趣的读者可以通读所有部分以及感兴趣的所有争论,因为每一部分都能使读者对整个网络安全领域中不同的观点有更丰富的理解。

同时也注意到,政府与私营部门的政策决策者面对不同的政策争论问题。然而,他们可能对问题在其他领域中的解决方式很感兴趣。比如,电信部门高管很可能会参与日常的因特网治理问题,但他们也可能对有关网络冲突的网络安全政策决策感兴趣,尽管这些问题应该是政府官员以一种公共管理者或公务员的角色所直接面对的。此外,管理国家关键基础设施的一部分,如大型工业控制系统的高管,虽然要面对网络安全问题,但是政府官员不会直接面对网络安全问题的决策,而这些问题会给国家关键基础设施带来影响,所以官员们对这些问题的解决很感兴趣。无论政策决策者来自哪个行业,政策问题也会和执行决策的大多数人一致。例如,管理他(她)自己企业的高管要面对所有的技术实践问题,政府机构领导人通常也需要面对这些问题。

5.1　编目格式

本目录的每一部分都遵循统一的格式。每部分都以有趣的问题总览开始。这个总览是为了阐明网络安全政策所关心的问题,并在一般的章节标题里引入这些问题的分类。在这个分类中每一项都会有自己的小节引言性描述。这些描述紧随在网络安全政策问题的分类之后,说明了小节所关注的问题,以及展示主要网络空间发展和相应安全影响的事件例子。每一小节以讨论开始,之后会有一张表格,它列举了网络安全政策问题的特殊案例。

在一个表格列表中，每一个政策声明在解释说明和观点阐述中都被强调，这些解释说明与观点阐述表达了为什么网络安全政策的参与者可能会关注批准问题的高管如何发布。没有采取双方任何一方意见，他们被中性地称为“争论的原因”。读者们也应该明白：对一个特定组织有意义的网络安全政策对别的组织就未必有意义，两个具有不一致的网络安全政策的组织仍然可以和平共处。因此，关于任何一个特定提出的政策声明是否应该指定为任意给定区域的政策，各方没有达成一致。相反，一个声明可能激发争论的原因将以虚拟成员观点的形式加以说明。

对每一个政策陈述争论的原因至少有两个。但是，争论的原因揭示：网络安全政策的争论经常多于两方。注意到，在一些区域现有的政策指令或已发布的规章制度的背景下，本书中提到的大多数政策声明已经获得授权，但也仍有很多未被授权。甚至那些被采纳为政策的仍旧没有相应的执行组织机构。尽管如此，所有的出版物和相应的文献都发布了信息安全标准、政府指令或者学术文献。

如今的许多高管都有责任建立他们自己的有组织的网络战略和网络安全政策声明。如此高调地进行争论可以增强人们对正在辩论的内容的认识，同时也鼓励新观点的发展。和为执行决策者提供一套网络安全政策问题的全面指南的目标一致，尝试以一种方式描述网络安全问题，这种方式就是一个领域内的执行高管看到在他自己的组织管辖范围内，作为政策授权这些声明所带来的后果。列表中的内容已经按其对应领域关注的主题进行分组，这样对于执行高管可以快速意识到，在一个特定领域的网络安全政策问题是怎样彼此关联。采纳了其中的一种政策，就意味着可能要牵扯另一种政策的采纳，或者它可能与另一种政策的采纳有冲突的机会。这些列表并不是要枚举出一个特定领域内的用于所有执行菜单上的安全政策（即使存在这样的执行菜单；Peltier 2001），相反，他们计划提出一些见解，可以使读者建立他们自己的理解框架，并囊括他们自己的网络安全政策目标。

本编目方法是要确保网络安全政策问题被系统地捕获到，并且无损于上层的全球战略，而完成一个特定组织网络空间利用的目标。此外，为了讨论，注意到这里有大量的政策声明用来识别网络安全政策问题，但没有做更全面的列举。

这个编目的关键目标旨在对每个政策声明提供表述清晰的参与成员意见。从政策问题本身的解释中，对这些观点做出了明确的划分，并且这些解释都是以事实为依据的。本文档中包含的政策陈述绝不意味着认可它们。公开争论政策陈述的原因并不是在强调对政策的赞成或者反对。虽然按类别或者按观点相似性对政策进行了分组，但是争议的原因却没有按特定的顺序列举出来。值得注意的是，所有的政策都会有无法预期的结果，与无计划的结果相反。无预期的结果与生俱来就是未知的，并且不能将它们列举出来。相比之下，无计划的结果或许可以预先考虑到，虽然它们不一定发生。因此，无计划的结果具有一个似然值，这个似然值受观点的影响。政策声明目录中如果包含无计划结果，它们会被列为观点，也就是说，作为辩论的原因。

对于读者重要的是，要记住书中提到的这些观点，许多组织有不同的网络安全需求。一个组织看起来有利的网络安全政策证明被另一个组织看起来却认为是反对的。并且，读者也要记住，任何政策的实施都依赖于伴随的战略、技术上可行的战略执行与实施。因此，观点中所陈述的预期效益只有在政策确实能够实施时才可能获得。

5.2 网络安全政策分类

正像前面所提到的，本目录中的每一个章节被进一步划分为小节。分类结果提供了一个审查网络安全政策问题的方法论。这些章节和小节如下：

6.1 网络治理问题
  6.1.1 网络中立性
  6.1.2 因特网命名与编号
  6.1.3 版权与商标
  6.1.4 电子邮件与消息发送
6.2 网络用户问题
  6.2.1 恶意广告
  6.2.2 假冒
  6.2.3 合理使用
  6.2.4 网络犯罪
  6.2.5 地理定位
  6.2.6 隐私
6.3 网络冲突问题
  6.3.1 知识产权窃取
  6.3.2 网络间谍活动
  6.3.3 网络破坏活动
  6.3.4 网络战
6.4 网络管理问题
  6.4.1 信托责任
  6.4.2 风险管理
  6.4.3 职业认证
  6.4.4 供应链
  6.4.5 安全原则
  6.4.6 研究与发展
6.5 网络基础设施问题
  6.5.1 银行业与金融业
  6.5.2 医疗保健
  6.5.3 工业控制系统

总是可以添加更多的政策列表，总能找到这样特定的人群，网络安全政策对他们而言，包含不同的一系列特殊问题。目录中最开始的小节基本上是仿效美国国土安全部关键基础设施区域划分。斯蒂文斯理工学院主办的网络安全专家会议上，该领域的专家被邀请就网络安全政策发言(SIT 2010)。历经一年多的讨论，这些专家、特邀审稿人以及作者的观点，最终被确定为相应的该列表的分类。

每一小节都是以那个领域中独有问题的讨论为开端，结合背景信息，可以更好地理解列表中的政策声明。第6.1节～第6.4节通常适用于任何行业，但这里有一些网络安全政策问题，它们并不适用于所有组织。在更多的一般章节中并不包含行业特有问题的细节，但是在网络基础设施问题一节下，小节中包含了一些这样的例子。例如，第6.5.2节所关注的医疗保健行业，这里保存数字化记录的压力与相关电子卫生保健倡议，唤起了公众对网络安全政策领域大量问题的关注。这些事件促进了法律和企业网络安全政策指令的制定。

每小节讨论之后都有一张表格，这张表格包含解释本小节出现的政策问题的列表。表格有三列，表格的每行的第一列均以清晰的网络安全政策声明开始；每行的第二列是以事实为依据对政策声明进行解释；第三列列举了政策声明为什么会引起争议的原因。格式如表5.1所列。

表5.1　政策列表格式

政策陈述	解释	争议的原因
此部分将包含政策声明，它以一个管理指令的形式被陈述	简要说明政策在网络安全领域为什么具有重要性	此列包括两部分或者更多，每一部分都在说明为什么一个政策制定者可以促进或阻碍以一个管理指令的形式发布政策声明

每个表格中的问题列表都具有代表性。虽然有些章节内容较多，但仍不能期望任何一个列表是完整的。总是可以再添加些问题，或者添加些围绕政策问题的观点，表格中已经列举出足够多的问题，来传递给领域内的高管在完成网络安全政策战略中需要一种挑战意识。独特且具有创新性的网络安全政策问题和争论列表，自然一定会使有经验的读者感到焕然一新。这是真实地与最新的社会发展相结合，待我们出版最初子集后，其他目前和正在出现的网络安全政策问题的进展，将为读者留作练习。

第6章　网络安全政策目录

本章所介绍的网络安全政策目录是根据第5章提出的分类系统组织分类的。目录的每一部分对应一个议题，共有5个议题。每一个议题有几个子议题。每个议题和子议题皆根据一定的背景信息提出，其中一些政策可能会涉及技术问题，但是需要理解的技术细节的难度已经降至最低，而有的技术细节问题在不失连续性的情况下被略去了。背景信息由列表形式给出，表中包含了和议题相关的政策信息。每张表格包含三列。表格每一行的第一列从网络安全政策陈述开始；每一行的第二列做出了对政策描述的解释；第三列包含了该政策可能引起争议的原因。

作者承认，很容易混淆“收集”政策陈述和“认可”它们，我们认为，除了作为政策陈述，还是很好的实例。本章包括我们收集的政策陈述。请不要把目录当做政策性文件来阅读，它真的不是。列出目录，是因为在进行政策辩论时，需要对政策进行确认和推理。正如在第1章和第5章重复过的那样，目录中的陈述并不表示认可，只是作为“实例”。本章中的政策陈述并不是作者的意见。事实上，作者认为一些政策非常激进。所有的描述在一些或另一些读者眼里，都很激进。一些陈述令人反感，另一些则平庸陈腐。所有的政策都是存在争议的。因此，本章对所有的政策都列出了产生争议的原因。许多读者都能对这些原因进行解释，同时也能为每个陈述找到更多的争议原因。我们期望读者有这样的反应。我们不会因为争议原因令人反感而故意不写进列表。这样做只会让读者以为不存在争议。

6.1　网络治理问题

因特网起源于阿帕网（Advanced Research Projects Agency Network，ARPANET），这是由军方资助、用于挺过核攻击的网络。它很快成为军方的计算机科学研究人员、承包商或学术合作者间的信息共享工具。发明通信协议就是为了通过由因特网工程任务组（Internet Engineering Task Force，IETF）管理的正式程序来共享信息。这些协议已经作为征求意见发布，允许他人迅速学习和进行扩展（IETF持续跟进中）。

然而，绝大多数的因特网基础设施和职能是分散管理的（因特网的一个设计目标），但是，一定程度的统一规划和集中协调也是必需的，最明显的是名称（i. e.，http://www. whitehouse. gov）和数量（i. e.，因特网协议、IP、地址，相当于网络空间的邮政地址，用于查找路径去定位主机）的配置。这些协调功能首次完成于美国国防部承包商斯坦福研究院（Stanford Research Institute，SRI）。1972年，这些职能被移交给因特网编号分配机构（Internet Assigned Numbers Authority，IANA），由南加州大学信息科学学院的Jon Postel监管。随着网络的发展，阿帕网逐步被解散。1995年，对商业因特网流量的限制被取消。

1998 年,美国商务部的一个代理机构——美国国家电信和信息管理局(National Telecommunications and Information Administration,NTIA),开始创建对于 IANA 职能的一个可持续发展的管理模型;2000 年,这项活动以因特网名称与数字地址分配机构(Internet Corporation for Assigned Names and Numbers,ICANN)的创建而告终。1998 年的 1 月 30 日,ICANN 发布了绿皮书,书中写到:提议改善因特网名称和地址的技术管理。这项提议被广泛传播,旨在鼓励民众发表建议和进行评论(NTIA 1998)。由此产生的 ICANN 模型是一个针对因特网中心组件的独特的"多方利益相关者"治理模式,其中政府参与到企业和个人因特网用户创建策略中,这是一个自底向上的因特网管理方式。ICANN 在技术上仍然是美国政府(U. S. Government,USG)承包商,直到 2009 年,两者签署了义务确认书(Affirmation of Commitments,AoC),就多方管理因特网的原则达成了谅解备忘录,使 ICANN 不再成为 USG 的承包商。

因特网是由美国创造的,USG 一直持怀疑态度,因此放弃了所有对基础因特网协调功能的控制。从直接控制过渡到由 IANA 承包商负责管理再到现在的 AoC 模式,表明美国想要因特网管理国际化的意愿,但是美国想要达到什么样的程度,以及对 ICANN 施加单边控制的能力,这些都是备受争议的问题。

很容易看到因特网治理和全球电话系统之间的相似处。能够直接拨打国际长途是因为每个国家电信公司的通力合作,电信公司的任务就是让全世界每个人能够自由通信,有一个全球共享无处不在的电话通信网络。1865 年,这些公司成立了国际电信联盟(International Telecommunications Union,ITU)。1947 年,ITU 成为当时联合国(United Nations,UN)的一部分。UN/ITU 是自上而下由政府主导的管理模式。相比之下,ICANN/AoC 模型是"国际多方参与的治理模型",有利于自下而上制定政策。世界政府通过政府咨询委员会(Governmental Advisory Committee,GAC)参与 ICANN 模型,GAC 只是几个在 ICANN 内部设置因特网政策的咨询委员会之一。一些人声称 ITU/UN 模型是因特网管理的正确模型,而其他人则认为 ICANN/AoC 模型是最佳的。

网络安全政策问题的关键是因特网管理模型及世界政府参与的形式。因特网的特色之一就是全球共享;任何因特网终端能够和任何其他的与因特网相连接的终端取得联系,不管你是在美国堪萨斯、新加坡、德国柏林还是俄罗斯莫斯科,在键入 http://www.cnn.com 之后会访问同一个网站。这种全球互联能力的技术原因就是中央协调职能。如果政府反对中央协调职能,那么因特网可能就被分裂成为多个或部分连接件。一些政府更喜欢这种方法,因为便于审查、维护国家主权和对抗美国的主导地位。

6.1.1 网络中立性

一个在因特网相关工作领域内被专业人士频繁使用的词是"内容"。"内容"是所有信息的一个通用术语,这些信息是由比特和字节表示的,通过电线和磁盘在任何给定点不加区分地进行传输。所有权,也就是内容的来源,是不会显现出来的,除非明确地对内容进行修饰,如"用户内容"或"语音内容"。通信协议的设计一直以来都不依赖于传输的内容。从严格的技术角度来看,对于因特网服务提供商(Internet Service Providers,ISP)来说,没有必要为了在网络中传输内容而进行检查。

自从20世纪90年代中期,商业ISPs出现以来,人们一直担心,那些管理大部分因特网的人会不公平地得到优先权,出于经济、政治或二者皆有的利益目的进行操纵或审查通信。最近的并购导致了因特网和ISPs上对内容提供商、数据服务提供商如电话和电视服务等更大的垂直整合,为数据传输水平的提高创造了机会。支持网络中立的人们认为:法律应当禁止ISPs对数据传输服务进行控制和优化,因为这会使ISPs的内容和/或数据服务处于有利于竞争的地位。反对者则觉得自由服务市场会解决这个问题,并不需要新的规则。

为了完全领会到网络中立的适用范围,认识到不同的政策将会导致不同的技术执行点是重要的。例如,国与国之间的路由选择政策只能够由合作通信运营商和/或国际条约所强制实施,然而有关国内运输的政策可能是通过州和州内的贸易管制来执行。

本节的政策陈述,从建立问责制的网络安全通信协议,到请求因特网服务提供商提供网络安全服务。争议的原因说明网络安全工作和网络中立立场看起来似乎经常是对立的(见表6.1.1)。

表6.1.1　网络安全政策——网络中立性

政策陈述		解释	争议的原因
6.1.1.1	DNS根服务器系统的操作应当在某个实体或多个实体的合约之下运行	目前,DNS根服务系统在自愿原则基础上运行	自愿原则已向因特网提供了非常好的服务,并确保来自利益相关者的民主代表愿意为国际通信系统的成功运行投入资源 DNS根服务器系统的临界性需要更正式的监督,以确保达成一致的政策可以实施。美国或ICANN应当正式地将这一权利授权给对此负有责任的一方 允许美国政府对因特网根服务器管理的过程做出决策,这是美国政权一种不必要的投射,并且承担着因特网分裂成多个不相连或半相连区域网络的风险。类似地,与ICANN或标准机构签订合约同样困难,因为这些作为企业而存在的实体受制于国家法律的管辖
6.1.1.2	应当要求ICANN为安全和弹性收益分配一定的百分比	自从因特网不受单点管理或控制之后,塑造安全和可控的网络已日益艰难。一些人觉得现在的IANA和DNS根功能是过时的	所有国家都依赖于因特网和一个安全、有弹性的主干网。ICANN研发安全的协议来确保对DNS系统的控制,以便系统不能被本地专制政权控制的电信运营商所过滤或审查 因为因特网历史上没有单点管理或控制,通过添加一些国家可能不想要的控制来塑造因特网将极其困难。抵抗中央控制的国家可能改为使用控制技术来创建国界 尽管许多利益相关者想要一个更安全的因特网,而其他人却刚好相反,开放的因特网允许对国家每个公民看到的或未看到的、说出的或未说出的进行控制。提高控制水平将限制国家保持开放和自由访问的能力

（续）

政策陈述		解释	争议的原因
6.1.1.3	ICANN将把对因特网名称和数字空间的责任移交给ITU	这项政策将把因特网管理转交到联合国相同部门的手中，以建立电话服务问题的协议	ITU拥有悠久的历史和潜心于全球电信工作的传统，可以作为一个意义重大的全球性力量来提高网络安全。它不仅可以帮助发展中国家利用网络来改善他们的经济，而且就像稳定国家之间的电话服务一样，通过确立安全策略帮助其他国家 ITU擅长连接各类国家电信系统，而不是将它们进行统一。如果由ITU负责因特网，其风险是：因特网可能会将一个单一的全球网络变形为国家因特网的集合。因特网名称和数字系统应当保持一个多方参与的治理模型，以确保非营利组织、个人和感兴趣的公司的参与 ITU，如同联合国中的任何机构，能够缓慢适应新技术或国际条件的改变。此外，既然每一个国家只能投一次票，致力于人口审查的国家应当接管因特网的发展议程 联合国政府为中心的模型，使得个人因特网用户和公司不可能参与到ITU驱动的因特网治理模型中
6.1.1.4	ISPs应当无区别地对任何合法使用的个体提供同样的连接服务	这项政策被称为“网络中立性”，因为它需要公司平等地给所有人提供相同的服务	对于因特网通信来说，如果可能，这项政策使其难以根据任何政治、社会或商业议程进行区分 基于他们对ISP的选择，这一政策将保护客户的电子商务服务不被中断 没有证据表明：ISPs打算隔离流量。这一政策不允许ISPs去控制他们自己的营销资源 这项政策有着潜在的意想不到的后果，即ISPs将在能力范围之内来检查网络流量，从而对提供的潜在价值安全服务进行限制 这项政策通常只在执行人层面上实施建议，而实际上它是局部和同等连接服务提供商，目前拥有有限的服务 今天的因特网不再是一个尝试，而是由营利公司所操纵的生意。对于运行和维护的公司来说，应当允许因特网以产生利益的方式来运作，同时向客户提供一定水准的商品和服务。经济的供需应该推动因特网的运行，而不是不考虑成本或消费者需求，强制访问所有位置
6.1.1.5	ISPs应要求识别所有客户的大量证据，并记录每个客户的因特网连接，以便能够用于潜在的法律执法措施	目前，ISPs不能主动劝阻匿名访问。这项政策将要求他们努力识别所有用户，类似于银行“了解客户”的要求	匿名访问因特网促进了个人匿名或使用假身份进行访问造成的网络犯罪 长久以来，因特网一直被认为是能够进行匿名自由言论的地方。要求积极识别所有用户，将严重影响所有国家公民表达自己的能力 毫无疑问，任何系统识别和日志需求都会被法律强制执行所滥用，特别是在限制言论自由和其他个人自由的国家

（续）

政策陈述		解释	争议的原因
6.1.1.6	ISPs应当提供安全的服务以过滤恶意软件和其他犯罪活动	这项政策将要求所有的ISP制定检测和防止恶意软件传播的方法，从而满足客户的要求。这些服务通常被称为"清洁管道"和/或"深层封包检测"	这项要求将让ISPs有权检查客户发送或接收的所有内容 由于要求检查所有内容，这个需求将使因特网的传输变慢。 因为零日攻击威胁和社会工程攻击并不是过滤器的一部分，所以它不会抓住所有的恶意软件 这一要求可能会以过滤掉不寻常的协议而告终，这些协议对操作不寻常的系统来说可能是必需的，如工业控制系统，如果干扰这些系统的指挥和控制功能可能会造成破坏性后果 这一要求有可能被包括非恶意软件或要过滤的恶意软件列表中的通信所滥用。政治或商业竞争对手将会从因特网上被移除 这一要求将使所有的因特网用户避免安装昂贵且耗时的恶意软件和抗病毒软件 由于恶意软件或犯罪行为的存在，ISPs承担多少责任并不明确 这个需求可能会导致任何被管理机构视为"不安全"的内容被过滤掉，包括政治演讲、音乐或视频下载、照片，及其他需要审查的内容
6.1.1.7	ISPs应当在客户端连接处进行过滤，以确保流进流量的源地址处于合法的网络前缀范围内，这些网络前缀范围被分配给相应的客户	这项政策需要客户拥有向ISP所请求的路径的地址空间	这项政策将会阻止主机服务提供因特网门户服务，从而设定进入ISP市场的门槛 这项政策需要建立一个可信的IP地址空间库（通常称为"前缀"），其中包括把组织链接到因特网的自有组织和ISP 这项政策将确保任何链接到因特网的实体对其链接的实际路线负有解释说明的义务
6.1.1.8	传送网络流量的所有组织应在第三方路由注册中心注册他们的路由"策略"；为了遵守ICANN协议，这些组织应当被不间断地审计，且应当负责遵守声明和审计"策略"	ICANN参与协议要求遵守路由"策略"，其中"策略"一词用于修饰"路由"，用来指某一个标准的技术实现，正如第1章第1.3.4节所述。这是一个在控制范围内要求透明度和一致性的路由技术配置	在不具备该种级别的控制下，因特网运营顺利，组织团体对正确声明路由策略负责，如果不这样做，他们将承担相应的安全风险，即他们的数量空间会被其他组织团体声明所有权 这项政策将迫使注册实体遵守ICANN协议，这将减少破坏性路由事件的概率。该类事件需要避免，例如：巴基斯坦电信声明了YouTube注册地址空间的一个子集的路由，它包含了YouTube DNS服务器，及YouTube的大部分流量传送至巴基斯坦的路由变化 这项政策将减少动态改变路由策略的注册实体的灵活性，以根据需要应对因特网市场的变化。强制要求遵守这项政策是不可能的，所以它将是多余的。它将为合规组织创建开销，虽然并不能防止不合规的路由劫持

（续）

政策陈述		解释	争议的原因
	基于已有的公开信息，传送网络流量的所有组织要过滤掉未分配的和已声明的私有地址空间。这些过滤器在全球应用范围内是完全一样的	目前，在 ICANN 手册中并未要求路由私人地址空间。这项政策将扩展到所有未分配的空间	这项政策将确保来自私人或未分配地址的流量不可能流遍因特网。尽管地址空间仍有可能被匿名挪用，但是它将被关联到一个合法的地址空间利益相关者，他将主动控制通往自己数量空间的路由 几个组织团体坚持更新“Bogon”（虚假网络的缩写）列表，以用做过滤私人和未分配地址空间的一个起点。这是大多数 ISPs 普遍接受的做法 执行这项政策要求每个因特网接入点都能够从权威服务器获得分配的地址空间列表。并不存在某项机制来确定来源的权威性或复制地址空间的数据库，而且这个过程的建立可能会意外断开网络

6.1.2 因特网命名与编号

正如在第 6.1.1 小节所讨论的，在 ICANN 的注册程序中，有两组相对应的字符串，这两组字符串用于通过 ICANN 实体注册的终端的互联，即因特网名称和号码。目前的通信协议限制了地址的数量，使得地址的数量只有 4294967296(2^{32})个。标准的通信地址是由 8 位为一组的 32 比特二进制数组成，并把每组的 8 比特二进制数转化为十六进制数，形如：A. B. C. D。域名的数量在理论上没有限制，然而目前全球可用的顶级域名（Top－Level Domain，TLD）的数量被 ICANN 所限制。为了能和因特网中的其他终端通信，一个实体终端必须注册至少一个地址，并且选择一个可用的域名服务器（Domain Name Service，DNS）。能够在顶级域名中注册的机构称为“因特网注册总管”。

DNS 是一种技术系统，它允许用人类容易识别的名称如 http://www. whitehouse. gov 来替代 IP 地址如 209. 183. 33. 23，去实现其在因特网中的通信功能。然而 DNS 是一个繁杂的、全球分散管理的系统，在这种情况下，需要有个以全球为基础的因特网，可以正常运作并分享资源。这个系统被称为“DNS 根服务系统”。根服务系统可以说是因特网基础设施的最关键的组件。很多人惊讶地发现，物理计算机服务器组成的 DNS 根服务系统由志愿者所有并进行操作，和任何党派都没有关系。这是因特网早期的雏形，那时它被认为是协力合作的而不是关键的全球基础设施组件。然而，由于所有者/经营者对自己的工作认真负责，因此目前的模型运行良好，没有出现重大问题。

例如：

192. 168. 101. 1　　　http://www. mycompany. com

192. 168. 101. 4　　　http://mail. mycompany. com

正如上展示的，一家公司搭建了一台主机，它的名称是 http://www. mycompany. com，这台主机能够在因特网中被找到的地址是 192. 168. 101. 1。这就表明其他终端通过向一台 DNS 服务器提供主机的名称，DNS 服务器就会反馈一个与这台主机名称相对应的合法的地址。

这个例子中的一串数字就如同电话号码，在老电影或情景喜剧中，用于确保他们并不是无心扩散私人的电话号码。这些虚拟的电话号码往往以555开头或以555作为前缀，不能使用真实号码。在因特网中也有几组不能分配给主机的地址(Rekhter, Moskowitz,et al. 1996)。他们允许公司内部配置网络的方式不应当以因特网方式发送。另外一个重要的原因就是因特网的地址不足于分配给每个想接入它的终端。因此,主要的机构和ISPs会使用一种技术称为网络地址转换技术(Network Address Translation,NAT)去最大限度地满足那些没分配到地址的终端,并且允许多个具有相同地址的主机出现在网络上。

然而,由于所有者/经营者对自己的工作认真负责,因此目前的模型运行良好,没有出现重大问题。很多人也觉得根服务器运营商的分布式及志愿者性质也表现出积极的治理特性,这些服务器并不是在任何一个实体或政府的监管下(RSTA 持续进行中)。一种新的网络协议的版本 IPv6,能够把地址空间扩大到 2^{128} 个。

对因特网名称和地址主要的担心是网络事故或网络流量包的非法窃取。例如,把因特网名称解析为号码时,一种叫做 DNS 病毒的网络攻击会进行破坏。DNS 病毒利用某台 DNS 服务器的漏洞,把错误的地址对应给出的主机名。这个错误的地址通常是一个恶意地址,却看起来好像是查询到的主机上的网站。DNS 病毒允许攻击者使合法用户在不知情的情况下访问恶意站点,且这种做法不接触用户的主机,只是通过攻击 DNS 服务器去更换用户所查询的地址。用户计算机的安全性和本应该访问的公司网站可能受到的影响很小,但是,他们都会遭遇安全危险。

DNS 在设计时未考虑安全性,很容易遭受病毒、中间人攻击及其他破坏性策略,中间人攻击在 DNS 查询拦截之前就会到达服务器。创建域名系统安全扩展(DNSSEC)来解决这些问题。进程使用公—私密钥加密算法去验证 DNS 记录的来源。公钥密码体制允许数据用 DNS 服务器的私钥进行加密,用分配的公钥进行解密,反之亦然。为了使 DNSSEC 行之有效,一个 DNS 服务器的公钥的分发必须满足:用户可以验证其完整性。然后,用户对请求信息加密,只有目标 DNS 服务器可以解密,且 DNS 服务器用私钥加密应答信息。设计公—私密钥加密算法是为了确保任何人都有 DNS 应答的公钥密码,只有拥有私钥的一方才能够正确解密应答信息,这通常被称为数字签名。公—私密钥加密技术允许持有密钥的一方以数字签名的加密方式加密,允许以公钥的解密方式解密。如果签名匹配,数据被认为已由发送者加密。需要注意的是由于每个人都知道公钥,所以数字签名并不能促进数据的机密性而是确保了数据的来源和完整性。

正如图 6.1 所示,DNSSEC(域名系统安全扩展)利用因特网域名分层解析的性质去分发公钥。尽管不需要软件去判定,严格意义上说,所有的域名都是以"."结束。也就是说".com"实质上是".com.",所以"."是密钥体系结构的根。

假设企业能够得到根密钥的一个副本,并在他们自己的 DNS 服务器(协议被认为是"信任锚")上安全保存。ICANN 持有"."的公钥并且在网络上分发给顶级域(top-level domain, TLD)。这些密钥可能用于验证分层体系中的下一层记录。每台服务器的私钥和加密算法用于为它的下层域创建一个验证记录。这个验证记录是存储在发往 DNS 服务器的 DNS 记录里的。DNSSEC 验证算法的输出可能是:"这个地址是合法的"、"这个地址是非法的"或是"密码无效,无法核实"。一个可信度高的 DNS 服务器就是一个满足 DNS 记录标准和每条记录的 DNSSEC 加密算法。根 DNS 服务器提供一个加密的 DNSSEC 记录去识别真正的"ex-

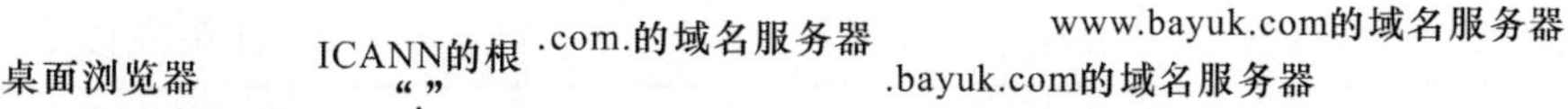

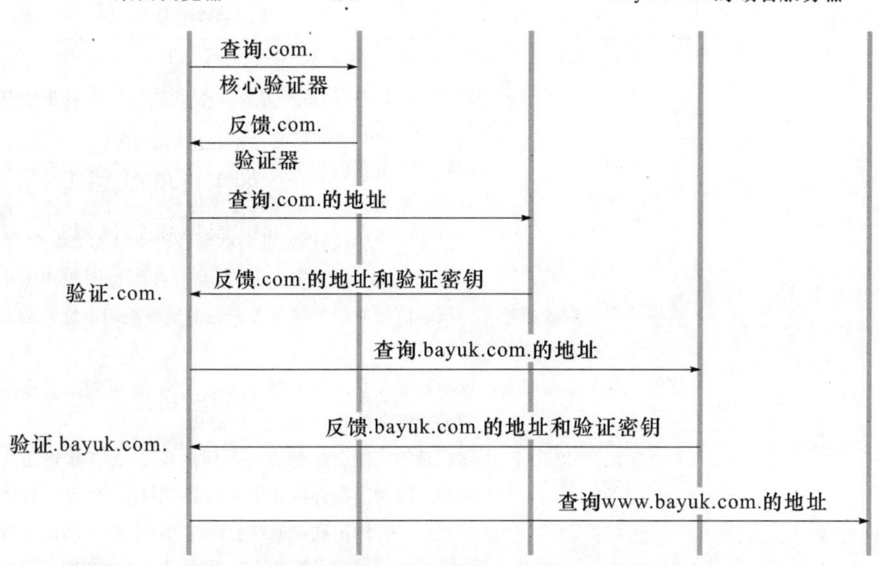

图 6.1 DNSSEC 消息序列图

ample. com”从而去除了运行具有欺骗性的“example. com”的可能性。请求者能够核实一条DNS 记录的合法完整性,通过从服务器 example. com,. com 和根服务器(“.”)请求得到DNSSEC 记录,访问 www. example. com,并且以密钥的方式验证整个数字签名链。

尽管具有显而易见的通用性,DNSSEC 最近才发展起来,并且还未被广泛使用。2010年,DNS 根服务器被设计出来,2010 年 9 月,最大的 TLD(“. com”)允许其子域签名开始发行。目前在使用密码学中涉及到了开销处理。很多网站还没有建立密钥。而且,即使它被广泛使用,这个处理过程仍然依赖于操作系统和软件的安全性,且仍然有很多恶意方式绕过或破坏这个处理过程。

有关因特网命名和编号的网络安全政策是以技术的采纳为中心的,这项技术反对绕过 DNS 和路由选择协议,旨在加强 ICANN、TLD 注册和记录者之间的协定。前面几个政策关注 DNS,接着的几个政策解决与路由流量相关的问题,及被 DNS 识别的正确的因特网编号。最后是一些潜在规则的政策(见表 6.1.2)。

表 6.1.2 网络安全政策——因特网命名与编号

政策陈述		解释	争议的原因
6.1.2.1	所有的 DNS 名称应该和个人或公司关联起来,这些个人或公司负责向下属个人或部门提供相关服务	这个系统被称为 Whois,它存储了域名所有者的信息。Whois 的准确性是法律执行的关键,经常需要定位从事犯罪活动的所有者。然而 Whois 信息的准确性备受怀疑,因为域名注册服务机构并不总是去验证他们收到的信息	域名注册商往往是低利润的商业模式。广泛的身份验证和想要购买名称的用户的验证可能会增加域名注册成本 Whois 的范围精度还不是完全清楚,并且未被正式研究 一些人担心,强大的身份验证和域名注册人的验证可能存在言论自由的问题

（续）

政策陈述		解释	争议的原因
6.1.2.2	DNS 服务器运营商应当被授权，并且如果不能保持适当的安全控制，将导致许可证的丢失	这项政策要求任何把因特网名称发布成数字形式的实体都要受到监管	预期，未来因特网的可靠性将受到执行安全且更加强健的 DNS 的极大影响 因特网上的任何服务器都可以执行将因特网名称转变为号码的服务。这项政策将要求那些为这类服务做广告的人遵守安全协议，以验证名称到号码映射的可靠性 域名服务容易受到攻击，运营商们在因特网犯罪中串通一气。应当对回复域名查询时给出不正确地址的运营商进行惩罚 这项政策将引入不必要的官僚机构，这可能是希望从事因特网服务的小企业的一个障碍 这项政策可能会降低因特网用户免受 DNS 病毒攻击的概率。因特网的许可和监管问题，引发了严重的管辖权问题。因特网出现在地球上所有司法管辖区域内。基本命名和编号基础设施的调节组件——必须在所有司法管辖区有效，以使网络正常运行——这是不切实际或不可能的
6.1.2.3	如果没有在当地进行注册，边界网关协议路由器的运营商应该为流到此地的路由流量遭受惩罚	网络实体之间可以互相委托进行流量传输，但要和 ICANN 签署协议，依照公开的路由进行传输，但是目前还没有对违规行为的处罚	因特网的安全和持续运转将在很大程度上受到更加安全稳固的边界网关协议（BGP）的影响。那些传送网络流量的实体都应该为他们的错误和为犯罪活动提供便利而负责 将分配的地址空间复制到分布式数据库，将会产生网络连接时的延迟。这将减慢因特网商务的步伐 因特网地址数据库并不总是被严格管理。分配记录可能是不正确的。自动化过滤可能会不经意地切断与较小分配实体之间的联系 任何连接到因特网的实体可以利用边界网关协议建立路由。如果没有这项政策，这将是非常困难的，甚至无法执行。没有一个实体可以对互联网上所有实体拥有管辖权，将其从路由表中删除这样的惩罚方法，需要整个互联网社区 100% 的合作
6.1.2.4	政府电信监管机构应该为保护电信基础设施提出行之有效的方法	这项政策需要电信监管机构积极主动地对电信基础设施提出网络空间安全上的改进措施	这项政策认为，监管机构已经洞察到电信运营商所面临的问题，并且客观性评价那些在自己公司并未发现的问题，所以他们最适合进行网络安全措施的评价工作 监管机构应当声明网络安全的目标，而不是实现它推荐的方法。在如何实现目标这一问题上，行家永远是所有者/运营商

6.1.3 版权与商标

即使所有的网络名称及数字地址的路由选择总是安全的，仍然会有用户打算去访问那些并不属于企业的网站。当公司没有注册所有可能的能表示公司名称的因特网域名时，这种情况就会发生。例如，一家叫做“product”的公司可能已经注册了 product. com 域名，但是没有注册 product. net 域名。一家与之相竞争的公司可能注册了 product. net 域名并买下了“product. ”的所有权。之后当用户输入“product”搜索时，反馈给他们的是“product. net”。他们假装用户已经找到了他们正在找寻的公司，并且继续去访问 product. net 网址。尽管可能是不道德的，但是这样的行为并不总是违法的。即使他们是违法的，也不能保证他们被逮捕或者被起诉。即使他们被逮捕，可能也只是仅仅被禁止使用那个搜索条目及停止掠夺竞争对手的客户。在一些极端情况下，那些最近才接入因特网的公司可能已经通过“域名抢注”注册了公司的域名，“域名抢注”是一个贬义词，那些人通过高价贩卖他们注册的域名来获利。ICANN 有大量的政策和机制来解决和域名有关的纠纷。

另外一种域名抢注的形式是：注册和竞争对手非常相似的域名，如一个域名的错误拼写，或在域名的最后加入一些数字或看起来无伤大雅的一些有趣的标示符。例如，竞争对手或罪犯为了引诱一家公司的客户，可能注册像“prodoct. com”、“product1. com”或“product - ny. com”这样的网址，企图使他们的网站看起来像官方网站。这种类型的域名抢注是有犯罪意图的，其典型手段是使他们的网页看起来像目标网站的登录界面，并且用这个网页去搜集那些误认为是合法网页的用户的用户名和密码。这样的网站是侵犯版权的典型例子，因为他们展示了目标域名的 logo 和专有商标。竞争者也可能在对手的 logo 下为他们自己的产品作不实的广告。

在 20 世纪 90 年代末，警告用户某网站可能是假冒网站的安全技术已经被广泛认可。正如在第 1 章所描述的，此项技术开始于：当浏览器供应商改变了发送给用户的消息，对给定的 Web 服务器，根证书不能向用户提示：这个网站是不安全的，用户正在进行危险访问。用户仍然可以为浏览器添加根证书，但是安全警告使他们担心，所以大多数公司由于客户关注的压力，放弃了运行自己的证书颁发机构。从安全厂商那里购买的证书会定期终止，留下那些不能被加密的流量，这就导致给企业的 Web 服务器管理员造成了一些紧急情况。对于证书安全提供商来说，这种客户服务问题促使他们创建的证书快速且易于管理和交付。这些处理过程经常被黑客侵入，产生或窃取根和服务器证书，允许他们冒充公司的 Web 服务器在 SSL 层进行双向识别。即使虚假的网站做得并不完美，访问用户接收到很多从合法网站弹出的警告，很多人仍然倾向于继续访问这些假冒网站，弹出的警告信息没起到任何作用（Herley 2009）。

侵犯版权和商标属于网络安全威胁，不仅因为贸易上受到损失，还因为对他们自己的业务来说，在这些网站上进行商业交易是错误的。有时只有当被客户要求为产品负责时，他们才意识到出现了假冒网站。受欢迎的公司建立了法律部门，其唯一的使命就是找到这样的网络诈骗。网络安全服务广告宣传，只要公司 logo 出现在因特网上进行欺诈，他们就有能力找到。

注意，域名空间抢注的实例不限于域名。Colin Powell 在离任后的公开演讲中曾警告观众：进入社交网站的“Colin Powell”通常不是他，并敦促观众尽快在当前流行的网站进行注册，以确保没有别人使用他们的名字（Powell 2009）。大型社区都信任和忠诚于社交网络的域名空间，这使得他们成为域名抢注的目标，不管是竞争性质的抢注还是犯罪性质的抢注。作为域名，两者有相同的误导能力。

本节的网络安全政策陈述以域名问题开始。随后是与内容相关的描述。最后简单描述了社交网络问题（见表 6.1.3）。

表 6.1.3　网络安全政策——版权与商标

政策陈述		解释	争议的原因
6.1.3.1	在没有对域名请求提供合理证据的情况下，拥有一个因特网域名是不太可能的	这项政策认为，注册者应当在注册时就对域名进行声明，而不是等到被合法所有者起诉时	这项政策的执行将需要一个证据评价的过程，对于诚实的因特网注册者来说，由此不必要地延迟了电子商务过程中 99.999% 的流量，对于试图误导评估过程也并未进行阻止。这项政策将限制域名占据和囤积的机会
6.1.3.2	注册者应该限制可以拥有的具有合法电子商务活动但不活跃的网站数量，且没有任何公司和个人能够以销售为目的来注册域名	为了囤积域名，并向对电子商务有需求的人销售域名，这项政策将结束注册域名的实践	对于创意人来说，他们能够预见到未来什么域名会流行，并能够通过销售域名获得利益，因此这项政策将限制他们的赚钱机会 一些人会找到方法来显示这些被他们注册的域名是合法的，因此能轻易绕过这项政策，然而这可能带来意想不到的后果，如防止合法的公司囤积和他们类似的域名，比如，由拼写错误导致的域名类似
6.1.3.3	另一个显示水印内容的公司网站应当被立即从因特网移除	这项政策将为企业提供技术性的安全措施来标记内容，这种措施允许自动检测，如果任何其他公司显示出该标记过的内容则说明该公司是未被授权的	显示合法公司已经被水印标记的内容的网站应当为侵权承担责任，而不需要受害者一方做额外的法律工作 ISP 层面撤下因特网网站的唯一途径就是过滤 IP 地址。有一些安全服务是提供恶意的域名列表，但它们通常不包括侵犯版权，仅仅是犯罪软件的存储库。任何网站可以以不同的 IP 地址出现，也可以是不同的域名，因此这项政策是不可实施的 网站的任何过滤都会产生大量的言论自由和正当司法程序问题
6.1.3.4	在没有得到所有人许可的情况下，任何商标或 logo 不能显示出来	对于网站来说，显示其他公司的 logo 已经成为一个惯例。例如，一个 logo 可能说明一段新闻或者是一个博客故事，再或者供应商显示他们客户的 logo 作为宣传，因为该公司购买了他们的产品	这种把公司和违规网站联系起来的做法并未征得同意，且通常会破坏品牌声誉。知识产权律师不断发送邮件，要求停止对 logo 的不当使用。这项政策将会在不必要的法律程序上节省大量时间 对于信息消费者来说，在传播介质里使用 logo 作为公司简称很节省时间。这通常是不需解释且经公司认可的，所以这项政策是完全不必要的

（续）

政策陈述		解释	争议的原因
6.1.3.5	数字证书的窃取应当和商标或 logo 的窃取承担相同的法律责任	数字证书允许使用密钥进行加密通信，该密钥已签发或出售给某个特定公司。公司网站经常需要使用这些证书	任何人都想要窃取数字证书的唯一原因是假冒另一家公司，所以即使只是拥有别人的证书也应该是意图假冒公司的罪证 数字证书通常从计算机复制到计算机，并且管理多个网站的服务提供商经常拥有许多属于客户或潜在客户的证书
6.1.3.6	任何有关公司或个人因特网名称空间权利的政策也适用于社交网站域名空间	这项政策包括任何政策中的社交网络域名空间，对因特网域名空间在版权、商标、和/或身份问题上的违规行为确定限制条件	随着社交网络越来越普及，无论是企业还是个人，保持对一个品牌的控制能力越来越难。这项政策将确保：互联网域名空间相关政策中，对"滥用"进行的识别和修正不需要在社交网络中重新进行 社交网络领域是私营的，有多种可供选择的参与形式。没有理由假定，应用在因特网层面的知识产权问题适用于所有的社交网站

6.1.4 电子邮件与消息发送

公司的假冒从未如此明目张胆，因为这种行为是在邮件中进行的。即使"莫里斯蠕虫"暴露了协议是如何不安全，都没有人去关注电子邮件服务器有可能会被冒名顶替。两个邮件服务器之间的交换过程如图 6.2 所示。以两个邮件服务器通信为例，文本内容清晰，且不需要身份验证。协议允许信息被转化为命令行，使用这个协议甚至不需要邮件服务软件模仿邮件服务器的功能。尽管一些服务器可能需要用于身份验证的关键性描述，或只有预设的 IP 地址才能连接上，只要在发送方和接收方之间用于邮件传播的任何一方的服务器支持纯文字为基础的命令字符串（见图 6.2），那么网络中任何个体都是可以被恶搞的。尽管假冒的电子邮件可能产生于用户自己的收件箱，由于恶意软件的运行，单单用户邮件地址就足以使网络骗子把它们伪装成邮件服务器，下面的例子就是说明。冒名顶替之所以容易在于：一个人可能偶尔和朋友联系时说："你发给我一个关于 X 的邮件"，可是发件人并不知道他们所说的 X 是什么。

广告商喜欢邮件服务通信的开放性，因为他们能够识别使用这些开放协议的客户。例如，如果一家公司的邮件服务器如图 6.2 那样回答了指令，那么广告商的自动化程序就会试图发送邮件并最终到达公司所有的终端。他们通过使用用户名的每一种拼写的可能来代替单词"unsuspecting"，从而完成这样的操作。当发生错误时，他们停止这次拼写猜测，并尝试另一种拼写猜测。此外，它允许广告商使用带有创意域名的"发件人"地址来接近潜在客户，以吸引其注意力而不需要真的去进行注册。当广告商给大量并不加区分的潜在客户发邮件时，这些潜在的收件人可能对他们的产品感兴趣，这样的邮件被称为"垃圾邮件"。垃圾邮件就好像是一个包含各种肉类产品的封装罐头。在旧式喜剧小品中，封装罐头在菜单上是唯一的选择，尽管很多不同的菜单上都有它（Monty Python 1970）。因特网早期，用户使用"垃圾邮件"来描述他们收到的含有无用内容的邮件，或者

```
$ telnet mail.company.com 25
Trying 192.168.142.13
Connected to mail.company.com.
Escape character is '^]'.
220 mail
SMTP/smap Ready.
helo
250 Charmed, I'm sure.
mail from:spoofvictim@anothercompany.com
250 <spoofvictim@anothercornpany.com>...
Sender Ok
rcpt to: unsuspecting@company.com
250 unsuspecting@company.com
OK
Data
354 Enter mail, end with "." on a line by itself
malicious message text goes here.
250 Mail
Accepted
quit
221Closing connection
Connection closed by foreign host.
$
```

图6.2 电子邮件服务器连接举例

把“垃圾邮件”这个词作为对愤怒心情的表达。现在,“垃圾邮件”一般指的是任何不想看到的邮件内容(Furr 1990)。营利和非营利性质的监视者保存着垃圾邮件的记录来识别出犯罪者,并以减少不必要的打扰为目标。但是,任何因特网用户都知道,这些努力在很大程度上都是白费的。

另外一种不必要的邮件种类叫做“网络钓鱼”(Phishing),语义类似单词“钓鱼”。它指用诱饵或诱惑物,迷惑因特网用户去点击访问恶意网站。恶意网站和域名抢注一样,用极为相似的手段搜集用户名和密码。他们可能下载软件,也可以设定欺诈骗局去欺骗用户,从他们的银行账号中转移资金。钓鱼邮件把高利润团体视为目标,这叫做鱼叉式网络钓鱼,类似于把鲸鱼作为目标。有多少类型的钓鱼攻击就有多少类型的网络犯罪分子。

因此,合法和非法的商家通常都发送过不必要的邮件,现在已经被网络大众所接受。对与电子商务有联系的供应商,几乎不会去限制发送垃圾邮件,并且对于公司或个人,不收到垃圾邮件只有一个方法,就是把他们自己从潜在客户或友好的邮件通信中剔除出来。大多数公司为因特网服务以带宽的单元付费,或者以在同一时间内通过通信电缆的二进制的位数付费。在通信电缆中只要有越多的邮件在传送,公司就需要更宽的带宽。通信设备供应商也会相应增加宽带的收费。所以如果一家公司预期需要100GB 的同步带宽,那么因特网服务提供商和路由器供应商会挣更多的钱。因此,因特网供应商并没有采取实质性的努力去削减不必要的邮件或者甚至是带有犯罪性质的钓鱼。

然而,因为垃圾邮件也被犯罪分子采用,并且身份盗用情况猖獗,一些顾客权利组织机构已经采取措施去追踪和关闭已知的垃圾邮件制造者(国际反垃圾邮件组织的工作仍在持续进行中)。2008 年,一家公司的垃圾邮件业务被安全研究人员调查并最终关闭,直接结果就是全世界的垃圾邮件的数量减少了40%（Vijayan 2008）。随后，美国联邦贸易委员会开始采取措施反对垃圾邮件。然而，垃圾邮件业务仍然欣欣向荣，目前还没有系统化的尝试，旨在改善邮件的安全质量。然而，某些希望电子邮件通信安全的公司已经掌握了一些有效技术。其中一种方法是发送方ID结构（Sender ID Framework，SIDF），这种方法利用DNS去识别一个域的已授权的邮件服务器，且不允许未授权的邮件服务器发送邮件。域名密钥识别邮件（Domain Keys Identified Mail，DKIM）更进一步，允许一个加密密钥被储存在DNS中，所以公司能够设置规则进行允许、拒绝、删除操作，或为某个给定的业务合作伙伴贴上无符号或没有签名信息的标签。再者就是传输层安全（Transport Layer Security，TLS），被称为opportunistic协议，它可以被设置为：必须具备最高级别安全性，才可以在服务器上进行通信。最低级别安全，不需要核实发送方，没有必要对通信加密，但是最高级别安全，则核实发送方并对通信加密，所以第三方不能观察到两个邮件服务器之间的网络流量。

类似于单词“content”，单词“messaging”是因特网贸易的一个技术术语。任何应用于邮件的安全技术一般都能够被运用于文本消息或网络聊天，并且这些性能被通俗地叫做消息（Messaging）。消息技术依赖于发送方和接收方之间的协议，但对二者不做身份验证，仅仅通过消息流里提及的“用户名”核实发送方。

本节的网络安全政策以共同的需求开始，电子邮件和消息发送被认为处于企业或任务安全的保护伞下。随后是关于垃圾邮件和问责制的更多系统性问题（见表6.1.4）。

表6.1.4　网络安全政策——电子邮件与消息发送

政策陈述		解释	争议的原因
6.1.4.1	所有参与电子商务的实体应该为消费者提供服务，以通过标准协议来验证电子邮件服务器	这项政策将需要电子商务企业在DNS中为电子邮件服务器发布密钥	消费者有权验证来自服务提供商和其他厂商的信息。仅通过电子邮件和客户交流，并提供此功能是不负责任的 通常，客户没有电子邮件服务器验证软件，所以必须依赖ISP或主机服务提供商去核实电子邮件的可靠性。此项要求最好留给市场来完成
6.1.4.2	所有代表或有关组织团体的电子邮件通信应该利用组织团体支持的电子邮件服务系统	这项政策要求：在开展组织团体业务时，应使用组织团体的电子邮件系统，并尽量避免通过雅虎、社交网络、个人手机和其他公共或私人通信服务系统	这项政策使所有通信处于管理监控范围内。它使行政访问内部管理人员的人数最小化 这项政策抑制了个人因旅行或中断而可能无法接受企业服务的通信能力
6.1.4.3	通过电子邮件传递和阅读的收据应提供电子信息传递的证据	各种合同和监管条款要求组织团体能够提供个人实际接收通知的服务证据。如：挂号信	使用电子传递和阅读收据作为交付证据的能力为组织团体削减了成本，这些组织团体有法律责任通知各行各业的人，从银行保险业到市政当局、执法机关 用于验证数字记录的当前标准需要密钥管理、加密算法和组织控制程序证据的结合。没有基础设施支持这样的跨因特网电子邮件系统的身份验证

（续）

	政策陈述	解释	争议的原因
6.1.4.4	个人应当具备把电子邮件地址置于列表的能力，这使得对于经销商来说，发送给客户不想要的电子邮件是违法的	这相当于对电子邮件设置“谢绝骚扰”。目前，这类列表多用于电话号码。要求营销公司必须在进行电话市场活动时，删掉“谢绝骚扰”列表上的电话号码	“do－not－email”政策的执行机制，是为了保护电子邮件地址免受不必要的请求，这将大大降低目前通过电子邮件收到的不请自来的广告数量。这项政策应当使非法的垃圾邮件更容易识别。该政策的执行将通过减少不必要的信息来节省带宽和存储资源 电子邮件是一种争取消费者的有效方式，消费者通过各种在线活动表达喜爱的产品和服务，在这项政策之下这种方式将持续存在。很难对消费者的兴趣划定界限，因此该政策恐怕难以执行 一些电子商务企业的主要收入来源是基于因特网流量的观察生成的电子邮件地址列表。该政策将对这些资产的价值产生显著不利的影响
6.1.4.5	因特网通信服务应当允许用户选择一个社区，与其交换消息并排除所有社区之外的通信	这相当于每个潜在的电子邮件接收方拥有独一无二的“白名单”。只有那些在名单上的人可以给收件人发送电子邮件或消息	这项政策允许因特网用户控制资源，并减少不必要的消息数量。它将节省带宽和存储资源。因为没有公认的电子邮件或消息发送的验证方法，任何人都可以通过冒充白名单上的用户来避开这项政策。因此该政策无法执行
6.1.4.6	应当要求使用信息服务的个人使用注册过的唯一的因特网域名	这将限制已经注册ICANN的发送方对电子邮件地址的使用	在电子商务营销中，对地址的约束限制了创新却没有提供任何额外的安全性，当被强制要求时，添加宽限期(AGP)很容易被用于暂时满足这一要求 这项要求将提供追溯消息源的能力。执行需要利用安全协议，因此带动了对垃圾邮件和网络钓鱼的责任追究
6.1.4.7	已知的网络钓鱼电子邮件发送者应当被起诉，且量刑应当等同于盗窃钓鱼收件人的潜在信息	这项政策将对发送钓鱼邮件的人按照身份盗用进行惩罚	网络钓鱼电子邮件发送者是有组织犯罪团伙中的一小部分。尽管他们的罪行似乎是无害的，但却是更大地有预谋攻击个体的先决条件，因此应当被视为攻击 网络钓鱼电子邮件发送很可能是为客户批量发送电子邮件的一种业务，且无法分辨合法和不合法用户，所以不应该承担识别网络犯罪分子的责任。此外，仅仅发送一封电子邮件不能保证用户会上当

6.2 网络用户问题

链接到网络是为了成为一名网络空间用户。大约世界人口的30%是联网的（这一数字还在缓慢增加）。正如在第3章里所描述的，除了传统的商业关系已经转变为线上以外，过去的20年里因特网已经催生出了新的电子商务业务模式。这些业务模式包括网络门店，与传统的实体销售不同，顾客买到的商品是来自实体店的线上销售，对于那些喜欢在线上进行价格对比然后在实体店购买的顾客进行有针对性的广告宣传。尽管电子商务广告最初只反映了前因特网公共关系和营销活动，但是一些原先不存在的营销模式也随着因特网的普及应运而生。这就是信息服务，从网络空间的一端收集信息并把这些信息销售给另外一端。有时也称为“用户并非客户”模型，范围从在线调查到用大型网络监控追踪用户的一切习惯，包括食物偏好、政治信仰等。

对网络用户来说，安全问题大多来自电子商务参与市场竞争时意想不到的副作用（Khusial 和 McKegney 2005）。电子商务交易发生在顾客和顾客的计算机之间、顾客和电子商务 Web 服务器之间、电子商务 Web 服务器和电子商务卖方内部网络之间以及卖方和服务提供商之间。服务提供商提供关闭交易服务，如信用卡支付清算公司。所有的这些链接通过软件创建，任何软件可能都有漏洞和缺陷，这些漏洞和缺陷允许入侵者去观察网络用户数据或中断电子商务交易。在许多连通的点中，数据流的观测提供了可能会被用于网络攻击的数据，比如用于假冒和身份盗用的用户名和密码。

从安全角度来说，在电子商务环境中主要有四种角色：顾客、零售商、产品供应商或批发商或制造商、黑客。黑客的目标是利用其他角色中的一个或多个来非法获利。利用软件、应用配置、硬件甚至用户习惯中的缺陷，黑客利用这些缺陷来达到黑客的目的。涉及电子商务的攻击正在不断地发生。然而，主要媒体关于网络安全问题的报道是被限制的。只有对受害人造成了极其严重的后果，会极大地引起关注，媒体才会将其作为报道的头条。尽管如此，有关信息安全网络犯罪的报道就像药物滥用的报道一样多。在《初始威胁》（Zero Day Threat）这本书中，两名《今日美国》（USA Today）记者描述了三个原型：剥削者、推动者和联络者（Acohido 和 Swartz 2008）。剥削者执行数据盗窃和欺诈。企业的推动允许了剥削者盗窃和欺诈。剥削者是从技术角度来找出根本原因的技术人员，尽管他们可能是攻击者或者是捍卫者。这本书里全是关于有组织犯罪的小故事，“剥削者”系统地从不知情的消费者那里通过冒充消费者在“推动者”银行窃取数据，剥削者不仅剥削消费者，即身份盗用的受害者，而且剥削生活在底层社会的人如冰毒成瘾者。他们招募社会闲散人员从自动取款机收回不知情消费者的现金，或者在不知情消费者的信用卡上订购奢侈品。零星的事件包括执法人员成功查出“剥削者”是如何进行剥削的。每个故事的寓意就是“推动者”不能充分保护在其保管下的数据，而控制组织犯罪结构的三个或更多的邪恶天才从来没有被真正抓住过。消费者手里剩下受损的信贷，丢失了时间和金钱，然而“推动者”却声称确保企业安全的“足够”风险措施是到位的。

本节把网络用户安全问题分成六部分：恶意广告、假冒、合理使用、网络犯罪、地理定位（Geolocation）以及隐私。Malvertising 是单词“恶意的”和“广告”的变形词。假冒部分处理的是网络上各种类型的冒名顶替者，从匿名帖子到账号劫持。合理使用这一小节解决常见的网络行为，一些人认为是反社会且可能并不是犯罪行为，仅仅是因为他们还没被立法者正式考虑。网络犯罪提出有组织的犯罪活动，这在电子商务中非常常见。网络用户的地址定位，包括消费者和犯罪者，很难判定，表现出政策问题的特殊性。隐私是在网络安全定位政策上引起争论的重要因素，但是隐私是一个更宽泛问题，它有自己的子问题。

6.2.1 恶意广告

那些依靠广告的电子商务企业通常利用“混搭”来把多样的软件资源(例如地图和电子优惠券)整合到一个单独的页面。常见的元素被设计用来吸引所期望人口数量的消费者,这就是广告的“目标”。达到这个目标的一个方法就是确定出目标人员经常光顾的网页,并把购买广告直接放在那些网页上。可能需要给网页的所有者/卖方提供广告来布局他们的网页,或者简单地链接到由广告买家所提供的站点和通过用户浏览器直接去访问买方的网页内容。这种容易接近因特网消费者的方式已经吸引了不法分子设法安装恶意软件。类似于任何的广告买家,他们通过媒体网络和交易购买因特网广告。

恶意软件很容易散布,因为众多的网站为了运营需要网络用户去接受各种各样的下载,广告软件经常运行在后台并且链接回原站点发送用户跟踪信息。恶意软件做相同的事情,从而呈现给用户的是:像任何其他的令人讨厌的广告程序一样运行在他们的计算机上。恶意软件,允许一台主机被恶意软件操作员远程管理,被称为“bot”,它是“robot”的简写。类似的一个恰当的解释就是,一个人在不知情的情况下,个人计算机中被装入了一个 bot,变成了一个被不法分子操作的工具。多个被同一个恶意软件操作员管理的实体主机被称为“僵尸网络”。犯罪分子利用僵尸网络作为联军实施网络攻击。

潜伏在广告中的另一种类型的网络犯罪团体从事点击欺诈,冒充用户自动点击广告链接。因特网内容供应商通常向广告商收取的费用是基于访问网站并点击广告链接的用户数量。内容提供商收到一个点击,在计费清单中进行记录,并把广告客户站点的地址反馈给用户的浏览器,包括统一资源定位符的代码,这些代码指明用户来自哪个站点。收到用户请求的广告客户的 Web 服务器显示与内容供应商代码相联系的 Web 网页。两边都记录点击量,广告客户基于从内容提供商向广告客户网站的用户流量来向内容提供商付费。在点击欺诈中,一个自动程序模仿终端用户的行为,从多个网络位置模拟点击广告客户的网站。广告供应商不能辨别出自动程序和一个真实的用户之间的区别,所以向内容提供商为点击量付费。精明的广告商检查来自不同的内容供应商网站用户的浏览习惯,有时候能够辨认出点击欺诈,但是明确地证明点击欺诈是非常困难的。

一个更少见诸报端但是仍然常见的电子商务犯罪活动就是隶属于恶意广告的优惠券欺诈。网上提供的优惠券一般包括安全码和个人识别信息,这是为了确保优惠券能被合法的消费者所请求使用。然而,犯罪分子通常复制或修改电子优惠券以增加其价值,减少购买需求,消除安全代码,延长或消除保质日期,或者更改免责声明、条款和条件。此外,他们有时候也从头伪造完整的电子优惠券。然后这些伪造品以低于面值的价格在因特网上出售。

本节的政策陈述从恶意软件问题开始,这不仅影响了消费者,也从声誉的角度影响了广告商。接下来是点击和优惠券欺诈问题,其影响的是广告团体或他们的直接客户(见表 6.2.1)。

表 6.2.1　网络安全政策——恶意广告

政策陈述		解释	争议的原因
6.2.1.1	个人计算机在不知情的情况下通过链接重新定向去访问网站的电子商务营销手段应当被认为是非法的	有组织的网络犯罪分子经常购置在线广告,以吸引用户访问网站,这些网站含有恶意软件,进而感染用户的计算机	这项政策将消除保护国防相关信息要求中的薄弱环节,并增大间谍机构了解国防部行动的难度 这将从根本上改变广告商目前使用因特网的方式,并要求全世界大多数网站和广告业务模式的重建
6.2.1.2	在他人机器上安装和运行软件是违法的。所有的正版软件应当被普通的计算机用户认可	消费者经常光顾的网站需要在用户桌面上运行软件,以使网站正常显示。这些网站经常在用户的机器上运行软件,并用最小的对话框通知用户新软件已经安装在系统中	这类政策让电子商务软件行业帮助消费者管理计算机桌面,并帮助消费者建立合法的和非法的软件安装意识。这项政策旨在帮助用户分辨:打算安装什么程序?哪些程序是恶意的? 尽管广告商可能声称软件是为了满足消费者的偏好而被定制执行,但是有组织的犯罪分子使用相同的机制来诱骗消费者安装恶意软件
6.2.1.3	网络优惠券应当通过名字、地址和独特的身份验证码来识别已授权的消费者	这项政策旨在确保网络优惠券是被合法的消费者下载而不是经销商	在报纸中,如果制造商或零售商通过优惠券提供折扣,则不需要个人的身份验证信息。网络优惠券的身份验证要求,相当于不必要的隐私侵犯 提供折扣的广告商应该能够验证哪些使用折扣的消费者是合法的
6.2.1.4	点击收费的因特网广告应当服从监管标准和审计	点击欺诈猖獗,所以期望建立对广告行业的政府监管,来制止这样的欺诈	目前进入广告行业是没有门槛的。这恐怕会创建一个专业的欺诈团队 广告业应该基于点击营收而不是点击次数来判断个体价值。监管指导不是必需的,并且不应该替代精明的经营手法
6.2.1.5	因特网广告团体应当建立易于发现和终止恶意广告的通用标准	这项政策将需要因特网广告团体通力合作,对于关键基础设施如银行业或能源业,这是更典型的要求	当前的广告行业业务涉及犯罪广告、点击欺诈和优惠券欺诈。这项政策将解决这些问题的义务交给了当初创建行业的人 在因特网上,因特网广告团体可能是最不需要技术的团体,即使再多的监管也不可能形成一个广告安全专家的圈子
6.2.1.6	所有的消费者应当接受关于网络安全的培训	消费者选择密码和点击链接时会影响自身安全。这项政策主张教给他们如何进行选择,以降低成为网络犯罪受害者的可能性	简单的网络攻击能够被受过训练的用户所阻拦。例如,对用户进行如何选择强密码的培训,就能避免密码猜测攻击 有组织的网络犯罪使用高度复杂的技术,甚至安全专家也成为受害者。培训消费者不过是浪费金钱,并且只能提供虚假的安全感 期望通过培训用户使其拥有足够的技术去使用因特网是不公平的。这项政策将罪案发生归咎于受害者,最好把精力用在威慑和起诉措施上

6.2.2 假冒

在因特网上假冒是很容易的，并不仅仅是因为容易注册一个域名地址和邮箱地址，而是因为很困难去追踪你实际所在处。因特网遮掩流量起源的能力被不法分子利用去掩盖他们假借授权使用的行为。在现在商务旅行常规化的时代，来自不同城市的授权用户每天进行多种访问模式。这些用户之间的通信随具体访问业务目的的变化而变化。

对于一些人来说，很难去辨别网络用户和真实的人。真实的人具有身份。对应的哲学概念可能称为"自我"，"灵魂"或"心灵"。一个更真实的概念就是人类在与其他人的社会关系中的所处位置，由母亲而生，属于某个地区，有个姓名代号并持有与那个名字有关的各种文档。假设我们都认可这个真实人的定义并把它叫做身份标示，我们把网络空间的身份标示叫做数字 ID。数字 ID 和身份标示相比是一个完全不同的概念。核心是数字 ID 是计算机数据库中的一个字符串。这个字符串是由很多的 1 和 0 组成。一个个体使用可能相同或者可能不相同的字符串去登录一台主机，这个字符串通俗地称为"登录账号"或"用户 ID"。那个数字 ID 被存储在数据库中以至于这个 ID 能够被自动和其他的字符串相关联。这个其他字符串其中之一通常是密码。密码并不是标示符，它是被识别或者是已识别标示符的一个匹配函数。在计算机安全的早期，密码能够被共享变得显而易见，简单拥有一个数字身份并不总是和在键盘背后这个个体身份相符合。身份验证的强形式被开发出来并被分为三个要素：

- 你知道的；
- 你拥有的；
- 你是谁。

密码是你知道的，并且如果你知道密码就会让你进入大部分的主机系统。但是一些系统需要鉴定第二或者第三个因素：你拥有什么，这可能是一个手持令牌，比如一张智能卡；或者你是什么，这可能是一个生物识别方法像指纹或者视网膜图案。一个系统需要验证的要素越多，验证就越强。大多数的管理员用户只有尽可能低的身份验证因素，所以在计算机和一个真实人之间的数字验证相关性是非常低的。一个登录字符串标识着一个用户，与一个验证因素相结合，通常被称为"证书"。从这方面来看，显而易见，证书可能是被用于假冒的东西，做这样的一个假冒尝试似乎比其他类型的假冒更难。

在因特网使用之前，对于电子商务来说，公司需要消费者通过书面签名同意交易。当这些交易最初被转换到因特网上时，交易信息将被填入到一个网上表单，这个表单被打印或者传真给交易对方。软件安全企业对于在因特网上用数字签名来验证交易预期的要求就是签名。这种技术中最具有发展前景的是加密技术，正如在第 6.2 节所描述的公私钥密码学。为每个使用公钥密码的用户创建分割密钥。用户公钥会被放置在对于任何想验证签名的用户可以直接访问的地方。私钥将会被个体保管着，他们的"数字笔"是使用一套数字签名算法。这项技术允许用私钥签名的文档能被公钥来验证。在许多电子邮件数字签名实施方案中，私钥被保存在主人桌面上的一个文件中。这项技术提供比你知道的更多的东西，但是它仍然依赖于那个能够分享的文件，所以它不能算为验证的第二个因素。也就是说，在同一时间两个人可以有相同的文件，所以一个人仍然可以假冒另外一个人。当然,一个人也可能伪造亲笔签名。使用一个私钥文件结合算法的行为被称为"数字签名"文档。

然而,1999 年的数字签名法案、全球电子签名以及 2000 年国家商业法案被通过的时候,除了简单的登录名和密码,不需要任何的身份证明,所以凭借私钥和身份验证的第二个因素的加密算法的压力被减少了。这打开了在线电子商务交易的大门。它还降低了电子商务模拟的门槛。身份盗用是美国联邦贸易委员会自 1999 年以来收到的头号投诉。

另一种复杂的假冒是诽谤。在因特网上进行诽谤非常普遍,以至于它已经催生出为了电子商务的名誉修复和恢复的新的业务模式。对于隐藏在网络中的匿名或者假冒的诽谤是没有问责制的。目前尚无不良影响,只是因特网用户通过发布难以反驳的虚假信息而获取利益。

数字身份只是计算机中的字符串,甚至没有与其相关的个体。事实上,大多数技术都是基于数字身份构建的。这是一个典型的默认管理用户,但也可能是专门配置以展示产品技术特性的用户。这些现成的数字身份被称为"通用 ID",它们不属于任何人。通常,通用 ID 在产品的整个生命周期都保持着默认密码的配置。这些被不法分子所了解,经常被用于假冒技术管理员(见表 6.2.2)。

表 6.2.2 网络安全政策——假冒

政策陈述		解释	争议的原因
6.2.2.1	所有的因特网通信应该归因于一个独立的个体	这项政策将要求识别和认证作为因特网连通的一个条件。不允许匿名访问	任何人都没有理由匿名使用通信网络。网络攻击可能来自网络中的任何位置,这项政策将允许即时识别网络攻击的来源 目前的因特网是这样的地方:在这里兴趣相仿的团体允许匿名会员进行言论自由、无拘束地讨论而不必担心受到惩罚。这项政策将破坏这些自由 这项政策只有在非常关键的网络,如军事或工业控制系统中,才具备社会和经济意义。它应当被设置在企业层次,而不是因特网层次 匿名访问允许个人和政治对手无原因地进行诽谤 在很多情况下,个人访问因特网只是几分钟的事,比如,在酒店中打印一个登机牌,或在图书馆中查找一本参考书。禁止匿名访问将会造成意想不到的后果 因特网连接协议只能识别可路由地址的计算机,且许多不可路由的地址共享相同的可路由地址。在没有公开每个个人地址的情况下执行这项政策是不可能的,并且在目前还没有足够多的可用地址 这项政策将需要一个新机构以公—私密钥对的形式公布网络 ID。没有私钥的个人将会被限制参与电子商务,例如,如果他们的私钥被损坏或者是他们只是避难者 这项政策需要全球识别系统,这样的系统目前并不存在,所以无法实现 这项政策应该在全球范围内实现 IPv6 的关联,并要求每一个个体去注册,且使用唯一的 IP 地址

（续）

政策陈述		解释	争议的原因
6.2.2.2	因特网上的虚假身份应当被禁止	用虚假身份注册服务，或用与真人不相符合的名字在网站上进行注册。这和匿名访问是不同的，这会留下以虚假姓名进行相关活动的一些踪迹，而匿名访问却没有	身份虚假就是欺诈和操纵。不应当进行这样的通信 对发布个人观点后果的担心为使用虚假身份提供了足够的理由。它允许以别的方式限制个人在感兴趣的问题上的通信自由，这对精神或身体健康也许是必要的 如果这项政策被执行，那些受迫害或被跟踪的个人，不论迫害者出于政治原因还是个人原因，为了使用因特网必须暴露网络身份及个人联系方式，因此这样能够有效地阻止他们
6.2.2.3	持有与他人数字身份相对应的证书，应当被禁止	这是一种假冒形式，称为“账号劫持”，不同于虚假身份的是，证书对应于真实的个人，而不是那个注册发行证书服务的人	在登录被用于实施身份窃取之前，这项政策将禁止网络登录市场，并提供执法手段进行起诉。证书不能被偷走，因为所有者实际上并未丢失它们。账户不是被劫持，仅仅是被借走 证书经常出于经济原因被共享，当人们共享下载网站的访问权时，他们使用并不频繁，所以每个人都可以共享分配账号来完成下载。这项政策会产生意想不到的后果，使每个用户购买账号 这虽然对供货商有利，但却限制了消费者的权利 当执行官将任务委托给执行助理时，证书通常被有目的的共享。除非技术的发展允许这样使用，否则这项政策为了方便起见可以被忽略
6.2.2.4	在所有司法管辖区内，一个人使用他人的可识别个人信息注册因特网服务或网站应当是非法的	这是一种假冒形式，不同于使用数字身份的是，对应于输入信息的真实的人完全没有注册服务或网站	尽管这项政策可能已经在金融服务行业产生了影响，比如说用别人的名字贷款，但是也有一些其他的情况，为了创建一个完整的身份，恶意用户使用他人信息进行注册，比如，犯罪分子使用儿童的社会安全号并创建完整的因特网身份在国际上旅行 这项政策是必需的，它阻止了对个人社会关系和政治关系采取社会工程手段。这些社会工程技术经常被用来收集启动网络攻击的信息，所以执行这项政策将会阻止网络犯罪 个人总是有目的地接入因特网，正如因特网上做广告的名人。只要这种做法是普遍的，它可以用于为违反政策进行辩护
6.2.2.5	国际和国家标准组织应当发布身份担保评级标准，并且需要在电子商务网站上进行标注	国际和国家标准组织目前发布了一系列的认证技术，但并不是目前消费者可读的评级模型。相反，它们是针对系统所有者的实施指南	这项政策将建立一个急需的标准，帮助电子商务企业确定各种软件供应商声称的安全识别用户的准确性 像食物标签，安全技术内容的公开将会帮助受教育的消费者区分安全的和不安全的网站。预期的副作用是产生对电子商务市场的偏好 许多网站发布安全封条密封，这通常意味着他们已经购买了指定的安全软件产品或服务，但是对于这些安全工具的独立认证还没有统一的标准。这项政策将为解释网站安全需求提供指导方针 这项政策是美国联邦贸易委员会的领域，而不是国际和国家标准组织，比如国家标准和技术研究所 网站可能提出安全需求，却并没有正确实施。在没有执法规定的情况下，这项政策是无意义的，且在所有网站上执行安全标准的工作超出了政府的范围

（续）

政策陈述		解释	争议的原因
6.2.2.6	使用电子邮件地址发送证书信息或个人可识别信息应当被禁止	正如在第6.1.4（译者改）节中所描述的，邮件并不是一个安全的通信方式，然而它却常常被用于发送敏感信息	邮件通常以明文传输，在到达目的主机之前要经过几个中间设备。它通常以未加密的形式存储。通过电子邮件发送个人身份验证信息相当于公开暴露个人身份验证信息 使用电子邮件不是问题，电子邮件不安全才是问题。与其采用这项政策，倒不如对保护电子邮件的所有政策进行调查 有关信息盗窃风险的决策应当由个人或企业自行裁决 对不安全协议使用重置密码是减少身份验证免遭窃听的最简单的方法
6.2.2.7	软件操作所需的通用ID应当仅由软件的购买者/所有者访问	通用ID通常允许管理员访问软件，这项政策将防止供应商从交付软件中获取通用ID的预置密码	交付软件的访问密码对于软件用户团体是公开的，这相当于交付一个带有已知安全漏洞的软件 预置初始密码使产品易于使用。想要提高产品安全性的用户可以选择改变这些密码

6.2.3 合理使用

在软件行业，最终用户许可协议（End - User License Agreements，EULA）是软件开发者或发行者授权用户使用特定软件产品时的规定。这些规定通常限制了用户复制软件的权限和厂商对软件操作失误的责任。这些协议通常以自动方式在用户安装软件时弹出。他们的条款模糊不清，并且有时候他们可以在任何时间改变其中的任何一条，而用户仍然为这些条款所限。只要可能，软件供应商就试图加强带有自动许可认证技术的最终用户许可协议。

软件许可认证的一个常用方法是利用“phone home”，这是一个口语的表达，用来指软件访问软件供应商网站的能力。phone home 的功能是检查软件安装属性与供应商购买记录。例如，如果一个购买者在多于 EULA 所允许的机器上安装了这款软件，那么这款软件本身可能会自动禁用。phone home 也用于检查补丁和更新，在这种情况下可以自动更新，或者提醒用户去更新软件。phone home 更为隐匿的使用是被间谍软件利用，上传它所观测的主机的数据。phone home 不仅仅限于传统的计算机和服务器，它们同时是移动设备标准操作程序，并被纳入支持工业控制系统的软件中。

Phone home 的另一个功能是命令和控制功能。命令和控制功能允许中央管理员控制多个计算机上的软件。每个被控制的主机被配置用于监听网络，也就是说，网络监听是一项技术，软件使用此技术用来对因特网查询发出警告。网络监听功能结合主机网络地址和子地址或端口地址，这些地址通过计算机操作系统对软件进程进行分配而得到。通常一台主机有 64K 个端口，这些端口分布于软件进程中，控制软件选择一个普通程序并不使用的端口。恶意软件的命令和控制功能有时候被称为“老鼠”（RAT），远程访问工具（Remote Access Tool）的首字母缩写，这一工具传达出其目的。

描述这些功能是为了强调：无需告知个人，却能够在其计算机上安装 phone home 或命令和控制功能，这就为合理使用提出了政策问题。这些功能不仅被软件供应商安装，也被广告提供商、电子商务供应商和工业控制系统集成商所安装。由于这些程序经常在用户不知情的情况下被安装且/或自动运行,这种情况提出了非法使用计算机资源的问题。因此,即使个人数据不被 phone home 或者命令和控制软件所收集,仍然要考虑将网络安全政策问题从数据隐私问题中分离。

本节的其他问题关注企业中的合理使用政策,考虑到计算机的所有者和操作者皆为企业,在某种意义上,期望计算机为企业任务服务是合适的。合理使用属于技术中立术语,也许需要随时间而调整。一些国家——但不仅仅是那些对因特网进行审查的国家——可以在合理使用和网络犯罪之间划出一条比其他国家更精细的界线。在本节和下一节网络犯罪中,我们根据美国主流文化划出了这条线。在美国,政治演讲是合法的,尽管有时可能不恰当、近乎非法,例如,煽动歧视或暴力。相比之下,描绘儿童的色情内容在任何文化下都表明网络犯罪,所以这部分属于下一节内容(见表 6.2.3)。

表 6.2.3 网络安全政策——合理使用

政策陈述		解释	争议的原因
6.2.3.1	在没有得到机主同意的条件下,向计算机中安装任何软件应该被视为侵入	对因特网网站来说,在用户不知情的情况下,向用户主机安装软件是常见的	从消费者的观点来看,恶意软件和广告软件并没有什么不同。二者都是消耗计算机资源和侵犯隐私 在用户的计算机桌面上运行一些不显眼的软件有合法的商业目的。例如,有时候,技术产品特性(比如打印机和其他的外围设备)并没有表现出预期功能,或用户计算机桌面上有相应软件而被限制使用。对于用户来说,自动安装这类有用的软件让使用更方便,而不要弹出窗口来打扰用户 当软件公司按合同为具有高可用性需求的重要软件提供软件支持时,例如,工业控制系统或电子商务支付系统,软件服务供应商应该制定最合适的方式来提供支持。利用现场软件安装数据是一种常用选择,因为它能帮助供应商确定特定场合中软件可能出现的问题 为了在营销活动中识别潜在客户,电子商务广告依赖从消费者的计算机中自动收集数据。这是一种针对消费者的信息服务,从消费者的因特网活动记录可以看出哪些商品是他们所感兴趣的 表示同意是个概念,需要进一步定义。弹出的窗口经常是用户在不注意的情况下点击的,更不用说对窗口中的文本表示同意。然而,用于请求用户同意时,这类机制应该被更合适的机制所代替
6.2.3.2	软件公司应当禁止默认的 phone home 功能	phone home 功能作为典型的 EULA 的一部分,这项政策将限制用户对其许可的覆盖面	计算机用户有权控制计算机的通信。如果软件公司显示消费者从 phone home 的特性获益,那么就能够充分激发消费者安装的积极性,而不是在消费者不知情的情况下进行安装 这项政策的实施将限制软件公司的无缝安装更新,这些更新通常是用户需要的,旨在实现购置软件的利用最大化,也包括一些关键的安全补丁 因为软件可以通过复制来盗版,phone home 特性是供应商了解软件是否被盗版的唯一方式。他们通过发放许可证来进行控制

（续）

政策陈述		解释	争议的原因
6.2.3.3	软件公司应当禁止对消费产品进行指挥和控制	这项政策将禁止软件供应商远程访问用户桌面	无论安装什么软件，没有任何理由向他人拥有的计算机发送命令 为了有计划地积极维护，软件支持过程经常查询运行可支持软件的计算机来确定状态
6.2.3.4	为某个产品安装的软件不应该安装或试图安装在其他产品上	通常某个软件产品的安装是一个软件包，其中包含用户可以选择安装的其他产品	供应商通过将所有程序安装在菜单中，尝试扩大他们在一台用户机器上的占有率，如果用户尝试使用并未购买的产品，将会提醒用户购买许可证。这是一种不请自来且不会消失的广告，为用户增添烦恼并耗费计算机资源 软件公司让消费者意识到：通过已经选择的更具兼容性的附加产品提高了生产效率，而这项政策会对软件公司的这种行为进行限制
6.2.3.5	软件不得在用户不知情的情况下运行	软件产品的安装通常是在计算机系统启动或重启，或在用户登录时进行设置	用户选择安装一个软件产品，并不意味着他们希望每天都运行它。用这种安装方法的软件浪费计算机资源，并使其他用户更需要的软件变慢 用户经常忘记如何启动软件，软件的持续运行减轻了用户记录和记住细节的责任 还没有一项技术能够允许用户自己决定计算机设备上运行什么软件，并且什么时候运行。一旦用户安装了软件，期望是一直运行，如果软件不是一直运行，用户会认为软件遭到了破坏
6.2.3.6	所有允许运行的软件具有 phone home、命令和控制功能的计算机操作系统，应当让用户决定是否启动	这项政策将允许软件公司去使用这些功能，但是只有用户能够配置它们	这项政策将允许软件公司就如何使用这些功能直接和用户取得联系。对用户而言，禁用这些功能意味着只有对用户有用的功能才能被接受 任何用户可配置的项目也可以通过恶意软件进行配置。对用户来说，这项政策将不会使用户受到更安全地保护。这些功能应当完全被禁用
6.2.3.7	允许员工因个人原因使用计算机的企业应当为合理使用设置指南	这项政策承认，当公司用户使用公司计算机时，他们获得的权限可能是不合理的	在公司用户以不合理的方式使用计算机时，公司应当为其行为负责 除非公司鼓励不当行为，否则他们应当阻止在工作场所发生这样的行为
6.2.3.8	个人使用不属于自己的计算机时，即使表示正当的使用目的，也应该限制他们对计算机的使用	这项政策与之前的类似，即企业计算机应当服务于企业，但是它认为用户有责任了解底线在哪里	默认情况下，他人的财产应当受到尊重，且这项政策禁止违规乱用，未被授权使用计算机的好处就是计算机的所有者将为使用者付出代价 正在访问的计算机被假定可以进行所有的访问功能。所有者应该去限制功能而不是去限制使用者的活动 对于公司员工，相比于小任务工作中的小娱乐所产生的花费，必须改变计算机去执行快速的个人任务在时间方面产生了更大的浪费

（续）

政策陈述		解释	争议的原因
6.2.3.9（原文为6.2.3.8）	个人应当禁止不经同意披露他人在线的信息。	这项政策宣布“doxing”是非法的，这意味着让令人难堪的事情公开或破坏他人在因特网上共享的个人信息。黑客已经从社交网络的网页中推断出目标公务员的令人难堪的细节，如警察和消防队员	通常有很多来自朋友和家庭的压力，这就促成了社交网站的兴起，但是任何个人信息披露都有可能把公众的信任处于危险中。这项政策将为这些人提供无所畏惧的保护 在新闻业，“doxing”是完全合法的。这个政策太广泛，以致于限制了言论自由 每个人都应该为自己的声誉负责，尽管它可能在公众信任方面提供社交网络指导，但这项政策是不必要的
6.2.3.10（原文为6.2.3.9）	因特网不应用于激励歧视	这项政策旨在减少因特网可能用于传播诽谤的概率	这项政策可能会由于限制许多功能而导致意想不到的后果，且批评是因特网最重要的功能之一 这项政策对于在社交网络上煽动歧视和谣言的人是一种战略威慑 每个人都有自己对于什么是不恰当的、好玩的或暗示性的歧视的标准。这项政策的类型太广泛，以至于只能对已经造成损害的个案进行裁决
6.2.3.11（原文为6.2.3.10）	国家应该言论一致，解释政治政策，并在因特网上积极传播	叙述等同于讲故事，并帮助人们理解和欣赏文化问题	这相当于在广告活动上花纳税人的钱 其他国家利用公共关系成功地促成贸易。恐怖分子擅长散布虚假信息，这些信息目前没被立案。有意识的努力发展和传播友好的言论应该是网络安全政策的核心竞争力

6.2.4 网络犯罪

网络犯罪指发生在网络空间的任何犯罪行为，包括对人身权和财产权的侵权行为。通过网络犯罪对人身权的侵犯包括侵犯言论或宗教信仰的自由、侵犯隐私权或者引诱未成年人犯罪。正如在上一节对合理使用的讨论，在网络辩论和网络欺凌之间有一个区分的界限，这条界限不是每个人都以相同的标准去划分。不当使用可以被看做一个光谱，在光谱的一端，是一个冒充十几岁骚扰其女儿对头的妇女，光谱中间是骚扰同性恋朋友的大学生，光谱的另一端是直言不讳地诋毁少数民族的电台节目主持人。虽然这些行为都被认为已经超越了不当使用的界限，但是对于这些案件是否都应该起诉，还没有达成一致。法律与可能发生在网络空间的多种多样的犯罪行为相比，总是滞后的，某种行为不一定被认为是非法的网络犯罪。网络犯罪行为可能在司法管辖领域是非法的，但是在其他地方则不是。而随着这些问题的演变，判例法和社区参与将有助于定义网络犯罪。

网络犯罪针对于财产权包括，但是不限于：毁坏，破坏，扰乱或挪用财产。然而，并不是所有的网络犯罪都是新型犯罪。他们可能只是传统的犯罪，自动运行后更加有效。例如，信用卡盗窃起初被描述为偷取信用卡的物理行为，并在实体零售店使用被偷的信用卡。如今，信用卡盗窃通常是通过偷取个人信用卡的相关数据来完成，并使用这些数据进行网上购物。两者的区别是：前者用手完成偷卡行为，后者偷取数据后，用手点鼠标，完成购买、收货行为。

像信用卡盗窃这样的犯罪行为是使用专业软件来实施的，这些软件使大范围盗窃形成规模，这就是"有组织网络犯罪"。实施犯罪所必需的步骤中的专家提供雇佣服务，创造了地下经济。例如，图6.3描述了有组织网络犯罪产业中多种角色和产品之间的联系(BITS 2011)。图6.4分析了有组织网络犯罪中每种角色所承担的风险和获得的利益。这些角色在参与网络犯罪活动时，所承担的风险并不相同。许多人声称自己是合法的商人，如枪支经销商，他们并不需要为客户所犯下的罪行承担责任。寻找软件安全漏洞的缺陷的黑客们对零日漏洞(Zero - Day Vulnerability)市场起到了推波助澜的作用，而软件所有者却并没有意识到这一点。他们把软件漏洞卖给设计软件的人，这些人能够利用漏洞攻破系统。每一个漏洞利用都是一个单独的恶意软件单元，这些单元被整合成为一个组件，允许犯罪分子用其感染主机创建僵尸网络。这些僵尸网络被用于实施犯罪行为，被称为CAAS，意指"犯罪即服务"(Crime as a Service)，这些服务包括所有犯罪行为，从密码获取到实施拒绝服务攻击等。

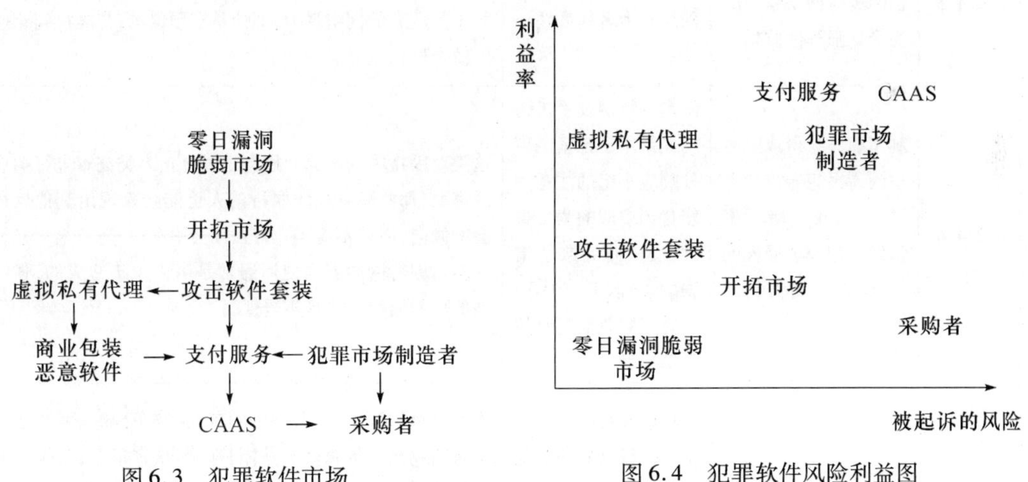

图6.3 犯罪软件市场

图6.4 犯罪软件风险利益图

通常，有组织网络犯罪也可能指利用自动化技术促进网络诈骗的任何情况。据一些专家所言，对线上赌博游戏的操纵更为典型，当被抓住作弊时，线上赌博公司宁愿支付微不足道的罚款，也不愿停止线上交易，毕竟赌徒所带来的利润和罚款相比要多得多(Menn 2010)。甚至线上技能游戏的玩家通过逆向软件实施骗取奖励，这不是通过游戏技能获得，而是通过狡诈的方式获得。采用逆向软件玩游戏的玩家经常运用自己的知识进行欺骗，就像在扑克游戏中记牌那样，甚至比之更为有效(见表6.2.4)。

表6.2.4 网络安全政策——网络犯罪

	政策陈述	解释	争议的原因
6.2.4.1	因特网不应当用于激励针对人员或财产的暴力	这项政策旨在阻止人们使用因特网去表达直接的暴力行为	诗歌和修辞语言经常使用比喻和成语来表达观点和信仰。并不是所有的暴力性语言都为了煽动暴力，也无法证明这一领域的犯罪意图 为了犯罪的目的，利用因特网进行消息发送，将大批人群聚集在某个特定地点，被称为“快闪族”，这是对所聚集的受害者自由的侵犯，且这些人的权利应当大于犯罪分子言论自由的权利 仅仅是因为某些人对一些言论反应强烈，不能认定是作者的责任。只有行凶者才要为他们的暴力行为负责
6.2.4.2	在因特网上遭跟踪、欺负、敲诈和骚扰的人应当能够根据法律宣称这样的行为属于骚扰	这项政策赋予个人权利去申报类似于骚扰因特网行为，而不是忍气吞声	对网络欺凌或骚扰的一个典型反应是：犯罪者不能理解或预测其对受害者造成的影响。这项政策造成的一种情况是：在受害者声明后继续骚扰的，毫无疑问就是罪犯 这项政策将让所有公众人物停止因特网对其活动的新闻报道
6.2.4.3	利用虚假身份或匿名访问进行网络暴力应当受到强制性监禁	这项政策将会增加对网络暴力者的处罚	掩盖身份去骚扰他人的人进行有明显的犯罪预谋，且意识到他们的行为是不恰当的 并不是所有的网络暴力，即使是有预谋的，都能得到相应的监禁刑罚
6.2.4.4	利用虚假身份或匿名访问谎报犯罪或紧急情况，以及目睹了事情发生却没有报告的人，应当受到强制性监禁	匿名因特网及手机访问经常用于把紧急事件响应小组的注意力转移到虚假的紧急事件上，从而导致了错误的逮捕，且造成面对真正紧急情况时的资源不足	这类对因特网的不当使用忽视对真正人类灾难进行响应的需要，那些犯下如此罪行的人可能会表现出其他反社会的倾向，所以不应当允许在社会中存留 这类对因特网的不当使用通常是由青少年造成的，强制性的时间监禁可能是不当惩罚
6.2.4.5	为网络罪犯洗钱的金融机构应当从网上金融服务行业中取缔	这项政策将阻止金融机构进行已知的重复交易，犯罪分子通过这样的交易行为隐藏利润，把资金转为合法的投资	作为金融机构，从犯罪分子的存款和高价的金融交易中挣得的利润比犯罪分子被抓时的罚款多很多，仅仅因为罚款的话不足以使金融机构停止交易 实际上，洗钱永远不会停止。金融机构针对洗钱有了审查规则，只要付出努力去防止，就不应当为他人的罪行承担责任
6.2.4.6	应当建立儿童网站中央注册中心，并不允许成年人进入	这项政策将需要针对儿童的网站，满足能够识别所有参与者标准	目前对于成年人开放的网站儿童都能接触到，不管身份真假，都会造成不受监控的网络犯罪。这项政策向父母提供了一种在网上和孩子进行无拘束交流的方式 执行这项政策的技术花费是高昂的，除非由地区或政府资助，否则将可能只有少数精英人士使用

（续）

政策陈述		解释	争议的原因
6.2.4.7	禁止使用隐写术隐藏色情图片	隐写术是一款软件，用于结合两张图片的内容，只有使用特定的图片查看软件才能被看到	隐写术的使用可能在某一天会给社会提供福利，这项政策不应该是用立法限制技术的使用。如果一项政策有理由去限制隐藏色情图片的隐藏过程，它应当更具普遍性 使用技术手段隐藏色情图片可能确实有好处，能保证对其反感的人远离那些图片
6.2.4.8	现有的国际组织——像 NATO、ASEAN、OAS、EU 和 AU——应当将网络犯罪作为审议和条约中的一部分	这项政策将鼓励国际组织去接受网络犯罪的解决方案，就像对于任何问题，他们都需要国际间的合作解决	即使确定了网络犯罪，通常也很难去起诉，因为许多国家为其公民提供了安全港。这些是政治和外交问题，应该由政治家和外交家解决 有时候，国际组织的工作就是为了维护最小的共同利益——所有国家都能接受的最平淡的声明，这可能是为了最终远离现状，并尊重彼此的法律。像这样的协议将是一个退步，一些调查显示了国与国之间的政府合作领域水平 这些组织在消除恶意庇护，及改善政客和官僚对网络犯罪的理解上发挥了关键作用
6.2.4.9	国家应当成为“网络犯罪公约”的缔约国，鼓励其他国家一同参与。国家应当批准额外需要的法律使网络犯罪承担刑事责任，然后执行公约	网络犯罪公约最初起源于欧洲委员会，是一个协调法律的国际性条约，国家应当宣布因特网上的恶意活动是非法的，并设置合理的最低内部标准（如要求响应执法合作）（CETS 2004）	随着越来越多的国家加入到该条约，对恶意行为掩盖的场所将会越来越少 公约通常被视为“欧洲”标准或条约，对于缔约国来说，这些条约可能招致爱国抵抗
6.2.4.10	各国政府应该考虑出版非保密的、周期性的对国家网络安全的威胁评估	这将要求国家性机构结合每年的调查结果，以适当的分类形成综合报告。报告应当特别强调对重要基础设施、骨干网络和工业控制系统的威胁	规划和保护需要信息。为了建立一个威胁基线去帮助企业意识到管理的威胁和获取适当资源的威胁，像这样的报告是非常宝贵的 如果写得不好，没有对保护私营部门进行承诺，报告中大多数的信息要么水平过高，要么水平太低（为系统安装 x、y 和 z 补丁）
6.2.4.11	各国政府应该确定和协调部门、地区及地方网络安全相关的组织的合作。如有必要，政府可以用资金或直接支持提供最佳组合	有大量与网络安全相关的组织，许多是自愿的。范围从 ISSA 或 ISACA 到信息共享和分析中心（ISAC），甚至是暗影服务器基金会（ShadowServer Foundation）和 SANS 因特网风暴中心	许多有价值的团体可能（或已经）缺乏短期资金或其他政府合作。在地方层面上没有足够的组织给需要的人提供网络安全专业知识。这项政策将为地方的安全信息资产和打击网络犯罪提供专家援助 有许多网络安全相关组织，一些只不过是当地志同道合的爱好者组成的俱乐部或是特定公司的技术专家

（续）

	政策陈述	解释	争议的原因
6.2.4.12	网络安全威胁及信息漏洞应当以一种明确的方式共享，这种方式使隐私最大化和责任最小化	这项政策要求报告漏洞，尽管在可怜的网络上去分享信息对公司来说有明显的阻力。这项政策意味着移除信息分享的障碍	访问有关威胁的信息和响应漏洞并不容易，对网络安全的风险进行充分评估是不可能的。对分享威胁和脆弱性信息的程序进行定义，将造福社会 这项政策将为公司提供一种简单的方法，避免承担软件产品开发及信息处理程序中的过失责任。通过使用安全实践，阻碍责任规避，正如只有当公司的安全漏洞被利用后，才会进行信息披露。现存的国家漏洞报告网站充分覆盖了当前信息共享的需求 一旦漏洞信息共享，恶意团体将设计利用，以此进一步削弱受害者的安全。漏洞信息应该保密
6.2.4.13	国家应该创建国家计算机紧急事件响应小组，提供24/7联系，通过分享最佳实践和其他方案帮助企业应对重大事件和隐患，并提供网络空间态势感知	这项政策将关注：快速确定事件、国家内部及国家间的合作以及对事件的快速响应	现在全球性的期望就是国家不仅有实施这些标准功能的能力，而且每个国家能够显著改善安全和响应 虽然只是一个重要功能，国家CERT需要人员、培训、资金和其他资源。为了确保效率，国家需要确保这样的团队遍布关键领域，如工业控制系统、域名系统或其他关键技术领域
6.2.4.14	国家应该确保法律执行、检察官和法官有足够的专业技能和用于调查及应对网络攻击的工具，并起诉网络犯罪	有很多组织参与了调查、起诉、判决网络犯罪，从地方警察（市、县或州）到国家警察，各级检察机关和各级法官	通过法律定罪恶意网络活动是不够的。各地执法系统必须有培训和工具，以确保法律有效实施 如果做得好，这会成为一项长期（且潜在代价高昂）的工作，帮助地方和国家警察、法官和检察官理解这一新领域的犯罪
6.2.4.15	根据攻击细节，国家应当从技术上、刑事犯罪上或国家安全角度来准备应对网络攻击	攻击可以是这三种形式中的任意一种，且国家需要具备思维定势和能力，发现并做出适当响应	这将给予国家在响应方面更大的灵活性，同时包括所有针对国家防御措施的网络法律的执行 国家资源的缺乏需要将这三者之间有限的人员、技术和资金进行划分，去处理攻击
6.2.4.16	国家政府应当考虑为大范围网络攻击的受害者提供援助，就像他们因为“自然灾害”而遭受了损失	这项政策将大规模的网络攻击带来的破坏比喻为像飓风和洪水	网络攻击的受害者由于破坏所受到的影响不少于同一台计算机受到的物理损害 这项政策允许政府以紧急支持的方式去援助企业和个人，例如，发放贷款恢复业务环境 这项政策对政府具有深远和未知的经济影响，可能被错误地用于为每一款新的恶意软件追求索赔。援助和支持应当只为大灾难保留，这和现有的保险政策之间有差距 不应该为恶意软件提供这种帮助（即使破坏很严重），除非这种损害等同于物理自然的灾难

（续）

政策陈述		解释	争议的原因
6.2.4.17	国际电信联盟（ITU）应当专注于国家网络安全的能力建设，包括正在发展的计算机紧急事件响应小组、安全（尤其是骨干网络）培训和教育、国家援助策略以及类似的努力	ITU 有很多可能的途径参与网络安全。这项政策将该组织放置在能力建设的关键位置上，尤其对于发展中国家，重视发展和安全优先的国家	亚洲、非洲和拉丁美洲的人正在第一次进入互联网，应该有一个干净的网络空间来等待他们。ITU 有着悠久的历史和传统，正参与着全球的电信工作，并正在集全球之力来改善网络安全。这不仅可以帮助发展中国家利用网络来改善经济，而且帮助其他国家整治恶意行为和来自于快速链接的国家的威胁 ITU，如同联合国中的任何机构，能够缓慢移动和适应新技术或国际条件的改变。此外，既然每一个国家只能投一次票，致力于人口审查的国家应当接管因特网的发展议程

6.2.5 地理定位

对网络犯罪活动进行调查的主要障碍是：不能确定个人用户的物理位置。尽管用户的行为发生在某个与因特网相连的计算机上，攻击的源地址很少是只有一台主机，即计算机和人类攻击者具有相同的物理位置。网络犯罪分子通过隐藏物理位置来遮掩犯罪活动。通过和物理犯罪的类比推理得知，地点或武器的所有者并不为发生在该地点的犯罪活动负有责任，即 ISP 和主机托管服务提供商并不为其网络中的计算机犯罪负有责任。如果类比延伸到协助及教唆，不同身份的用户可能要为相同的罪行负责。对消费者、软件开发者、网络管理员和社交网络身份强制执行问责制需要不同的司法功能。这些功能包括，但不限于，在用户和计算机层面识别网络链接来源的功能，确定什么样的物理路径支持网络链接的功能，了解网络软件更新来源的功能，确定软件的哪些改变可能影响到某台计算机的功能（Landwehr 2009）。在因特网中，所有这些功能都不到位，如果在非常关键的私有网络中强制执行只会更加困难。

因特网中有如此多的易受攻击的计算机，以至于计算机序列号一直被保留着，如同一个销售人员保存客户联系表一样。通过维护多个易受攻击的计算机证明，攻击者可以每发动一次进攻就改变一次路径。图 6.5 所示为僵尸网络攻击路径。为了追踪使用图 6.5 中路径的攻击者，受害者将首先能够访问僵尸网络中至少一台计算机，并且希望他们能够找到僵尸网络控制服务器。这取决于僵尸网络的配置，受害者一方的调查员必须观察进入和流出这台机器的网络流量、逆向僵尸网络软件，找到它的配置文件，或使用操作系统日志（通常在易受攻击的机器上并没有配置）寻找过去连接到僵尸网络控制器的证据。从僵尸网络控制器，调查员将会执行相似的步骤去确定攻击者曾经访问过属于托管服务提供商网络设备的计算机。根据攻击受害者和服务提供商之间的联系，受害者一方的调查员可能必须请律师发出传票，要求服务提供商提供攻击发生时网络设备上的活动记录。即使托管服务提供商是友善且在行的，一旦证据表明：他们的记录显示攻击来源于他们的服务器，他们可能并不情愿发布这个信息，除非法院命令强制发布。反过来他们将会把攻击源识别为一个更大的企业。由于这类企业在几个网络端口都是易受攻击的，包括内部和外部，所以不太可能有专业知识或所必须的安全日志去追踪边界内经过多次反射的网络链接。即使他们能够做到,也不太可能作为服务提供者去主动完成这件事,受害者一方的调查员可能必须发出另一张传票。公司企业提供的信息可以识别出被攻击者控制的僵尸机源头,僵尸机自己不可能有日志,也不需要逆向工程。

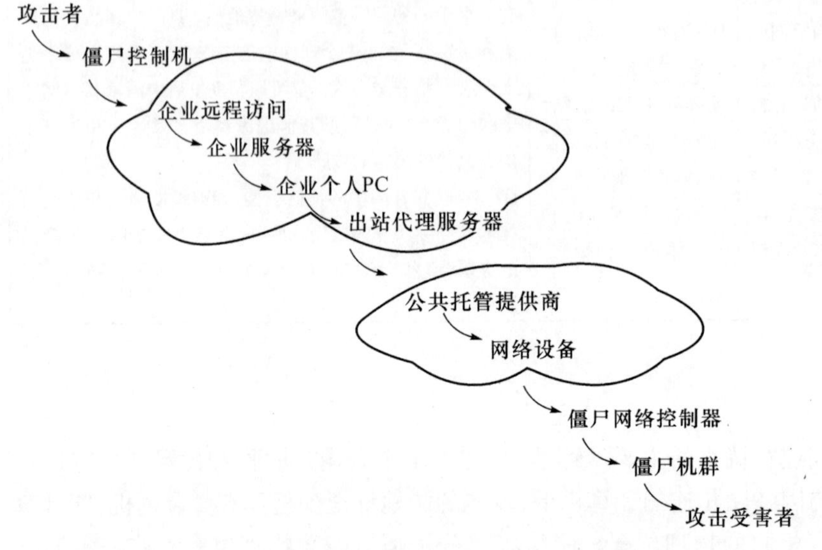

图6.5 僵尸网络攻击路径

如果攻击源头最终追溯到无线用户,那么确定物理位置的难度要么增加要么减少,这要依赖于用户移动设备的功能。如果这个设备是笔记本计算机,源头通常是一个无线接入控制点,设备和终端用户用无线协议通信,并通过一条地线接入因特网。受害者一方的调查员将不得不去无线接入点监听连接信号,寻找该区域所有计算机的无线信号,直到信号与攻击源的网络地址及攻击者位置相关。然而,如果用户使用的移动设备是手机,普遍配备了全球定位系统(Global Positioning System,GPS),那追踪的难度会大大降低。GPS是基于卫星的服务,允许设备查询其位置的经度和纬度坐标。手机上的GPS往往是自动运行,对地理坐标进行查询,并将数据进行存储,以供手机上其他应用来使用,例如提供地图和导航服务。识别具有GPS服务的用户物理地址的困难在于:远程访问这些数据,及用户始终是移动的。

网络攻击者依靠调查的难度和复杂性去掩盖他们的网络活动。即使这样的调查取得成功,待调查得出结论时,攻击者完全可以收拾行装,跑到另一个地点再次发动攻击(见表6.2.5)。

表6.2.5 网络安全政策——地理定位

政策陈述		解释	争议的原因
6.2.5.1	在因特网上故意隐藏自己的物理位置或帮助别人隐藏物理位置,这样的行为应该被判定为违法行为	这项政策允许匿名服务以及安装代理服务机器人掩饰互联网活动的来源	只有罪犯需要担心物理位置被识别。执行法律应当有权确定任何因特网位置来源,因为这有可能是网络攻击的源头 有很多正当理由去隐藏自己的物理位置,包括摆脱跟踪、家庭虐待和政治或宗教迫害。匿名服务为这些问题提供所需的解决方案

（续）

	政策陈述	解释	争议的原因
6.2.5.2	允许网络被网络犯罪分子使用的人应当被认为协助及教唆犯罪	这项政策要求所有的网络所有者识别每个用户，警惕其未经授权进行使用	当公司或个人允许犯罪分子侵占网络，二者将保护犯罪分子不被调查，并为他们提供网络大炮 未授权的网络访问风险已经向网络运营商提出了成本—效益的权衡问题。无论未授权的用户在哪里使用网络资源，他们的贸易都会受到影响。决定多安全才是安全，这样的决定因他们的目标而异 在网络上运行所有软件的花费将会使网络运营商破产。这项规定应当被修正，以减少由于过失产生的影响，反而适用于故意让犯罪分子使用他们网络的人
6.2.5.3	使用代理服务的网络运营商应当在内部跟踪用户的活动，并在执法中进行报告	这项政策要求企业为所有的因特网活动做出快速说明	这项政策将很容易地快速确定网络入侵者的来源，只要其源头出现在合法的企业网络 即使企业有这个能力也不能快速执行。内部网络活动日志的数量使得在没有刑侦分析的情况下进行分类整理是不可能的
6.2.5.4	无线网络运营商应当实现地理定位技术，以精确地找到每个无线使用者的位置	对无线网络的故障诊断设备包括信号三角测量和其他技术，这些技术能使运营商定位用户	这项政策将很容易地快速确定网络入侵者的来源，只要其源头出现在无线网络 这种技术还不成熟，并且难以对大型无线网络进行管理
6.2.5.5	任何移动设备的地理信息坐标在法律执行时应当是可用的	这项政策要求移动设备允许访问地理信息文件，如在移动设备上请求 GPS 坐标	跟踪犯罪分子的执法能力将会由于这项政策的实施得到显著提高 在用户不知情的情况下，提取用户移动设备上的地理信息坐标是侵犯隐私，并且为跟踪者及其他犯罪分子或不必要的追随者滥用信息提供了机会

6.2.6 隐私

为了使用因特网服务，信息必须流过服务和服务提供商之间的两个方向。这种技术机制提供了数据交换，获得来自两边的某些默认类型的信息。因此因特网和移动应用服务提供商免费得到了他们处理的一些信息。因为这些信息并不是向用户请求得到的，而是在用户不知情的情况下提供的，这就催生了一种新型的电子商务模式，其中所述的消费者并不是用户。

隐私是个人保护自身信息，并有选择性地进行发布的能力。信息安全是保护信息不被盗窃、未经授权进行改变或拒绝授权用户（即机密性、完整性和可用性）。本节对网络犯罪的讨论说明这种能力对于阻止身份盗用和跟踪是至关重要的，但这不是一个人寻求对自身信息进行控制的唯一原因。例如，涉及个人支出或浏览行为的数据可能提供了该人的爱好或人格特质，这些可能使其遭受到歧视。即使个人行为在数据上体现得并不明显，但数据往往与他们频繁交往的社交网络团体有关，并且这种关联性可能会导致歧视或尴尬。家庭环境中安全性不足的智能电表记录了用电行为，因此带有智能电表的智能电网技术也加剧了对隐私问题的担忧。一些安全专家和广告高管们总是轻松地说，“隐私是对色情影星和流氓而言的”。简短的评论说明他们对隐私需求不予理会，因为人们并不总是公开讨论自己的个人生活，而对个人网络活动详细数据的收集相当于参与这一级别的公开讨论，隐私需求对于这样的事实是不敏感的。“用户并非消费者”这样的电子商务业务的出现刺激了大规模数据收集服务的产生，不仅收集个人的正确信息，而且使用启发式算法对于个人属性做出有根据的猜测（Cleland 和 Brodsky 2011）。通过收集个人行为信息并利用其确定向用户呈现什么样的信息，服务提供商们进行复杂的尝试，使网页浏览用户体验个性化。为此，他们不仅要收集足够的个人信息，同时还要避免对隐私权的侵犯，然后使用这些信息去调整网站中的用户体验，这就对网站程序员确定的系统功能进行了限制，对于他们来说，个人概要属性参数文件才是他们最感兴趣的（Pariser 2011）。当这些个性化的菜单经常和广告捆绑在一起时，它们被称为在线行为广告。人们变得日益依赖于并不向终端用户销售的服务，比如搜索和全球社交网络。因此，他们对因特网的使用是受限的，除非他们提交了个人信息。这样的网站为了提升数据日益大胆，即使这些数据和提供的服务没有多大关系，比如 Twitter 要求上传联系人列表。

本节的政策以个人数据处理的透明度和问责制为中心。首先解决国家层面的隐私问题，最后是隐私权衡的个人选择问题（见表 6.2.6）。

表 6.2.6　网络安全政策——隐私

政策陈述		解释	争议的原因
6.2.6.1	各国政府应当批准法律来确保公司在执行事务或提供服务以外不能使用客户信息，除非征得客户的同意	对于公司而言，根据收集或购入的用户信息，把客户群信息出售给营销公司并（或）为用户提供定制服务是很普遍的	“请勿追踪”这类选项是消费者隐私权的重要组成部分。这项政策不仅加强保密，而且有助于阻止被攻击者盗用信息的扩散。由于客户本身从来不会与有危险身份的用户有业务往来，因此客户信息不应面临这样的风险 信息共享会为客户提供一些好处，特别是依据客户的兴趣爱好提供具有针对性的服务和定制的导航
6.2.6.2	国家应当在网络安全倡议中涵盖至关重要的隐私保护	网络安全倡议经常集中于行为的识别和跟踪上。这项政策要求这些倡议遵守隐私政策	精心设计的安全倡议能够很好地加强隐私，因为黑客和其他恶意行为不再获得隐私信息 根据目前的形势，对于一些人来说，隐私比安全更令人担忧。有时，他们会在隐私和安全两方面权衡，并且社会将不得不在个案基础上对这两个目标做出最好的权衡
6.2.6.3	国际组织应帮助各国协调信息分类工作，更好地处理国家之间在隐私法上的差异	不同的国家对隐私法的定义也是不同的，因为每个国家有其自己的法律、传统和隐私的权衡	全球性的标准允许改善对隐私需求的理解，提高公民隐私，且允许为跨国机构进行规模经济的信息处理程序 考虑到经济对电子商务的影响，在不同的国家之间进行这样的协调是不太可能的，所以没有显著的努力，盟国之间的鸿沟是不可逾越的。单一的、全球性的隐私标准很大程度上是不可能和不必要的；然而，国际组织也许能够有助于基本原则或分类达成一致，这能够使协调顺利进行

（续）

政策陈述		解释	争议的原因
6.2.6.4	各国政府应重新审视现有的法律，确定如何应用于网络安全，并决定是否有差距及需要更新（如在技术上更加中立）	这要求以国家标准审视网络安全相关法律。一些法律可能需要更新；其他法律需要提供新的解决方案来应对网络安全	这项政策将允许由社会学家而不是技术人员制定安全规则来保护隐私 网络安全相关的法律应被严格审查，一个很好的例子就是，1934年的美国国防生产法案和电信法案。通过这样的审查，调查结果、最终结论和建议应告知立法人员，提出新的法律或修改过时的法律。对过时法律的审查也经常导致隐私保护提倡者和安全从业者之间的冲突
6.2.6.5	隐私政策应发布在网站上，且应当遵守	政策不同于过程和程序，简单地陈述一个政策并不意味着有适当的技术手段来保障执行	现在的隐私政策是骗人的。作为消费者的评价工具，为了让这些政策有些许的价值，它们必须被规范 隐私政策在本质上不是合同，而是企业安全状况的陈述。软件使用的条目和条款由最终用户许可协议来进行管理
6.2.6.6	一个合适的网络管理员应提供让个人销售自己信息的方法，禁止其他的个人可识别数据售卖市场	尽管很多设备收集和贩卖个人信息，但允许它们从中获利的设备并不存在	因特网上有各种各样的方法来描述个人，没有考虑隐私提倡组织如电子前沿基金会（EFF）的建议情况下，不允许这样的行为 在网站上使用的信息是由电子商务供应商所收集，理应属于他们。只要个人的属性如姓名或（邮件）地址不被利用，这样的信息是有价值的，应该允许拥有者出售这些信息
6.2.6.7	每个收集用户信息的网站应使收集信息的区域可选，用户可以选择填写或退出	这项政策将使所有的网站遵守像金融服务现代化法案（GLBA）这样的金融隐私规则，其中的数据只能用于为客户提供服务	针对GLBA的退出政策经常制造麻烦且难以解释。出于健康保险隐私及责任法案（HIPAA）的隐私声明一般都被忽略，作为备选，签下它们意味着寻找其他卫生保健提供者。政策中的默认项应该是为了阻止未经过正式批准的信息收集，不需要用户选择退出 因特网上提供的任何服务应允许用户退出个人信息的收集，如果公司声称缺乏广告费用而使政策执行不下去，他们可以选择要求用户为该服务付费
6.2.6.8	消费者保护机构应禁止来历不明的个性化定制	这项政策要求把个性化看做个人可识别数据，目前问题主要集中在金融领域	网站的访问者没有为服务付费，所以他们不是网站的客户，因此不是被认为的网站消费者 对于消费者保护机构来说，在尊重隐私和尊重个性化之间设定优先权需要更高的透明度、用户设置控制、增强安全性、限制数据保留和用户同意和（或）公开的方法
6.2.6.9	消费者的设备不应配置phone home功能	为了向制造商或服务提供商提供用户和设备之间交互的数据，通常由手机、电子阅览器和游戏这样的产品来收集信息	这项政策允许消费者去使用设备而不必担心他们的个人信息在未来的某一天被使用，甚至避免广告商给他们发送大量的广告邮件 很多消费者自愿允许服务提供商监视他们的行为以换取更多个性化服务。这使得软件供应商公开加入phone home功能的数据字段更有意义

（续）

政策陈述		解释	争议的原因
6.2.6.10	自愿链接到不安全无线服务的用户应该对隐私没有要求	无线服务经常是以这样的方式提供服务：连接用户能够看到彼此的流量。一些地面站也提供这样的服务，尽管用户并未被明确警告这种可能性	网络的快速应用已经很难满足网络带宽的要求。安全功能的广泛使用将会防止用户窃听对方，这将会放缓所提供服务的增值 鉴于网络链接正快速成为个人生活的必需品，提供服务要求用户在生活和隐私之间做出选择是不道德的

6.3　网络冲突问题

在以软件、计算机和网络为手段或目标的网络空间中，网络冲突就是干扰和强制的标签。它的范围比网络战更广，包括网络空间中所有的国家和团体之间为了战略目标产生的冲突和强制行为。它包含国家为了安全目的在网络空间积极争夺的行为。并不是所有的网络冲突都上升到了武力水平，如大规模的网络间谍活动。网络冲突并不局限于国家和企业，也可能存在于任何人、关联不大的社交网络团体和形态各异的组织之间。人们因为政治目的或捍卫道德观念而发生的网络冲突，被称为“黑客主义”。任何关于网络冲突的讨论中，最关键的是：网络冲突并不是发生在计算机之间，而是在人之间。

为了战略目的，网络冲突时有发生，尤其是当国家为了争夺技术优势积极开展网络空间任务时（Adair，Deibert 等 2010）。这些冲突可能会或者可能不会上升到武力冲突水平，例如大规模的网络间谍活动或网络战。术语“网络冲突”，允许对单一民族国家和其他组织团体如何在大型网络空间抗衡展开更为广泛的论述，而只有单一民族国家之间发生具有重大意义的攻击时，才使用“战争”这个词。由于它涵盖了许多其他的敌对活动，因此有利于简化战争、间谍活动和其他形式攻击的概念，但这个术语仍然足以描述网络空间内或是由网络空间协助执行的暴力活动的本质。网络冲突的法律用语是“电子战”，这个术语更具限制性，因为它通常只用来针对网络空间既是手段又是攻击目标的情况。

本节讲述网络冲突的关键驱动力之一，网络空间中对知识产权的权利要求。知识产权上的冲突或明或暗，在这种情况下，被归类为网络间谍活动。网络冲突最极端的形式就是网络战。

6.3.1　知识产权窃取

虽然在第 6.1.3 节（原书有误，写的是 6.1.4）中讨论的版权和商标问题涉及了知识产权，但这些都和公司因特网的存在密切相关，因此这是与因特网名称及数量同等重要的问题。第 6.2.4 节中讨论的网络犯罪的许多方面涉及到了知识产权的窃取。在本节，我们认为竞争优势构成了对知识产权的威胁,如专利和商业秘密。

术语"高级持续性威胁(Advanced Persistent Threat,APT)"指一个装备精良的团体从多方面研究网络基础设施,包括网络、应用、人员及规律性,以识别、提取信息和/或暗中破坏一项任务、一套程序或一个组织的决定性因素为终极目标。正如美国国家标准技术委员会(NIST)所描述的那样,"高级持续性威胁:①在某段时间内不停攻击;②能应付防御者的抵抗;(3)并且确定保持执行其目标所需的交互级别"(NIST 2011)。最近的新闻显示许多大型跨国企业正在遭遇这类攻击(Jacobs, Helft 2010; Drew 2011; Schwartz, Drew 2011; Markoff 2012)。已经彻查了一些大案,调查发现:重要的数字资产在商业利益或之后的攻击计划中被挪用和盗用了(Alperovitch 2011)。然而,到目前为止,在这些案件中,并没有因为有确凿证据或成功的指控而使正义得到伸张。相反,从这些案件中得出结论,黑客们以复制生产线、从分发盗版娱乐节目中获取利益、破坏数据完整性和/或损毁物理设备为目的,定期获取知识产权收益。

许多APT攻击从社交工程开始,即说服掌握信息的工作人员泄露如何进入企业网络的方法(FS-ISAC 2011)。以社会工程师为代表的APT攻击者们通过社交网络联系工作人员,假冒朋友、家人和同事,以假身份如客户去测试密码。他们也可能亲自参与社会工程,与工作人员在商业旅途或其他公共场合会面,假装朋友和知己。这个阶段的进攻,称为侦察,是七层次模型中的第一个。完整的模型如下(Cloppert 2010):

(1) 侦察——社会工程和网络扫描,通过"phone home"恶意软件收集足够的信息去完成第(2)~(4)步。

(2) 武器化——设计恶意软件,对其进行选择和布局,旨在躲避步骤(1)中的安全控制。

(3) 发送——传播武器包,攻击步骤(1)中识别的目标,例如,通过钓鱼邮件。

(4) 利用——执行代码,该代码充分利用步骤(1)中识别的脆弱性,将武器对准目标。

(5) 安装——使用武器,设置命令,控制恶意软件。

(6) 命令和控制——恶意软件连接恶意软件操作者网页以检索命令。

(7) 针对性行动——恶意软件执行的行动直接由恶意软件操作者控制。

这七个阶段的攻击不断迭代和演化。当APT攻击在一个地点被发现时,能够根据日志回溯到18个月以前。由于恶意软件"武器"专为躲避现有的安全控制而设计,因此,很少有机会能收集到足够的行动日志,从而确定知识产权已经在网站渗透过程中被攻击者入侵。

和知识产权相关的政策问题与第6.2节中描述的电子商务政策问题有部分相同。冒名顶替在社会工程中应用广泛,推送业务中安插恶意广告,利用犯罪软件作为攻击武器,使用地理定位系统,这些都使调查变得异常困难。有关知识产权的其他政策问题和系统问题更为相关,这类问题产生了这样一个网络空间环境,使得知识产权的窃取抵抗了分析取证和由此产生的诉讼。政策问题的范围从单一民族国家以取得技术优势为目标,到企业以提高知名度为目标(见表6.3.1)。

表6.3.1 网络安全政策——知识产权窃取

	政策陈述	解释	争议的原因
6.3.1.1	国家知识产权的保护应该是一个关键的外交目标	这项政策要求知识产权问题努力成为国际外交关系的最前沿	对于大量已证实的在网络空间范围内的知识产权窃取,要找出真正的根源,以在法律上达成共识:唯一的解决方案是经济制裁还是武力冲突,仍缺乏正式的外交回应。这一领域的外交努力尚处于起步阶段,需要新方法来实现和平解决 由于大多数知识产权窃取都是被利益所驱使的,所以是由个别公司进行的,政府对他们的行为也控制较少
6.3.1.2	现有的国际组织,如北约、东盟、美洲国家组织、欧盟和非盟,应当发挥关键作用,协调有关知识产权的网络窃取调查	这项政策鼓励国际组织接受对知识产权窃取的解决方案,就像他们对其他领域中的冲突那样	很多网络冲突问题都不是技术层面的,都是政治和外交问题,应当由政治家和外交家来解决 一次主要的网络攻击后,这些团队也许能够阻止进一步的升级,帮助政治家们找到高难度的技术问题的关键领域(如攻击属性) 有时,国际组织的地位相当于最小公分母——总是发出最平淡无奇的声明;所有国家都达成一致,这在网络冲突中并没有多大帮助
6.3.1.3	经济惩罚,如禁止犯罪者进入国际交易市场,应该被视为具有威慑力的第一方案	对于已知情况下的知识产权窃取,这是一项实施经济处罚的政策	这样的威慑无关紧要。目前,做出一个不令人尊敬的声明超出了法庭的能力范围,声明指出,公司已经从知识产权窃取中受益,即使他们这样做,他们已经通过客户在交易市场中获得了回报 针对竞争者,这样的协调努力将达到反垄断的目的,这对消费者来说是一个比知识产权窃取更为糟糕的问题 所有的有诚信的公司在保证知识产权不被窃取问题上具有利害关系。在被解雇之前,应该鼓励行业内对手之间的竞争压力
6.3.1.4	商业情报服务,应当加以规范和监控,保证他们对提供给客户的信息有合法要求权	商业情报公司经常在因特网上搜索关于他们客户的竞争对手的信息	由于敌对国家不会采取法规阻止 APT,这种类型的政策会使友好国家处于竞争劣势 商业情报和知识产权窃取之间有一条明朗的界限。两种行为都有明显的目标,就是尽可能多地了解竞争者的计划和产品
6.3.1.5	没有他们的明确许可,扫描系统和属于他人的网络漏洞,应当被禁用	计划一次网络攻击时,越过自身边界扫描网络是至关重要的	通常,执行网络扫描是为了找到目标系统的漏洞。然后,在攻击中利用这些漏洞。类似于情报搜集,对公司或组织网络进行未经授权的扫描应视为犯罪 由于因特网缺乏归属,并且执行回溯困难,扫描计算机时貌似真实的因特网源地址不能被假设为敌方计算机的实际 IP 地址。因此,这项政策将难以执行

（续）

政策陈述		解释	争议的原因
6.3.1.6	应该要求所有的上市公司采取措施，降低员工对社会工程的易感性	这要求公司将其当做股东的受托责任，确保知识产权受保护	内部接入是最常见的网络武器交付方法，强化周边将增强企业实力，使其作为一个整体去对抗知识产权窃取 虽然训练每一个公司员工花费高昂，但是一个有效且不间断的社会工程意识和反钓鱼程序，尤其是专注于掌握管理资质的高级管理人员和技术人员，应当足以满足这项政策的目标 对所有员工来说，任何系统的企业培训计划都永远赶不上新的创新性的网络空间安全威胁。建议公司最好专心于技术保护措施，该措施不允许用户做出危及识产权的决定

6.3.2 网络间谍活动

当复制和盗版行为是由国家的统治目的所激发时，这样的行为性质就发生了改变：从窃取知识产权变成了间谍活动。“网络间谍活动”，类似于其他类型的间谍活动，对于主权国家而言，通常被认为是合法行为。在很长一段时间内，间谍活动在国与国之间是相互制约的。无论所涉及到的知识产权是否属于国家，所有和保护知识产权相关的问题也适用于网络间谍活动。这是因为，鉴于全球性企业的规模和政府在关键基础设施和服务上对私有部门的依赖性，以及可观的税收收入，攻击私有部门可能确实是国家网络间谍活动战争的一部分（见表6.3.2）。

表6.3.2 网络安全政策——网络间谍活动

政策陈述		解释	争议的原因
6.3.2.1	积极且持续的网络间谍入侵，只要具有共同的范围、持续时间和强度，根据联合国宪章，应当被认为“武力威胁或使用”，允许目标国家采取对策	然而，在过去的几年中，至少一个国家对所从事的入侵间谍活动特别积极	政策允许较低层次的间谍活动，遵照国际惯例，在积极和危险的界限内试图保持这种行为。因为界限是由行为规范所决定的，不需要国际条约 间谍被视为单一民族国家的一个特权这一事实是网络间谍问题和国际产权窃取问题的根源。联合国宪章应当集中精力想办法阻止各条战线上的间谍活动 尽管这些入侵可能还未咄咄逼人到突破“武力威胁或使用”这一界限，但它应该是这样的一个政策：具备具体的界限，使目标国家能够采取行动，而这些行动通常被认为是违反国际法的 这一界限在理论上会限制所有国家的行动自由，所以它应当被设置得足够高以便积极和持续的网络间谍入侵可能达到武力威胁或使用的水平是不可能发生的

（续）

政策陈述		解释	争议的原因
6.3.2.2	国家政府应保护自己的网络空间	从这项政策可以清楚地看出，政府务必保证自己系统和网络的安全性：识别威胁和漏洞，补丁，锁定服务器、桌面和网络，更多的努力	政府掌握着难以置信的重要数据，这些都是他们强制市民提供的。但是，如果对这些相同类型数据的保护比他们强加于私企的制度的保护还要少，那么这些数据就不具有可信性 这是很困难的，政府已经证明，他们不可能雇佣且保留一个有才华的专家团队来保护他们的系统。政府已经超出预算了，因此额外的优先权可能意味着禁止做其他工作，尽管这项工作有其支持者
6.3.2.3	军事领导应当保证具有和国防工业库（DIB）中的公司或在公司之间安全共享信息的方案	对于现代军事能力而言，DIB 是一项重要元素，在美国，已经见过大量网络入侵窃取了国防部信息	在其他一些领域，如金融业，这项政策符合最佳实践，它有助于协调找出并阻止对一些公司的入侵，这些公司包括掌握着传统武器制造商、服务提供商信息的公司和其他一些能够获得军事信息的公司 必须小心 DIB 公司之间提供安全通信管道的军事鼓励，以确保公司不会利用这些机会在价格或方案上联合打击政府
6.3.2.4	当市场不能保护和抵御攻击时，国家应当创建有针对性的调控以缩小差距	这项政策并不支持这样的情况：目前市场失灵，虽然事实也许就是那样，只是如果真的发生，调控就是最适合的。如此调控可能只是针对特定的公用事业公司，如一线电信公司，或是针对所有的因特网服务提供商，甚至是针对使用因特网的所有组织	调控是社会处理一般问题的方式，满足不了市场需求。因此，这些调控与国家的传统行为是相一致的，并不是新的或激进的 当市场失灵情况下，这项政策可能是合理的，调控必须配备一定的条件，如具体到确定的差距，最低限度的侵害，技术中立，并允许调控机构对于如何履行义务具有一定的自由。这样的措施包括可审查的网络空间安全风险评估，即为系统和网络做出详细的功能说明 由于网络空间可以被认为是公共的，任何调控最好在国家之间协调——至少是在那些拥有最多的网络空间基础设施的国家之间协调，并且协调是符合所有国家利益的。此外，当然，如果设计或执行不力，调控可能会限制人民之间的通信，并且会造成比调控要弥补的问题严重得多的安全问题
6.3.2.5	国家政府应当确保所有员工（不仅是那些涉及 IT 或网络安全）是训练有素的，以遵守基本的网络安全技能	这项政策要求每一个政府工作职能是有安全责任定义的	所有的政府工作人员处理敏感信息，所以也都承担了保护它的责任。决策者预见，这项政策符合已存在的国家安全政策，并预示着未来的立法 这样的培训最好是简单的——也许是太简单了——因此存在非常多的符合规定的培训要求。这样的培训最好被监控，且违规处罚，这样的要求和许多工会的规定相违背

6.3.3 网络破坏活动

“破坏活动”描述的是有时间(战争期间)、活动者(非国有游击队或国有突击队)和活动结果(破坏而不是间谍或犯罪)限制的行为。网络破坏活动这种说法反映了网络空间恐怖分子造成的潜在破坏。从个人到国家,任何类型的企业都可能被当做破坏目标。黑客之间这种情况也并不罕见,由于存在分歧,冲突演变为网络中的群殴,黑客们彼此攻击,毁灭信息。这样的行为甚至可能从网络延伸到现实世界中,黑客们对网络攻击中的对手进行打击报复,闯进对方家中,大肆抢夺。当持有相似政治主张的黑客联手去破坏和诽谤持相反观点或仅仅发表反对他们的言论的企业时,网络帮派同样跟踪毫不知情的受害者。

当网络攻击者由于相似的政治或伦理道德原因而联合在一起时,他们被归类为黑客主义者。黑客主义者攻击的对象可能是公司或非营利组织。他们甚至可能由于自身的工作职能而被卷入到网络攻击中,从而被当做攻击对象。例如,制药公司利用动物进行产品安全性检测,那么制药公司的商业伙伴就会被动物权利保护组织当做攻击对象(Kocienniewski 2006)。

只要网络破坏活动的目标是国家,黑客主义者和国家军用网络战士就没有区别。2007 年,Estonia 遭受到拒绝服务攻击,黑客主义者团结一致,增加了用来传播拒绝服务攻击的僵尸网络强度(Clarke,Knake 2010)。在这次事件中,Estonia 的电子商务几乎被关闭了一周。虽然许多黑客主义者声称由于爱国原因参与攻击,但没有一个国家为此而承担责任。在这种情况下,只有电子商务成为目标,但是对国家的威胁指向了网络空间的脆弱性,这意味着国家基础设施的任何组成部分都有可能成为攻击目标,其中包括但不局限于工业控制系统的操作、银行交易的完整或军事装备的预备状态。正如第 3 章所描述的,由于工业控制系统控制过程的程度,这些系统组件所遭受的来自于网络破坏的潜在损害可能包括人身伤害。下表给出了涉及国家网络破坏问题的政策陈述(见表 6.3.3)。

表 6.3.3 网络安全政策——网络破坏活动

政策陈述		解释	争议的原因
6.3.3.1	国际人道主义法应当适用于网络空间冲突	国际人道主义法(以武装冲突法而著称)是国家间使用的传统法律。它用来确定武装冲突何时合法,什么样的方法符合道德并且合法。由于网络破坏对人类产生潜在的有害后果,人道主义伦理规则适用	由于国际人道主义法被广泛接受(尽管在特殊情况下存在分歧),用它作为有关网络冲突法律的根据是言之有理的。国家政府和军队必须继续确定如何最好地将这项法律应用于网络空间冲突 极有可能的是,问题的归因将使网络破坏根植于国际人道主义法变得非常困难或不可能

（续）

政策陈述		解释	争议的原因
6.3.3.2	黑客主义应当被视为一种言论自由的形式	定义的黑客主义者攻击并非偷盗，仅仅是要获取关注	令人惊讶的是，黑客主义者的攻击不是偷盗，仅仅是带来麻烦，但是他们常常被视为犯罪分子。在将他们的行为划分为犯罪之前，应当考虑到他们并不是有意为之 由黑客主义造成的对企业或政府服务的破坏可能导致意想不到的后果，如对目标客户或供应商的经济影响。这些无辜的局外人不应当受到这样的故意破坏 在网络空间中，任何负面的关注都会直接造成不便，这需要一笔相当大的技术资源开支来解决，还有在为了获取关注的网络攻击中，由于不能进行电子商务所引起的可能的利益损失，因此，黑客主义者和蓄意为客户的竞争者制造麻烦的受雇黑客一样是有罪的
6.3.3.3	如果没有至少一种的监督，政府分类的敏感信息不应当对任何个人开放	这项政策的目的是降低任何一个人通过信息公开进行蓄意破坏的概率	这项政策将会降低人们访问敏感信息的概率，即使这是一个被授权但却没有理由去访问的人。它本可以阻止最近国务院的维基泄密丑闻 这项政策意味着，一个代表政府的代理机构将需要获得访问信息的权限。在“9·11”调查报告中，这类政策被认为是政府机构无法从重复调查中共享信息的原因
6.3.3.4	已知对手的公司在网上进行交易时，应当采取安全措施防止黑客主义	一些组织的社会层面使他们有可能成为黑客主义者的目标	非营利公司通常为社会问题而斗争，一些企业经常在法庭或报纸上遭受社会活动家的挑战。这些公司由于遭受到某些人的歧视而广为人知。因此，相对于一般的因特网网站，他们的网站遭受攻击的概率更高，所以为了保护他们的用户免受网络攻击而产生潜在的经济损失，这些公司应当做好最坏的打算 所有的组织都已受到尽职调查和管理，旨在保障他们的交易受到保护
6.3.3.5	国家应当明确关键基础设施部门，并建立协调机制，从而为网络空间和工业控制系统的安全性建立更为巧妙的政策	这些基础设施是指一个国家可以赖以生存、提供关键服务的设施，它们的中断，将会对国家产生显著的破坏或引发众多伤亡	关键基础设施的网络防御可能不足，因此他们需要特别强劲且集中的保护。为了依靠政府保护，他们必须和政府培养一种密切的关系 这项政策应当产生一个约定，保证公共部门和私有部门之间的相互信任与信息互通，并阻止那些故意针对私有基础设施以避免与政府对抗的人们 强调关键基础设施的防御可能转移政府和防御者对其他优先事项的注意力，如保护军事设施
6.3.3.6	由于在普通攻击和上升到武力使用或武装攻击的水平之间存在差距，国家应当在关键基础设施部门抵御此类攻击时协助组织	单一民族国家或敌对的非国家群体可能把关键基础设施部门中的组织作为目标，甚至使用充足的资源，在范围、持续时间和强度上考虑武力或武装攻击的一种报复性使用	任何组织都不应该独立抵抗复杂的攻击，这些攻击针对那些没有合理防御能力的组织。政府应当对公民进行援助 如此攻击的危险性远远超过了典型攻击，甚至是防御做得非常好的组织也有可能向政府求援。因此，国家必须进行适当的准备以提供援助。根据不同的国家和组织，这样的援助可以加上资源（如安全专业人士、补充取证或新工具），改进的响应，甚至是反击（如果这符合国际法） 在实际操作中，常常难以决定施以援助的门槛或什么援助会对技术娴熟的攻击者造成影响。这些攻击不包括微小事件如篡改或短暂的拒绝服务攻击。政府干预是有道理的，在一定范围内，范围、持续时间和强度通常是如此惊人，以致于它们被明确视为非典型。对于政府而言，如果他们处于相同的攻击下，提供互助也可能是困难的

（续）

政策陈述		解释	争议的原因
6.3.3.7	国家将制定详细的响应计划，以应对重大事件，并酌情制定响应其他类型事件的计划（如地震、飓风、台风或恐怖袭击）	一般情况下，网络事件响应计划包括对突发事件中采取的特定行动的确认。通常包括明确关键职责、行动、决定、做出决策所必需的信息，及行动升级时间表	计划不可能涵盖任何可能事件，但是制定计划的过程将帮助组织机构考虑各种可能性、组织上的响应、所需的决定和行动。组织机构在制定这些计划花费的时间越多，他们为任何有可能出现的事件准备得就越充分 适当的规划确实需要资源和管理层的关注，这些往往非常有限，并且会从优先级更高的行动中转移注意力，如网络防御计划 这些计划可以指导对蓄意网络破坏事件的响应，同时将犯罪行为、自然灾害造成的潜在破坏最小化，或根据范围、持续时间、强度和对手把每一次事件当做战争的行动

6.3.4 网络战

对网络安全的军事兴趣早于“网络”时代，它植根于早期的理论学说中，如自动化、情报与反情报、操作安全、计算机安全和电子战。此后，网络安全便深深交织在所有这些军事主题中，这让从业者和理论家在过去的几十年里困惑不已。最早报道计算机自动化可能有风险的是1970年的Ware报告，那时，远程终端设备允许人们能够访问不在同一个房间内的计算机，这标志着计算时代的来临（Ware 1970）。1970年大部分军事关注的威胁和脆弱性依然存在：意外披露、故意渗透、被动和主动渗透、物理攻击、逻辑陷阱门、供应链干预、软硬件泄漏点和恶意用户或维修人员。

对“信息战”的军事态度在成功的技术进攻性战略之后迅速发展，推动了新的学说、战略和理论，特别是在美国，开创了“RMA”（Revolution in Military Affairs，“军事事务革命”的简称）（Rattray 2001）。一般来说，尽管利用网络空间的战略目标十分明确，美国国防部对于网络安全的观点在随后的15年中还是变化了多次。理论概念的研究从信息战转移到信息军事行动再到信息安全保障（它们都将网络空间看做信息领域的一个方面）、进攻型或防守型信息对抗、计算机安全（更传统的看法）、网络军事行动和网络安全。不同战略角色与网络相关的安全部队分布在军队的各个部门，直到2010年他们被命令合并成为一个独立的四星指挥部。目前，美国中央网络指挥部成为了美国战略司令部的一部分。今天的“网络战”意味着发生在网络空间中使用大炮的战争。这个定义以这样一种方式保留了“战（Warfare）”一词，传统上，各国使用这个词用来表示由独立国家发起的正当的武力冲突。然而，网络战和传统战之间的联系也日益明显。网络战处于把认识、概念和法律进行合并成为一个体系的过程之中。这个定义并不符合公众对于“网络战争（Cyber War）”这个词的认识，它涵盖了从网上青少年流氓行为到有组织犯罪到间谍行为等一切事情。这个定义也符合目前国际律师之间普遍的共识，尽管律师间的普遍共识在灾难性的网络攻击之后可能会迅速变化，特别当这种攻击是一个国家强加给另一个国家时。

国防部重点关注网络战争（Cyber War），认为“网络（Cyber）”即网络（Network）。它的理论学说通过传统作战（Battle）和网络作战（Battle）的不同来分类。例如，在网络作战时，用压倒性的武力抢占先机不一定能消灭对手；在进行过程中尝试网络反攻击使攻击失效，通过识别目标会使其变得复杂化，战场的拓扑结构有可能在进行过程中发生改变（Denmark 和 Mulvenon 2010）。因此，最新的军事战略追求以下目标（Alexander 2011）：

- 把网络空间当做组织、培训和装备的领域，因此 DoD 能够充分利用网络空间在军事、情报和商业操作上的潜力。
- 采用新的防御管理理念，包括主动网络防御，如筛查流量，旨在保护 DoD 网络和系统。
- 与美国政府部门和机构及私营部门密切合作，使政府的整体战略和综合方针适用于网络安全。
- 和盟国及国际合作伙伴建立强大的伙伴关系，使信息能够共享，加强集体网络安全。
- 通过招聘和雇用杰出的网络工作团队为国家储备智库，能够迅速进行技术创新。

因此，本节政策描述的范围，从战略伙伴倡议，到个别国家的决定，再到发动网络攻击。开始的几个政策陈述了政策合作问题，紧随其后的是网络军事行动问题，最后的是使用军事武力问题（见表 6.3.4）。

表 6.3.4　网络安全政策——网络战

政策陈述		解释	争议的原因
6.3.4.1	国际武装控制工作应专注于限制网络安全技术的扩散	和核武器政策类似，这项关于网络安全的政策指出，扩散应该停止，这样世界才将是一个更安全的地方	如果不是不可能停止，网络攻击能力的扩散是非常困难的。它们难以定义，相对廉价，并且可以在任何基站或网络实验室进行开发。任何停止扩散的协议几乎无法证实或强制执行 国际武装控制工作应专注于限制可允许目标的范围和网络攻击的使用，而不是通常意义的限制武器本身。可能的框架包括现存的武装冲突法律的限制，或试图限制网络技术使用的新结构 网络安全中，对“军火”或“武器”一词的定义不好理解，使得这项政策不能有效执行。这类政策是 1900 年后期试图限制扩散的加密技术的根源。那项政策产生了不想要的后果，使得美国公司更容易成为目标，这项政策也将会是这样 网络攻击能够秘密进行，难以察觉其出处，所以如果禁止攻击，可能很难确定追究谁的责任
6.3.4.2	军事领导层应当颁布一个宣告性的政策，帮助制定国际规范和防御期望	宣告性的政策可能包括针对广泛社会目标的非首先使用的要素，不使用病毒或蠕虫，不攻击受保护的实体（如医院），以及类似情形	宣告性政策可以用来限制选择权 宣告性政策提高了透明度，并帮助指导能力和理论的发展。如果精心措词，他们不一定会剥夺选择权。相反，他们理所应当地限制了本不应考虑的一些选择 宣告性政策允许对手参与行动

（续）

政策陈述		解释	争议的原因
6.3.4.3	军事领导层应制定并申报网络空间的国家安全战略和配套政策，并与盟国进行协调	网络空间的国家安全战略应当突出关键决策，以及如何支持商定的目标。要解决的问题将是平衡进攻和防守、关键组织的角色、行动的协调，以及和民事当局及私营部门之间的互动	对于高层领导，战略就是把意图透明化，并为他们的官僚机构提供指导的有效途径 国家网络空间战略经常被过度分类——导致局外人不必要的关注——并且将网络冲突过度军事化，将其视为一个需要用最好的装备来解决问题的军队
6.3.4.4	军事领导层应当协调与私有部门组织间的行动	网络空间由私有部门主导，因为它不属于其他领域。在太空、天空甚至是公海，这些领域无人主导。甚至在陆地上，如果可能，人们也可以逃离冲突。在网络空间就没有这样的选择，网络空间的“空间”本身就是被私有部门创造和拥有的	为确保国家网络防御，私有部门组织是十分必要的。如果他们不认同军事战略或技术，他们可以干预国家领导，取消或妨碍不喜欢的计划。未来的网络冲突很有可能在他们的网络和系统中打响，与他们密切配合是防守的关键 军队有对每样事物进行分类的倾向，任何与私有部门合作的授权有可能由于分类工作而终止，这和私有部门为了保护利润进行的网络安全工作形成了竞争
6.3.4.5	军队应当在进攻和防御的网络行动之间、动力和网络之间、攻击和剥削之间以及与平民同行之间广泛协调	对于任何一个军队行动，它自身的供应链和目标资产所有者之间的协调是一个关键因素。这些是网络命令的平民同行	由于网络空间的独特性，每一个行动都是必须的。它不仅是新的，并且普遍未经测试，而且效果可以级联并且无意识地影响民用系统。任何反击都可能被对手视为相称的，但是反击可能会直接以东道主的关键基础设施为目标 协调来自于多个组织的大量人员，必然会使网络行动的速度减慢 在网络空间的军事任务不应该触及民用基础设施，仅仅是军用网络空间。没有必要为了网络命令和私有部门的协调来完成任务，因为任务纯粹是为保护军用系统免受网络威胁（Alexander 2011）。政府的其他方面有更大的合同向私有部门提供网络安全援助（如美国国土安全部） 许多熟练的网络防御行动中心都由私有部门拥有和经营。如果军队不能对其进行协调，他们将失去急需的人才 主动防御会引起公众极大的关注，尤其是私人团体。如果做得很差，一不小心，信任的永久丧失就会大于暂得利益 一些政府的基础设施可能很耐用，能同时为民用和军用用户服务。军事行动可能被目标或世界领导层认为是不相称的。此外，如果目标级联，该行动可能实际上是不相称和/或非法的。无论哪种方式，相对于计划，它可能使冲突大大升级

（续）

政策陈述		解释	争议的原因
6.3.4.6	军队应当进行网络防御计划的实战演习，包括公共部门和其他国家	桌面式是这样的演习，它允许参加者走过简单场景，让参加者实践决策过程，在给定的响应标准下对他们进行测试，或使参加者熟悉应急预案。桌面式也用来探索新概念，以确定什么有可能是合适的响应	要想做得好，演习可能需要大量的预先规划。通常，训练和课程质量越高，就越需要高水平的规划和资源。因此，演习的成本—收益可能不会超过替代方法，即研究当前的网络间谍活动案件 这些演习的结果需要反馈到国家战略、指标、事件响应计划和军事理论。这些演习应当包括小到有针对性的桌面游戏，探索应对计划的具体方面，大到大规模的包括全世界各地合作伙伴的国家战争游戏 演习允许参加者在平时练习响应、决策和协调，让他们有机会犯错，学习他们的角色，创造“肌肉记忆”，无论结果如何。这些经验教训能以低廉的成本获得，特别是通过使用桌面式 桌面演习被誉为理想的学习工具，但没有一个指挥官理解他/她的工作是需要收集大量有价值的人力资源去玩游戏，以了解需要做哪些事才能捍卫网络空间。此外，最关键的决策者们通常缺席演习，他们沦为产生数据的方法，用这些数据填写报告，警告演习的开发者已经知道的东西
6.3.4.7	军队应当提升其网络劳动力的技能，不仅包括传统的信息技术专家组成的网络劳动力，还包括为执行与网络空间“有争议的领域”相关的任务所需要的人员	通常，“网络空间劳动力”总是与“信息技术劳动力”混为一谈。军队需要在任务操作中具备网络技能，这和典型的信息技术支持如运营商、维护者、军事策划者、军法局长和情报机构是完全无关的	军队的信息技术支持和需要执行网络空间任务的员工之间应该没有划分。运转军事技术应当被认为是一个和其他防御任务同等地位的任务。任何其他方法将令信息技术人员对网络防御概不负责 操作技术基础设施需要的技能组合，和网络空间执行军事任务所需的完全不同。这项政策允许军队完全理解劳动力技能的深度和广度，并对他们进行适当安排 对授权给非 IT 人员的网络空间分配的关注可以超过那些进行攻击、通常是整个网络空间劳动力中一小部分人的重要性。这可能会造成一个假象：他们的服务比网络防御任务更为重要
6.3.4.8	军队应当保证“面临对手”的劳动力能最大限度地得到与战斗相关的培训	在攻击或防御中具有重要作用的人应当具备和同伴对等的类似战斗的思维模式	由于网络攻击的盛行是从内部发生的，所以不可能确定军事网络空间劳动力的哪个部分最有可能面对敌人。所有的网络人员应当具备相等的能力去识别并处理敌人的网络威胁 因为相对于提供的资源来说，培训总是不够的，所以培训必须分配给最有可能急需的部门
6.3.4.9	军事领导层应当把网络空间视为一个战争能发生的新领域，就像传统的大气、陆地、太空和沿海	如同其他领域，这是一个有着国际、个人及商业利益的地方，具备自己的地理位置。不像太空和大气，它具有非常低的进入壁垒	把网络空间作为一个领域不仅能提高网络空间的重要性，而且更便于非专业人员理解 在军事分类中，将网络空间作为一个领域有一个意想不到的结果，即军事行动可能把它当做一个战争领域，而忘记它是由私有部门控制的 网络空间和火炮一样，不是一个领域，它是一个用于征服空气、海洋和陆地的工具

（续）

政策陈述		解释	争议的原因
6.3.4.10	军事领导层应当优先处理对网络攻击的防御	网络防御能够阻止敌人有效地使用网络攻击能力。网络进攻（在网络空间中，使用非动力学网络能力攻击对手）也被认为是一项重要的军事能力	如果没有一个正常运作的网络空间，国家可能无法发展经济，在冲突期间做出政治决策，或形成军事力量。如果防御不能被提升到最高优先级，任何或所有的这些都可能会被敌人摧毁 这项政策只对使用网络空间操作关键基础设施的国家有意义。在世界上，一些同盟国对网络空间没有任何依赖性，他们在忠于共同体的情况下，拿出最少的资金用于攻击 防御是复杂且花费高昂的，而进攻可以是一种威慑，因此也有助于防御。理论上，足够先进的攻击可以让一些敌人打消念头
6.3.4.11	网络攻击应当被视为正当的，有时甚至是首选的军事能力	这项政策将网络攻击作为所有军事行动的第一考虑，将它的优先级提升到更为传统的物理攻击之上	网络进攻等同于核武器，它的使用可能会对平民产生非常大的影响。对大型关键基础设施的网络攻击可能确实产生严重影响 网络攻击可能会有意想不到的结果，网络攻势可能更容易被用来作为非动力攻击，既没有伤亡也不会造成永久性伤害 禁用防空网站而不是将网站作为一个动力钢铁炸弹的目标，这样的网络攻击，很可能会拯救网站运营者的生命。类似地，对于电力系统的网络攻击可以通过配置对其造成损害，和造成相似影响的动力学攻击相比，更为短暂和可逆。只要指挥官可以获得非动力和非致命的能力，那么使用这些攻击就更为人道
6.3.4.12	军事领导层应随着时间的推移将他们应对网络冲突的能力及武力整合进传统作战理论及结构中	历史上，军事网络能力已经和情报机构、特别攻击计划或信息技术强化项目联系在一起。这使得网络安全超出了对军事组织任务的理解范围。这项政策将以重新整合为目标	整合进攻和防御（和情报）行动允许战场上的综合效应，网络空间行动也不例外。专业的网络组织具有重要的用途，但他们的能力需要融入到正式的指挥、控制和操作结构中 对于许多不同的网络安全操作来说，进行整合可能是困难的，因为能力本身是异常敏感的 一个军事组织在整合网络能力相对不成熟的地方，武力巩固将减损最初产生的小型网络冲突而制定的任务和防御计划，并使这些计划缺乏关键的网络安全支持
6.3.4.13	军事领导层应为了网络空间优先发展那些反映其他领域但可应用于网络空间现实的交战规则	交战规则指明了友军何时及如何使用武力对付他人。在动力战中，这是相对直接或（例如在非常规战争中）非常困难的。在网络冲突中，困难不止因为这是一个战事的新领域，而且还因为网络空间的技术特性	这项政策可能意味着交战规则很有可能一开始是非常严格的，直到随着时间的推移，政治领袖、指挥官、操作者和律师变得对网络冲突和能力更加熟悉和了解 限制性的交战规则对于那些感到自己有能力处理一个持续战斗的军事操作者和指挥官来说是令人沮丧的 交战规则不存在的地方，军队可能会在本国政府无法监督和知情的情况下，进行敌对的破坏网络空间的行动 交战规则就是始终保证军队站在国际人道法合法的一边

（续）

政策陈述		解释	争议的原因
6.3.4.14	对于特定目标和功能，军事领导层应持谨慎态度：主动防御、对环境的网络运营准备和对国外关键基础设施目标的锁定	主动防御通常指一种能力，以“黑客回来”系统参与攻击。网络元素在进攻袭击之前入侵国外系统。国外的基础设施取决于国外的军队，因此通常是合法的目标	在这些领域中，对于军队来说，追求这些目标和能力是完全合法的，然而，还应当谨慎行事 网络运营规划元素是准备攻击行动所必备的能力，但可能逐步升级，因为敌人可能把网络元素当做攻击的第一枪
6.3.4.15	根据袭击的范围、持续时间和强度，网络攻击应当被视为“威胁或武力使用”或“武装攻击”（根据联合国宪章）	这些界限对于决定国际行动是否上升到武力、冲突或战争水平，决定目标国或国际社会可能做出什么响应行动至关重要	这项政策将保证只有那些在效果上等同于使用了高端军事武力的动力武器的攻击，才会被认为是武装攻击，而威胁或武力使用都是低端的 凡是旨在造成大规模伤害但未能达成目标的网络攻击，应当被认为是战争行为。认为这些攻击无足轻重，只会让敌人毫无阻碍地继续提高其攻击能力 确定战争是否是合适的，应当基于攻击的影响，而不是攻击的形式
6.3.4.16	国家应当被视为对在其国界内的网络空间行为元素负有责任	尽管网络空间通常被认为是无国界的，但它是运行在物理基础设施之上和植根于物理世界且立足于主权国家的边界内的组织	这项政策认为国家应当对发生在本国领土内的袭击承担责任。如果他们不能制止战争，其他国家可以采取应对措施，特别是如果攻击者处于国家的全面控制之下 相应地，国家应当对国界内的网络战争攻击负有责任，并且在能力范围内义务制止攻击。这种责任应视攻击范围、持续时间和强度而变化。如果国家不能履行这种义务，目标国家就有权采取应对措施（符合联合国宪章及武装冲突法）。如果私有团体代表国家实施攻击，国家在全面控制这个团体情况下可能要承担责任（例如对目标和武器提供资源和指导） 承担国家责任可能会为专制国家提供掩护，以进一步取缔隐私和言论自由。而且，美国具有如此多的因特网基础设施（和许多不安全的计算机），因此它将不得不做出显著努力去阻止发生在本国网络领土内的多起攻击事件（通常为全球攻击总量的1/3）
6.3.4.17	“网络空间恐怖活动”应当被当做通过网络空间发起的恐怖袭击	像招募或宣传的传播行为不是恐怖袭击，不应当仅仅因为它们发生在网络空间中而被视为“网络空间恐怖活动”。只有禁用、摧毁或破坏网络系统或信息且故意恐吓的网络攻击才应当被视为网络空间恐怖活动	排除了大量的与恐怖主义无关的袭击，大大简化了网络恐怖主义的概念，但是概念通常只是一个标签 通过把网络袭击称为“恐怖主义”，一些组织已经获得了更大的预算，和犯罪集团犯下的相同的罪行相比，他们的管理层更愿意把钱花在恐怖主义上

6.4　网络管理问题

即使军方在对任务进行资源分配上取得了绝对成功,由于对民用基础设施意想不到的依赖性,建立军事网络防御的最佳规划方案可能要低调进行(Lynn 2010)。为公共和私人通信提供基础设施的命名和编号系统由私营企业来运营。相比其他领域,作为一个专业学科,实践技术还不成熟。软件架构师不像做实体设施的建筑师,他们没有行业协会或训练系统。技术顾问也不像医学顾问,他们不需要通过一系列的考试来学习经验。交易安全是日常规则。因此,不出意外,技术实践领域也会产生技术事故。技术事故的调查是因为对安全问题的管理产生了怀疑(Rohmeyer 2010)。例如,在法律案件中,他们曾给出证词,证明美国联邦贸易委员会玩忽职守(Wolf 2008)。

然而,半个世纪的实践安全专家已经积累了大量的网络安全知识。类似的技术架构和业务流程的经验分享已经取得了最佳实践和经验法则,这些不应当因为没有普遍接受的科学基础而被简单抛弃。本节探讨一些经常出现在网络安全管理上的政策问题。长期以来,网络安全一直用于控制计算机去进行资产追踪,所以网络安全管理适合运用制衡,确保资产管理的受托责任。网络安全管理通常始于对技术能力和系统要求的研究,它取决于组织购买、构建或外包技术组件的能力,因此供应链管理对于技术实践来说至关重要。通常情况下,网络安全管理试图将安全功能委托给和资产保护最密切相关的网络空间管理领域。然而,由于授权领域缺乏安全技术设置,这些委托有时并不成功。建议针对这个问题,给予某种类型的认证和/或安全专家鉴定,作为解决方案。这些认证要求延伸到企业的网络空间基础设施的服务和设备的供应商。制衡需要警惕网络安全风险。有大量网络安全实践的研究,使成功的安全解决方案成为可能,并为专业人士的安全设计和运行提供指导。然而,正如第3章所讨论的,需要将更多的研发投入到现有的和新兴的网络空间使用场景中。

6.4.1　信托责任

“运营部”在许多技术和基于系统的组织中是一个通用术语,指的是维护和监控业务流程的工作人员。在大量的以技术为支撑的企业中,技术操作和业务流程难以控制地互相交织。即使在两个独立的部门分别对技术支持和企业级流程进行维护和监控时,运营部还是由屏幕和程序来支持的,从资讯丰富的角度来看,这是相同的技术,其字节流和电子电路由信息技术部门进行监控。例如,技术部门可以配置员工去使用系统,而业务部门负责配置用户。运营,俗称“ops”,通常包括技术服务支持组织,像桌面软件的安装和帮助面板。当然,凡事总有例外,描述的主流技术操作并不一定适用于工业控制系统(Industrial Control Systems,ICS)。

然而,在任何社会,庞大的资产都由少数特权和值得信任的人掌握着,运营管理者经常面对道德困境。除了控制用户对系统的访问,运营是对资产本身的看管。在大型系统组织中,个人身份信息(Personally Identifiable Information,PII)大型数据库和商业秘密信息库是按照预先设定的程序来进行处理的,与餐厅的菜单系统一样,用同样敷衍的方式来处理。然而,在安全组织中,访问控制的设定和对敏感信息的监控过程,比用于支持菜单的技术和流程更加严格。

在任何规模的企业中,网络业务通常是24h运行的。即使全球市场不要求主动支持,自动化系统流程可能需要在非工作时间投入相当大的计算资源去处理数字,从而为一天的开始消费提供数据。7×24的运营特性使得ops接触的任何消息或警报成为可能表明潜在业务中断的明显的第一个点。因此,安全事故识别和响应程序是运营过程中的一个常规部分,即使是那些不认为自己对安全承担责任的人(Kim,Love等2008)。

本节列出的政策陈述,处理接受或执行信息看管责任时出现的问题。前几个信托责任问题涉及管理过程的建立,需要证明应对看管职能进行严格评估。其次是具体期望,数据拥有者通常具有数据管理员。剩下的问题解决单一民族国家为了科技产业的顺利运转而创造条件所起的作用,这需要信托责任示范(见表6.4.1)。

表6.4.1 网络安全政策——信托责任

政策陈述		解释	争议的原因
6.4.1.1	高级管理层应当任命首席信息安全官负责网络空间的安全管理	首席信息安全官的任务是为组织的信息安全战略、政策和运营提供领导和协调	如果安全倡导者被任命在其他领域如首席法务官和首席财政官所在的足够高的位置,那么在组织过程和流程中对安全的需求应当得到管理层的足够重视以获取成功 安全文化不是由个人任命创造的。凡是上级管理层重视安全需求的地方,它可以以多种矩阵管理架构来实现。如果他们不这样做,这样的任命将把个人放在一个需要负责但却毫无权力的位置上
6.4.1.2	具有适当的预算和权限的高级管理层所任命的组织,应当制定一个计划来授权和记录关键数字资产的变更,检测他们发生时的变化,并将检测到的变化和授权进行对比	许多组织批准变更,但是并不确定只有批准的变更才会被实现。这项政策要求变更控制的程度,每个检测到的变更在被授权或不被授权时都应当被验证	这项政策要求,为每个计划的变更保留详细记录,允许独立观察员验证变更是否正确。由于许多计划的变更需要相当多的人才来执行,将计划变更和实际变更进行对比,将给运营部门造成过重的负担 如果计划不能详细到能够验证变更授权,那么细节很有可能也不满足知情同意的要求。这项政策将增加双方互惠的过程
6.4.1.3	缺乏关键服务的测试技术业务恢复计划应当被视为对关键消费者服务的忽视	这项政策要求,技术的虚拟主机托管服务提供商和软件服务供应商应维护备用计算设备,这是在主系统发生故障时配置使用的,并且用来测试从主站点到备用站点的故障切换	鼓励消费者和企业依赖供应商来操作业务或关键任务的技术流程,这些服务应当由每一项技术行业标准来支持 除非业务恢复过程是服务合同的一部分,否则技术服务提供商的客户不应该期望他们将其纳入服务。为了留在企业,技术供应商只需提供服务,不用维护用户数据的完整性 正如Louis Black所描述的那样,如果没有技术恢复计划,就好像发明了火,却不保持火种点燃,以防主火熄灭。服务一旦完全失去,就必须重新发明

（续）

政策陈述		解释	争议的原因
6.4.1.4	不管在哪里，都要配置访问控制来保护网络空间资产，应当追踪每个被授予访问权限的用户的身份和组织角色，以确保当授权访问的目的不再合法时，访问权限被取消	这一要求被称为“身份管理”。通常涉及建立身份信息数据库，仿照人力资源和承包商数据存储库，使用数据库作为用户授权的工作流程和自动化系统审计的组成部分	这项政策应当保证对敏感信息的访问不会被错误地授权给不需要的用户，并且当个人不再需要时可以将访问权限移除 需要注册及个别授权的用户可能要执行至关重要的职能而推迟对信息的访问
6.4.1.5	控制危险过程和/或材料的过程控制系统应当高度严格	许多自动化的系统控制着运行，其中的失误会产生安全影响（如化学品混合过程或重型制造设备）。控制这种系统的程序无意或有意的变化都有可能对居住在附近的个人健康产生灾难性的影响	访问这些系统的人越少，他们越有可能被恶意控制 过程控制异常发生的原因不是网络安全攻击，并且当异常发生时，最好能够打开访问过程控制系统，以允许任何人能够重新定向过程
6.4.1.6	由高级管理层任命的组织，具有适当的预算和权限，应当保证在可接受的时间间隔内，向所有相关人员提供适当的网络安全意识和培训	组织网络安全项目不能完全由安全人员来执行，因为组织内每个处理信息的人都可能影响信息属性，如保密性、完整性和可用性	对于工作人员，他们的行为如何增强或减弱网络安全计划，可能并不是显而易见的。安全培训使他们明确自己的安全责任，使他们对自己在安全计划中的任务负责。对于具有 ICS 的企业，需要适当的 ICS 意识和培训 许多个人并不会对信息安全造成不利影响，因此这样广泛的培训计划是资源浪费
6.4.1.7	各国政府应确保，供应商对持有的敏感信息给予的保护和政府机构承包供应商给予的保护相同	这是商业组织的一个通用标准，不能仅仅因为技术服务外包就转嫁遵从法规的责任	无论是否已经转交给供应商，这项政策将坚持由政府机构负责保障信息 政府必须确保他们招收的服务提供商以政府制定的标准保障信息安全。这包括 PII（例如姓名或类似美国社会保障号的个人识别编码）或政府计划或项目中的知识产权（例如武器开发或收购）。这项政策不仅要求对信息进行充分保护，还要求在包含此信息的环境中一旦出现破坏安全的行为，要通知政府

（续）

政策陈述		解释	争议的原因
6.4.1.8	国家政府应当使用基于性能的方法评估自己的安全措施	这项政策将具体衡量特定程序和技术步骤，如成功应对周期性的渗透测试以及修补重大漏洞的时间延迟，而不仅仅只是进行评论的文书工作	通常情况下，政府只能通过写报告和读报告衡量其安全性（如美国联邦信息安全管理法案（FISMA））。更加实际和有效的衡量方法是使用更强的基于性能的方法，如黑客侵入组织的困难性，补丁周期的消耗时间，对特定刺激的响应 许多国家也许没有必要的基础设施进行规模扩展周期性渗透测试、练习或以其他方式给出一种标准的性能测试方法
6.4.1.9	国家行政部门应考虑成立不同行业的网络安全专家委员会，对网络安全政策给出建议，并评估网络安全计划。这些团体也可以建立在其他水平（特别是部门/部长级）	这项政策将鼓励国家行政部门超越当前顾问的小圈子，针对网络安全策略问题向外寻求帮助。美国本土的例子包括国家安全电信咨询委员会（NSTAC）和国家基础设施咨询委员会（NIAC）	网络安全领域十分广泛，从不同领域的实践中得到的经验教训将加强政府处理多种多样问题的能力。很多时候，网络安全专家虽离开政府，但仍愿意继续在自愿基础上提供服务 必须有非常强有力的规定，确保这样的咨询小组不会成为行业管理腐败的阴谋小集团或鼓励反竞争的行为
6.4.1.10	国家政府应当将国家网络空间安全策略编辑成书，包括公共和私有部门元素，并包含与关键的相关利益者的协调。策略可以包括忽略的领域，如工业控制系统的安全	国家战略勾画出对国家行政的指导，应当包括政策、优先级、评估、服从和获得资金。它也可以制定研究和发展，防御和利益相关方的优先事项	国家策略明确国家的优先事项，帮助引导和鼓励所有国家层面的努力 考虑不周的策略会导致所有的努力向着一个错误的方向进行，忽视可能发生的灾难性的漏洞或威胁，也会导致前后矛盾的监管要求
6.4.1.11	国家应当有一个组织和具有足够影响力及资源的高级领导者来推动国家改进网络安全。通常，在必要的时候，这个领导者也应当对国家行政具有预算权和直接访问权	在多国一个拥有充足人员的高级领导（如“网络空间地区监督员”）通常是网络安全取得进展的关键	官僚机构拒绝改变，所以有协调、说服和强迫改变能力的高级领导者常常是必不可少的 正常官僚机构之外的高级领导者往往混淆指挥链。如果一个组织和一个领导者都被视为中心，这就会减弱其他领导和部门的责任感——特别是如果他们失去了使其独揽大权的资源

6.4.2 风险管理

风险管理适用于任何种类的风险。通常情况下，风险管理人员或部门专注于信用风险、市场风险和运营风险。技术风险是运营风险的一部分，网络风险通常又被视为技术风险的一部分。运营过程中的人的因素被认为是造成风险的主要原因，而不是技术，因为尽管计算机上所有的软件都存在缺陷，它们依然比重复且不停工作的人更可靠。即使是正在研发中的系统，更常见的是：软件工程师在他们的职能范围内，通过有意行使的权利，对系统和项目进行破坏，而不是阻止安全措施（Rost 和 Glass 2011）。假如风险管理者关注相对低风险，那么任何中央企业的风险管理过程通常是缺乏安全风险的。如果发生任何形式的网络安全管理过程，它通常是由负责技术和管理的人去完成的。

对于如何执行网络空间风险评估还没有指导方针，但是在信息安全风险评估中进行过大量工作。既然信息被视为一项资产，信息安全风险评估确定了由信息损坏造成的潜在损失。虽然有人认为信息安全属性应当扩展至直接指出其价值的包含属性，如效用和拥有权，信息损坏通常被描绘成信息机密性、完整性和可靠性的损失或退化。虽然网络安全管理者可以利用已有的经济分析方法做出风险评估决策，但在其最基本的形式中，安全措施的成本与预期损失进行对比，如果实现措施的成本更低，那么该措施就被推荐使用（Gordon 和 Loeb 2005）。这类分析最难的部分不是做数学，而是确实要了解风险、建议的措施和对成本进行量化，一旦决定采取措施，将按照预期确确实实执行。安全标准在这部分的过程中基本没有提供指导意见。

作为管理工具，重要的是要区分风险评估和风险管理或安全管理。在风险评估完成后，基于结果做出决策。凡是策略参与到安全决策过程且策略成果被监控，就属于风险管理。凡是创建程序、进程和项目，对风险管理决策起作用，就属于安全管理。风险管理以安全管理为目标和指导。因此，风险管理是许多安全政策问题争议的核心。这些争议包括对网络安全策略、政策和实现的讨论，包括风险评估、风险决策、缓解概念如转移，以及测量有效性和监控演变过程。

在关键基础设施部门的组织通常对风险管理有更高的标准，具有系统重要性的机构在安全实践中按照最高标准来要求。这包括系统和网络，无论它们是否链接因特网，或是完全由私人运营的只对有限数量的团体开放的网络，或是一个组织内的专有网络，或是网络能力非常有限的工业控制网络。风险管理的网络安全政策问题包括：组织有责任了解和评估网络安全风险，风险和安全管理中的职责分工，对于网络和实体服务，社区皆依赖于政府在确保对关键基础设施进行风险管理实践中的作用（见表 6.4.2）。

表 6.4.2　网络安全政策——风险管理

政策陈述		解释	争议的原因
6.4.2.1	组织（无论公有还是私有）应当承担防御“普通”网络攻击的责任，即那些标准的安全实践能够阻止的攻击	组织（无论政府机构、公司还是非盈利机构）必须保护自身免受典型攻击。更为重要的组织承担更多的责任	这项政策将需要保护的临界水平和持有风险的人承担的责任联系在一起。在关键基础设施部门的组织将执行较高标准的防御；而具备系统重要性的组织应该执行所有的保持良好安全实践的最高标准。这包括系统和网络，无论它们是否和因特网相连、是私人还是专有网络或自动控制系统 攻击者已经增加了复杂性，许多组织现在处于劣势，如果在资金和资源上没有显著的增加无法保护自身 如果有一套公认的网络安全标准，那么关键基础设施的持有人和政府机构就应当有责任来实践 尽管网络安全标准无处不在，在网络安全风险评估过程中的常规做法并不是该领域专用的，所以还是把所有的主要实现决策留给了受系统所有人/经营者影响的主观判断（如 NIST 800－37r1 草案）。没有任何理由假设实践会产生不同的结果

（续）

	政策陈述	解释	争议的原因
			在许多安全标准中,“最佳实践”指的是,其中的主观所有人/经营者的意见决定了实施要求;作为这项政策的目标,很容易避免其立法原意。例如,最近,这种做法导致一些能源系统的所有人/经营者宣称,他们的基础设施没有一个是至关重要的。通过目前不存在的政策标准来建立是不可能的。这些类型的要求最好还是留给特定领域的监管者 这项政策将提高网络安全基础设施的最低数量,那些国家赖以生存的关键基础设施必须完成,这项政策还提供了基础,以责成关键基础设施对实现网络安全的标准水平负责
6.4.2.2	所有的网络空间系统应当经历风险管理	在因特网使用早期,信息安全风险评估策略就已准备就绪。设计它们是为了保证在确定控制程序时要考虑威胁,并且能识别和解决常见的漏洞	这项政策要求一个组织使用的每一个信息系统都要进行安全漏洞分析 风险评估遵循清单方法进行安全评估,新的和革命性的技术和威胁常常被忽略。而且,已经完成的风险评估并不一定意味着漏洞已经被修补。这些因素相结合,意味着风险评估通常提供了一种虚假的安全感
6.4.2.3	被任命的且向高级管理层汇报的组织应当具备适当的预算和权限去识别什么样的任务是至关重要的数字资产,在应用程序中,是否存在器件和/或网络是易受攻击的	这项政策认为高级管理层应当对全组织的网络安全风险评估责无旁贷	如果没有被保护的资产清单和进行安全风险评估许可证,安全管理是没有指导方针的,可能只相当于安全剧场 网络漏洞应当由有经验的专业人员来识别,因此识别过程不需要关注高级管理水平
6.4.2.4	由高级管理层任命的组织应当提供适当的预算和权限,建立和维护网络安全计划,在相应的系统寿命周期内,保护数字资产	这项政策将责任归于具有高级管理层的管理组织范围内的网络安全计划	尽管风险评估和减少漏洞的过程是合适的,没有总体安全计划,就不能实现验证或验证的安全目标 因为所有的网络安全流程都是由信息技术程序来支持的,安全程序不必分开,事实上如果将技术流程集成在内,可能更加有效
6.4.2.5	由高级管理层任命的且具备适当的预算和权限的组织应当确定如何监控安装、维护、升级和改变过程中这些资产的安全性确保网络系统安全	这项政策将责任归于具有高级管理层的管理组织范围内的网络安全运营和事件响应	一旦有分配给事件响应的联合资源,那些负责支持关键系统交易处理的人就总是声称需要大部分的技术资源。这常常导致安全响应资源不足 由于在安全程序管理情况下,所有的网络安全过程都是由信息技术程序支持的,安全操作区域不必分开,事实上如果将技术流程集成在内,可能更加有效。如果资源不足以提供安全性,技术管理者应当承担责任,因为对于任何其他系统,它们是已经交付使用的

（续）

政策陈述		解释	争议的原因
6.4.2.6	各国政府应当鼓励网络安全风险管理市场	这项政策为网络安全风险管理建立市场提供经济刺激	目前,网络安全风险管理在经济上并不可行。在网络安全风险管理业务上充满想法的企业家应当被鼓励 如果政策执行情况欠佳,政府很可能会排挤私营部门的解决方案,或直接指定技术或供应商。基于政府定义的网络安全风险管理的补贴,将有损于创造解决方案,而这是一个有意义的新兴的网络空间市场 这可能包括如何让企业通过保险或灾害债券转移网络安全风险,就像他们为其他类型的危险所做的那样 这项政策远远不足以确保关键基础设施的私人运营商进行风险管理活动。这些应当不仅仅被鼓励,而更应当是强制的,这才能创建必需的市场以符合要求
6.4.2.7	政府应当创建一个安全指标,或“仪表盘”,汇报由政府运营的系统和网络的情况	这项政策要求按照政府的标准设置部门的系统和网络应当根据已建立的标准进行监管和评估	政府的标准设置部门,需要在遵循政府标准情况下,汇报系统和网络内安全状态的精确信息需要此信息,允许他们接收反馈 这项行动已经得到政府标准设置部门的支持(在美国本土,商务部,包括 NIST),政府系统已经统一接受要求管理监控的安全管理要求(如 FISMA),并且“仪表盘”政策是多余的 这项政策首先需要支持政府作为一个整体的库存系统,这样才能为对系统的安全性依赖创建透明度
6.4.2.8	应当建立新标准来计算在信息安全上的投资回报,并且应该承认通过控制资产获得的利益	目前的安全投资回报是基于避免损失来计算的,避免损失的计算使用了攻击概率作为一个关键的输入。在缺乏威胁的情况下获得的安全性利益无法量化	投资回报风险分析损失概率是基于历史数据和损失避免得到的,但是没有历史数据进行网络安全基础概率的判断,因此,需要新型计算方法准确反映安全性投资的稳健性 安全性投资只是技术管理的一个方面,在它提供的利益基础上应当是合理的。为确保利益,不需要特别处理

6.4.3 职业认证

信息安全专业人员的认证过程是一个不断发展的和动态的领域。目前已有的认证数以千计,从特定产品知识的实践考试,到学科领域认证,再到广泛的信息安全认证。流行的网络安全认证不带有任何形式的对共同道德规范及行为准则的责任或约束,也不等同于专业注册制度。“工程师”这个词经常用在这个职业领域(常见的有“软件工程师”和“网络工程师”),但并不是指前后文中所提到的服从政府行业法规的注册或执业工程师。

通常,针对一些被更广泛的职业领域所接受的标准,公司或组织会对他们的网络安全员工进行培训和认证。但是,如果内部员工并不是专门进行网络安全运营工作的,当组织和公司把技术业务外包时,他们就不能解除合规责任。因此,他们必须想办法证明他们与之签订合同的供应商能够满足网络安全的要求。这项要求促使公司使用大量清单确定供应商的安全状况是否能够提供安全的操作流程。例如,DoD 已经建立了认证计划,以防在审计时发现,DoD 承包商在没有必备背景情况下进行安保工作。该计划的主任认为,任何认证聊胜于无,因为它向政府提供了一个监督工具,可以在改进中前进(如,DoD 2005)。然而,安全工程师工作职能所需的认证可通过技术事实考试来获得,并不需要证明安全工程经验。尽管如此,对于一个安全工程工作,相比于在网络安全领域有着 20 多年经验和高等学位的成功的实践工程师,DoD 的政策会更青睐高中辍学但获得工作认证的人。坚持 DoD 标准的一个原因是,认证需要不间断的学习,而高等学位并不是在安全领域不间断教育的证据。然而,本书的作者包括注册信息安全管理师(Certified Information Security Manager, CISM)、注册信息系统安全师(Certified Information Systems Security Professional, CISSP)和注册信息安全审核员(Certified Information Security Auditor, CISA),很好理解:一个人能够从一些组织获得持续的教育学分,这些组织通过参加供应商的广告演示会、阅读杂志文章或观看新闻播客等方式支持着这些认证。而且,在网络安全方面有许多领域,其中的从业人员需要额外的培训,但是目前在这些领域还没有认证,如安全软件工程。对认证的继续教育,没有要求一定要和人员目前从事的工作职能相关,而且也很少需要审核。我们也不知道,由于缺乏继续教育,究竟谁的认证会被撤销。

另一方面,如果不进行续费,认证也会过期,这就是为什么政策会支持那些从教育和培训中获得更多利益的公司,而不是那些仅仅支付认证考试费用的公司。这对于大型企业更具意义,它为安保人员投入更全面的技术教育,使其接受所在岗位职业培训。

本节的政策包括个人、组织和国家层面的职业认证标准问题(见表 6.4.3)。

表 6.4.3　网络安全政策——职业认证

政策陈述		解释	争议的原因
6.4.3.1	对于网络安全领域,在岗的个人应当被证明是胜任的	有好几个网络安全职业联合会为会员提供认证,只要通过测试,就能够提供网络安全经历证明。这些政策将规定每个网络安全专业人士加入这些组织中的一个(有时甚至指定一个),通过测试,并保留一个会员	对于承担安全措施的个人而言,充分理解工作职能对整体网络安全环境很有帮助,这一点是至关重要的。认证提供了广泛的安全背景,这个背景对于提供意见和建议是必备的 网络安全专家并没有一致同意:已经取得任意认证的人在从事网络安全工作时,比相同工作经验但没有认证的人更具竞争力。这类政策支持能支付认证测试和认证年费的个人 对于要理解的网络安全专业人士来说,无论是不是一致认为现有的专业知识是必要的,这都和以下事实毫不相关:当认证过程正在研发时,认证过程承认了需求,同时,网络安全专业人士不得不接受一些所需测试的初步版本。当它可用时,就允许建立过程以接收知识体系
6.4.3.2	国家应当鼓励专业的网络公职人员为网络安全职业去定义和维护新的职业分类	网络防御者、规划者和攻击者需要为其高度专业化的学科进行专门的高水平培训。这类培训要求取决于工业、系统类型和在网络安全计划中的作用	在工作需求分析的投资将推动产生更熟练的劳动力和网络专家 工作分类的现行定义才刚刚开始强制执行(DoD 2005)。允许更改正在进行中的规则会妨碍那些刚刚开始建立的执法工作 通过为了招聘和保留而放宽官僚规则,建立新的网络安全职业工作分类,方案应当特别鼓励定义未充分发展的关键需求,如工业控制系统的网络安全

（续）

	政策陈述	解释	争议的原因
6.4.3.3	各国政府应当鼓励（且在许多情况下需要）工作在网络安全岗位上的所有政府人员接受培训和认证。对于类似于工业控制系统领域，网络安全既没有足够的培训也没有计划，这些都应当被鼓励 通常，国家应当支持现有的商业认证，而不是制定只有政府参与的计划	认证和培训计划——像那些源于 SANS 或工业控制系统（ISC^2）——建立了知名基线，并广泛使用	在网络安全中，已有庞大的积累数年的知识体系，并且培训和认证的需求将确保工作的专业人士是负责应用它的既然没有一致的网络安全课程体系标准，具体培训方案的广泛使用和获得保证的后续招聘程序可能产生意想不到的结果，即减少了政府机构中各种各样的网络安全专业知识。对于 ICS，这种顾虑更加恶化
6.4.3.4	鉴定、培训和认证方案应当为所有工作在工业控制系统网络安全岗位上的人员而建立	对于工业控制系统网络安全来说，没有标准课程体系，也没有用于工业控制系统网络安全的任何认证或大学跨学科计划	在网络安全中，已有庞大的积累数年的知识体系，且认证的需求确保工作的专业人士是负责应用它的。然而，对于工业控制系统，情况不同 既然没有一致的网络安全课程体系标准，具体培训方案的广泛使用和获得保证的后续招聘程序可能产生意想不到的结果，即减少了政府机构中各种各样的网络安全专业知识。对于工业控制系统，这种顾虑更加恶化
6.4.3.5	管理层应当收集网络安全职业招聘的数据，并使用它确定网络安全招聘的有效性	要求管理层尽职尽责，确保网络安全招聘计划取得成功	这项政策迫使负责招聘和雇佣网络安全人员的经理去评估其工作的效果。这些评估应当导致网络安全人员配备效果的不断改进 这类政策应当成为人力资源管理的常规功能，不应该具体到网络安全。为网络安全创建特定功能会与常规管理重叠，为网络安全管理人员增加了不必要的额外文书工作
6.4.3.6	对于政府和关键基础设施运营商使用的所有网络安全鉴定、培训和认证方案，应当建立、应用和公布用于评估网络安全鉴定、培训和认证方案的国家标准	很难知道哪些供应商有能力提供足够的网络安全培训。这项政策将为普通民众或工业组织提供指南，用于找到可信任的网络安全培训公司	这项政策为单独评估培训计划的政府机构和关键基础设施运营商提供急需的指导。同一个培训计划内，多个同时进行的评估是不符合成本效益的，因为它需要技术上可信的政府组织确定在工业控制系统中谁是可信任的，谁是不存在的 公布网络安全培训计划的“认可”名单对于准备进入网络安全培训市场的企业家来说，是一个不利因素，并最终降低通用性和可用培训方案的质量。公司将不得不向名单上的公司支付费用，而不是寻找创新的培训方法 为鼓励申请者，所有的招聘目标、指标和计划应当公开，并允许公众跟踪进展

6.4.4 供应链

在网络安全供应链中，最明显的暴露在威胁中的通常被视为是外部的，如 ISP、引用数据源或云计算应用程序。企业对企业的通信需要在网络空间进行技术操作,已经显露出许多关于信息组织形式的问题,其他人必须依赖这些信息和谐运作。这也强调了对这些信息的准确性和完整性缺乏正式问责。然而,供应链也包括技术人员做的每一件支持企业内部基础设施和应用程序的工作。

网络空间供应链的深度与广度很难量化,它根据系统类型的差异而不同。它总是包括一些软件,但也可能包括软件开发人员自己。硬件类型可能包括的范围从大型计算机到可编程芯片。几乎网络空间供应链的所有元素都会经历已知的假冒或破坏事件,通常很难区分不同,因为假冒部分可能发生故障,并造成非故意的破坏(DSB 2005)。

也就是说,组织供应链另一个非常明显但是经常被忽略的部分是企业自身的 IT 部门。这个部门通常不是完全与企业结合在一起的,但与一系列技术供应商结合在一起,因此,它承担了代表企业运营的责任。内部供应链的弱点,如新员工入职延误,由于工作人员的解决方法需要使用计算机来完成工作,导致了许多负面审计结果。如果要在违反安全政策和被记录表现欠佳中进行选择,每次总是宁愿选择后者。

而且,技术经理经常饱受软件供应商的折磨,软件供应商们不会考虑安全需求,通常否认对软件如何工作负有责任(Rice 2008)。这就大大增加了技术经理的负担,他们必须在不安全的软件产品中进行选择,并将其应用在技术基础设施中,他们还要负责维护基础设施的服务质量。

本节从有关于软件安全质量的政策陈述开始,这通常在企业收购情况下发生。随后是对国家很重要的网络安全供应链政策问题,这建立在第 6.3 节中的网络冲突政策陈述之上。最后是供应链对基础设施的影响这类一般性问题(见表 6.4.4)。

表 6.4.4　网络安全政策——供应链

政策陈述		解释	争议的原因
6.4.4.1	软件供应商应当为代码故障造成的损失负责	最终用户许可协议的典型措辞是:用户不必对产品故障负任何责任	目前,最终用户许可协议设计使最终用户不必为产品故障负任何责任。软件供应商应当像其他任何行业那样接受同样的产品责任标准 软件可能因为多种原因发生故障,许多原因和代码毫不相关。即使没有软件运行所必须的资源,用户可以在一个平台上安装软件。在这些情况下发生的故障并不是软件供应商的错误
6.4.4.2	软件支持不应当完全自动化	这项政策将要求软件支持过程总是允许客户联系个人以解决支持问题	预计软件缺陷不仅会出现在交付过程中,也会出现在自动支持系统中。任何提供支持的技术供应商必须至少提供给用户一种向工作人员报告支持问题的方式。例如,自动支持机制经常存在缺陷,如客户支持故障报告系统中的循环不允许客户提交问题的细节,或技术问题列表只提供有限的选择,并不包括用户所遇到的问题 软件公司为软件定价是根据软件所需支持工作量的水平。如果所需的支持工作量越小,价格就越便宜,用户付多少钱,就得到相应的服务

（续）

政策陈述		解释	争议的原因
6.4.4.3	软件安全标准应当是必需的，以合法经营电子商务因特网网站	这项政策对所有的电子商务服务建立了最小安全性控制	考虑到来源于不安全网站的潜在恶意软件、模拟和资产盗窃会给客户带来风险，如果不遵守既定的安全标准，就没有网站能够提供用户服务 不存在既定的安全标准，能保证安全免受攻击，也没有强制机制，能提供任何网站都能遵守的担保
6.4.4.4	国家应当使用购买政策为 IT 公司创造激励机制，以改善他们产品的安全性	国家政府应当购买大量的 IT 设备：硬件和软件、网络设备、桌面设备、自动控制系统等	如果政府，通常也是购买大量产品的消费者，为了提高安全性谈判，这将不仅为政府（在提高安全性的形式）而且为公司，甚至是世界各地的所有用户带来利益。假如系统在拆盒后更安全，那么成本在整个生命周期将更便宜 国家的官僚机构很难改变采购方式，且改进安全性会使系统在初期略微更贵（即使在整个生命周期更便宜）
6.4.4.5	预定为军事或工业控制系统用途的网络空间组件所有供应商的所有工作人员应当因为潜在的安全问题而进行筛选	全球供应链使把恶意软件和硬件注入到关键基础设施成为可能。这项政策需要那些处理这些产品的人被评级为可靠	因为安全问题而进行筛选是最低要求。对于更为敏感的计划，也可能需要完整的背景调查或国防部安全检查 既然软件、PC 机和网络工具组件制造者不知道系统的最终用户，这项政策就意味着每一个制造者都要遵守，这可能过于宽泛 当风险评估结果指示时，筛查才是必要的。像这样的全面政策会有不必要的高花费 筛查可能会使员工暴露在隐私侵犯下，或者揭露历史信息，这对员工在非关键环境下的未来就业有害
6.4.4.6	所有的用于国防部网络的网络安全法规应当适用于为国防部提供防御服务的工业基础网络	网络安全标准通常为政府机构设置，这一要求把那些安全需求扩展至向他们提供用于执行任务的产品和服务的公司	这项政策将消除对国防相关信息的保护要求中的薄弱环节，且使间谍机构难以了解国防部行动 由于这项政策延伸到所有国防承包商，因此太广泛，不只是那些提供关键服务或拥有机密信息的公司。而且，并不是所有的国防部安全需求都公开宣布，且这项政策需要广泛共享这些需求
6.4.4.7	国防部应当规定组织管理结构，国防供应商应当用此结构管理网络安全计划	安全管理实践就像计算机和网络安全一样重要。DIB 公司必须服从国防部规定的管理结构。	DIB 公司和组织内的安全管理结构规范将降低管理失误的风险 企业领导人可能认为他们不应当被告知如何组织管理结构，重要的是生产商品和服务，遵守在性能合同中指定的内容
6.4.4.8	所有的注定为军用的网络空间组件应当由国家制造	为大幅降低嵌入恶意代码的风险，在军事应用中注定使用的器件应当是国产的	大多数网络硬件和软件都是在海外生产的，潜在地产生了安全风险，也冲击了美国的劳动力市场 这项政策完全不切实际，会使国防部 IT 预算急剧上涨。而且如果设计是在国外的外国公司或由美国公司的外国人完成的，它甚至可能不会购买过多的保护 当谈到硬件和软件时，所有的国家都会碰到“不是本国生产”这样的问题。当制造业基本在本国完成时，美国享受了几十年独一无二的地位。然而，全球化供应系统改变了生产经济，将制造业转移到劳动力和材料更加便宜的地区

(续)

	政策陈述	解释	争议的原因
6.4.4.9	应当禁止网络安全供应商和敌对国家共享安全知识产权	这类政策会把安全产品增加到禁止出口到敌对国家的军需品列表上(State 2010)	这项政策使其通过限制安全公司和敌对国家之间的信息流,更容易确定网络安全知识产权泄露 这项政策将会阻止美国公司在最需要的地方保护他们的全球性基础设施
6.4.4.10	当第三方信息系统服务是用于实现业务目标时,和业务流程服务的系统性失灵风险相称的安全要求应当按照合约来实施并服从监控	这项要求能在会计外包,如工资单和福利等过程中找到起源,但是当云计算服务被用来执行关键业务职能时,这一需求正变得日渐相关。许多行业被监管要求要包括这项声明和资源,以强制其作为一个内部安全计划的基本组件	虽然业务不得通过合同关系借外包转移监管要求,包括安全需求和审计条款的服务合同允许它们提供适当的尽职调查,同时在提供服务方面获得规模经济效益和专业知识,服务的提供来自于专门的服务供应商 将信息服务外包的主要原因是:没有内部能力去执行它们。因此,甚至寻找满足合同要求证据这样的监督职能也由专门的人员来执行,将对外包服务的最低理解用一个清单来满足,而不是用调查的方法
6.4.4.11	入职培训和其他行政流程的设计应当方便而不是耽误业务功能	运营管理可能会倾向于绕过安全程序直接面向工作人员,这是为了迅速敲定一个新的重要客户或高级雇员总经理	大型组织中许多安全流程如此繁重以致于他们因为授权用户而降低了生产率 安全流程必需确保这项政策,企业应当将时间延迟纳入新员工培训流程,而不是对安全人员施加压力使其做出快速决策。信息安全应当从相当于“说不”的运动中获益
6.4.4.12(原书笔误,写成6.4.3.12)	网络安全访问控制机制应当被评为有效,这个评价必须被包含在所有网络安全销售资料中	这项政策需要一个权威机构来制定标准,评价访问控制强度,如登录信息和密码	每一个系统都是不同的,所以一个系统中的访问控制可能在另一个系统中无法工作,这将使评级毫无意义 在物理安全性上,由于安全规范正在开发,他们以当地的法规和条例的形式进行采用,如果明显有效,可能提高到州或联邦标准。同样的实践应当跟随系统安全
6.4.4.13	软件供应商应当允许第三方检查代码的安全漏洞	目前,许多ICS供应商不允许第三方检查他们的代码安全漏洞,这使得安全性披露非常困难	软件供应商必须向第三方公开他们的知识产权,因为对代码的访问要求遵守这项政策 如果不能访问代码,第三方代码检查和穿透测试无法完成。对于用户来说,代码检查的好处超过了一小组安全测试人员对知识产权的威胁,这些测试人员很容易筛选和结合
6.4.4.14(同6.4.4.3)	对于合法经营商务因特网网站,软件安全标准应当是必需的	这项政策对所有的电子商务服务建立了最小安全性控制	鉴于不安全网站导致的潜在的恶意软件、模拟和资产盗窃会给客户带来风险,如果不遵守既定的安全标准,就没有网站能够提供用户服务 不存在既定的安全标准,能保证安全免受攻击,也没有强制机制,能提供任何网站都能遵守的担保

（续）

政策陈述		解释	争议的原因
6.4.4.15	关键基础设施内的自动化库存系统如医疗保健应当服从常规稽查	库存管理的自动化允许“准时制”供应链管理，其中的库存被保持在最小值，因为当最后一个产品从库存中移除时，供应商可以出货替换	自动供应链管理系统通常依赖于高度敏感的技术，如嵌入在包装标签中的射频识别(RFID)芯片。用这些技术代替对库存产品的实际检查可能无法意识库存的实际短缺 库存是一项关键的业务资产，公司已经获益于这些系统的完整性。外部审计师不可能为自己的关键资产在业务流程监督上增加价值 外部审计师不可能为关键资产的业务流程监督增加价值，非营利机构或政府当局都要履行必需的社区服务，察觉到由于盗窃使库存产生损失的可能性微乎其微。库存无法密切关注。在这些情况下管理监督可能是有益的
6.4.4.16	用于记录的诊断实验室、相关食品样本测量和客户投诉应当由国内经营实体承担和运营	这要求用于做出食品安全决策的所有信息都在国界的管辖之内	由于网络攻击模式更加成熟，所有的有助于消费者安全的信息应当被认为是潜在的网络战或网络恐怖分子的目标 许多食品源头追溯到国家网络空间基础设施之外，由于贸易保护主义的原因，将对实验室网络的控制转移到公司是不可行的，因为竞争服务都发生在原产国

6.4.5 安全原则

多年来的安全管理实践，一些研究试图将安全技术实践归类为一般安全原则(Neumann 2004)。其结果是：产生了网络安全体系结构模式的知识共同体，如果以工程技术的要求阶段角度观察，这有助于向广为人知的安全问题提出众所周知的解决方案。安全原则是对安全特性的通用描述，是向常见且容易理解的网络安全问题提供解决方案。例如，最少资源原则规定，用户应该利用他们所能处理的需要完成任务的最少的共享计算资源，没有更多的资源可用。许多原则是由信息系统审计行业派生而来，在会计行业提供的服务中也能找到起源，他们早期的关于计算机的任务是要确保计算机能够正确计算公司资产(Bayuk 2005)。一些原则经过发展演变，与政府安全标准一致，如橙皮书和其后续版本(DoD 1985；ISO/IEC 2009a，b)。其他原则来自于计算机科学的密码学研究(Denning 1982)。

其中许多原则已经被信息系统审计师编辑成书，一些早至 1977 年(Singleton 1994)。这些都被信息系统审计和控制协会(Information Systems Audit and Control Association，ISACA)、全球权威认证信息系统审计师、“信息技术控制目标”(Control Objectives for Information Technology，COBIT)不断更新(ISACA 2007)。例如，ISACA 将职责划分定义为一种基本的内部控制，发现和记录导致资产托管变化的交易是一个多步过程，凭借为不同步骤分配单独的个人责任，阻止或检测错误及不法行为。这个技术普遍应用在大型 IT 组织的软件开发流程中，以致任何一个人如果引入虚假或恶意代码就会被马上发现。它也常应用于安全金融交易，也应用于高安全性设置如导弹发射方案。同样的技术也可以被称为控制资产或对于企业任务和目的至关重要的流程的任何操作。这就是“怎样使它安全”原则。

会计行业的一个重要贡献是职责分离原则，它规定，在用户控制有价值的资产时，如果没有和别人联合，每一个人都应当被限制变更资产所有权，这个原则旨在阻止内部欺诈。这需要将转移资产的自动化流程分成子流程，每个人不允许执行子流程的每一步。这类会计原则的纯技术推导就是最小特权原则，它规定，用户对需要执行的技术任务应当有最小的访问权限，没有更大的特权。职责分离不仅用于技术流程，还用于管理流程。其中最重要的是安全管理的流程。对安全的管理分为两步：风险和操作。一旦识别了安全风险，管理层做出决策：如果有安全风险，则为如何降低安全漏洞攻击做出决策。这些漏洞消减计划应当被视为如同任何其他技术项目。项目，并不是永久的，因此需要每天监督安全措施的管理，如用户管理，这是业务，而不是风险管理流程。管理层有风险管理的责任，也对安全项目和/或业务有责任，与其消耗资源去减小漏洞或验证流程工作，倒不如被诱惑去接受风险。在验证方面，这是显而易见的，通常部署审计师团队以确保安全业务在关键系统中管理完善。然而，在风险管理与减少脆弱性的一面，经常可以看到将职务分配给同一个人。因此，即使公司最资深的经理人支持安全政策，正式风险验收流程违反安全政策也是常见的。

基于尝试和真正安全原则的系统安全特性不是仅靠技术就能完成的，还要由人员、流程、技术和安全意识管理实践共同组合完成。本节包括安全原则的政策描述，阐明使用问题。通过各种实例，清晰说明了安全原则的应用是特定系统和特定实现的。应用于一种情形的原则可能对另一种应用是不必要的。

本节列表中的安全管理政策是基于管理、技术和操作原则排序的，尽管它们之间是相互依赖的。这些政策一般适用于任何系统，如电子商务、工业控制系统或移动设备框架（见表6.4.5）。

表6.4.5　网络安全政策——安全原则

	政策陈述	解释	争议的原因
6.4.5.1	高级管理层应当在制定企业安全策略中发挥实际作用，且安全策略结果应当报告董事会	“高层基调”是一个审计术语，用于解释：除非高级管理层重视此事，否则组织中没有人去做	安全管理经常遭受到无授权责任问题，而且在绝大多数情况下，关键基础设施如ICS并没有在信息技术安全计划覆盖范围内 高级管理层不需要设计安全策略，用以确定做什么对公司是有价值的以及安排适当的资源和预算。安全管理最好由专家来完成
6.4.5.2	信息应当被分类标识。为每个信息分类进行处理的程序应当与该类型信息滥用的风险相称	这是一个针对信息分类、标识和处理的组织级的需求。标识使用的一个例子是绝密、秘密和非保密。另一个例子是专有、机密和公开。在这样的系统中，同样级别的信息用相同的方法来保护	信息分类需要那些根据安全需求产生的数据进行分析和做出决策的人 信息分类系统经常被滥用，对不需要进行高层次分类的信息进行高层次分类。这变成了一种隐藏信息的方式，防止那些有权访问这些信息的人

（续）

政策陈述		解释	争议的原因
6.4.5.3	所有的信息应当根据内容和目的进行分类，并在仅限于那些需要信息进行指定工作的人之间传播	这项政策被称为“需要知道”，因为它会导致访问控制，限制信息只给那些需要它执行指定任务和工作的人	这项政策阻止敏感信息被不必要地共享，保护私人隐私 这项政策阻止信息共享，因为要提供一系列证据：他们需要知道信息内容，某个请求信息的人，那个人也许并不知道信息内容
6.4.5.4	批准电子资产支付的人不应当和分发批准支付的人是同一人	这类陈述被称为“职责分离”条款。它起源于金融业，发票的核准由一个人来完成，他需要检查在同意把支票送给供应商之前货物是否已经送出。这项政策确保个人不能支付电子资产	今天的电子交易系统允许大量资产不用花费力气和监视就可以转移，这项政策意味着，两个或更多的人必须蓄意合作，才能盗用电子控制的资产。它允许管理层为了资产支出执行问责制 这项政策阻止个人执行交易，除非有其他人帮助，因此可能会在现金、货物和服务的分发上造成延误 人力资源稀缺的情况下，这项政策会对管理层实现交易执行的效率工作造成不合理的负担
6.4.5.5	由于潜在的安全问题，所有工作人员应当经过筛选	处理关键资产的人必须是值得信任的。筛查服务针对的是安全性欠佳的情况，包括前科、未执行的逮捕和药物滥用	过去的安全问题是一个很好指标，用来指示一个人利用职位或责任的倾向 任何筛选都是隐私侵犯。重点应当是当前的工作表现，而不是背景历史 用于背景调查的信息在一些国家是随处可见的，但在另一些国家几乎找不到。这就使得那些没有背景记录的个人在应征工作时处于不利地位
6.4.5.6	运营政府和/或关键基础设施的个人身份认证应当集中控制	这项政策要求一个系统应当包括访问关键基础设施的个人数据库、对这些人进行身份验证的方法和提供给他们对政府和关键基础设施系统的访问方式	核心职能是，追踪个人对关键基础设施的访问，允许如工作人员背景调查和强访问控制这样的职能，以提高标准化，已经利用规模经济的优势 任何大型、旨在提供对私有基础设施访问的政府项目，都剥夺了私有财产所有者管理自身资产的资格。这样的行为就是极权主义政权的证据，非和平努力解决社会安全性问题 通过这样一个集中的身份验证系统提供的控制水平，其本身将有可能引入大量威胁，因为它可能被利用去获得对关键基础设施的广泛管理访问权限 这项政策只有在IT系统中是合理的。典型的ICS或移动框架并没有用户识别中心点，也没有用户应当访问的系统级职能列表。它往往依赖机器进行ID传送，所以一般不与企业身份管理系统结合在一起

（续）

	政策陈述	解释	争议的原因
6.4.5.7	维护任务关键流程的系统，如工业控制系统（ICS），应当使用某种形式的软件应用程序白名单	“参引监督程序”是计算机安全的通用术语，指一个过程，它可以拦截系统资源请求，并协商授权规则列表，以查看发出请求的对象是否具有访问所请求对象的权限。这项政策维护参引监督程序用来进行识别和认证所有在关键系统上的软件	除此之外，这项政策将使所有系统符合最小特权原则。遵守“最小特权原则”意味着，这些系统允许最小的个人访问权限，这个权限对于要执行的明确定义的工作是必需的。这将降低因为恶意使用雇员造成的整体基础设施的漏洞 这项政策只有在IT系统中是合理的。典型的ICS或移动框架并没有一个软件执行的中心点，更谈不上软件识别了，也没有用户应当能够访问的软件列表 有个古老谚语：“一个木匠，看什么都像是钉子。”随着系统获取越来越多的软件实现特性，它们被认为是网络空间的一部分。然而，非IT系统如ICS和移动框架完全不同，像这样的政策假设单一，这根本不存在，且不可能遵守
6.4.5.8	未加密的数据不同于需要监视的业务流程，应当永远不对运营部可用	运营部往往能够访问所有组织内的数据，因为他们负责组织的完整性。这可能导致有意或无意将未经授权的数据披露给运营部工作人员	即使所有的数据都被加密，必须有自动化的方式对其解密，以便数据被使用，既然运营部为了完整性需要一种方式来测试那些过程，就没有真正实施这一政策的方法 对于数据访问的职责分离可以在运营团队内部建立，除非互相勾结，否则个人或小组不能看到未加密的数据
6.4.5.9	当相同的数据被组织中超过一个部门使用时，应当建立权威的数据来源，每条记录只输入一次，并与需要它的任何其他组织共享	这类政策被称为“数据来源和再用”或“需要共享”政策。它通常在处理大量数据的大型组织中使用，并且通常是为了最大限度地减少数据存储和人力数据录入成本	该政策的实施可以最小化单一组织中不同部门之间记录的互相关性中错误的可能性，从而提高数据的完整性 组织边界内的数据可以被自由共享，这可能难于确定敏感数据。数据记录通常包含不同安全要求的多个领域，当设计数据共享策略时，很难将其分开。不同部门可能对验证数据源有不同要求，由原始部门提供的审查级别可能不能满足客户部门的要求
6.4.5.10	远程网络对无人值守桌面的访问决不允许，即使是出于桌面支持和维护的目的	这项政策要求：只有当桌面用户授予许可时，桌面配置允许远程技术支持	这项政策对于维护工作站活动的责任很有必要。由技术人员对桌面进行远程指挥是很常见的，分配到桌面的指定的用户的权限可能会受影响，且/或桌面用户可能能够否认桌面进行的网络行为 这项政策抑制了技术人员的灵活性，以提供正常的侵入服务，如以不显眼的方式排除故障。对于ICS，共享访问权限有时是一种操作要求，能够通过生物识别技术或其他手段来监控 这项政策的意外后果是，无法为关键基础设施使用远程桌面技术作为运营支持流程的一部分，经常有必要提供有访问权限的外部专家，而这个访问权限一般只授予内部工作人员

（续）

政策陈述		解释	争议的原因
6.4.5.11	运营部应当监控用户行为以确保用户不会共享访问权限	这项政策要求：系统的每一个用户应当被提供一个独一无二的登录标识符，使用行为配置文件应当与每一次登录及被调查的反常行为有关	这是一个简单而有效的方式，去检测用户是否将密码给其他人，并有可能查明在系统活动调查中哪些用户采取了哪些活动 这项政策将促进高效和有效识别账户劫持 不是所有的用户被限制分享访问权限。例如，已婚的夫妻可以共享工作配偶登录他们的健康网站
6.4.5.12	运营部应当识别和报告任何系统资源非商业的使用	既然运营部对维护业务流程负责，任何在被禁止的操作过程中使用的网络资源都不被认可	这项政策需要提前准备资源授权使用预核准的名单。它剥夺了用户及其管理层必要进行技术的新用途实验的灵活性，以及将新设备连接到网络、下载软件的能力在没有低水平员工的监管下体验技术服务 如果系统目的没有明确定义，系统不可能是安全的。如果这项政策不能被执行，那么它不可能保护系统

6.4.6 研究与发展

虽然经常将研究与发展放在同一个标题内，二者却是完全不同的内容。研究涉及打破常规，将最新理论与实验结合，假设问题的一个解决方案。研究的过程是制定实验，证明或反驳这种假设。发展，是为有一些基础的研究构造系统，去相信使用现有的材料和过程的工程流程能够满足指定需求。两者都存在难题，美国国土安全部已经归纳了一组值得称道但迄今为止可望而不可及的目标。这些目标包括可扩展的弹性系统，企业级安全指标，系统保证评价生命周期，打击内部威胁、恶意软件和僵尸网络，全球范围的身份管理，实时系统生存能力，态势感知和攻击归因，技术来源归属，保密意识和实用安全（Maughan 2009）。

和发展相比，研究几乎不会立刻对商业和军事行动产生作用，因此，网络安全研究问题往往集中在学术界，促使网络安全的知识主体不断增加。学术问题必然包括如何为研究生教育提供资金，他们有望从研究机构毕业后成为网络安全技术专家。与工业界和政府相比，学术界有非常不同的特点（Jakobsson 2009）。首先，学术界的人口统计特征偏向更年轻、更好奇、更不愿承担风险的早期使用技术的用户。他们不能因为以下原因而被解雇：在旨在符合政策的教育上疏忽、拒绝和尝试质疑；其次，在学术界有相当大的人员流动率，每年有一些学生毕业离开，一些新学生加入正在进行中的研究项目；最后，在学术环境下的控制更为宽松，因此，风险更大，控制更松。不幸的是，因为一切是相互关联的，这种情况可能会影响其他行业站点。如果学术网络和学生机器被攻击和破坏，它们会被用于发动网络攻击。校园中被破坏的计算机会被用于代理服务器和僵尸。这就是大多数网络安全研究产生的环境。

而且，网络安全研究本身局限于：从基金来源确定当前学者的研究中哪些内容是热点话题。在对系统网络安全问题的研究中,几乎没有或只有一些参考文献,如那些在工业控制系统中找到的。大部分网络安全研究在计算机科学系进行,很少或只有一些在工程系。工程学科中研究的控制理论不能解决安全性。幸运的是,并非所有的企业依赖于学术界的研究成果。许多企业等不到创新技术的实现,因此,一些企业扶植了自己的研究机构,用来研究企业感兴趣的问题。私人资助安全问题的研究是很少见的,但也并不是完全闻所未闻(如 Bilgerm, O'Connor 等 2006)。

发展,从另一方面讲,在大多数公司企业中是实际需要。即使所有的软件代码是购买和外包定制的,技术人员按常规也要负责满足业务需求,通过现有的技术构建模块组成工程解决方案。正如第 3 章中观察到的,易于访问的安全标准指导了安全发展过程,这些标准由各种各样的供应商安全产品和服务所支持。发展趋势中的安全问题,以开发组织的使用流程以及是否考虑安全需求为中心(SSE - CMM ® 2003)。而且,有一些软件安全实践会产生漏洞代码,因此,建议这些应当被明确避免(McGraw 2006)。

安全研究和发展实践中的政策问题关注政府对研究提案的支持,包括学术的和私人的。下表中的政策陈述从高级别的国家民族问题开始,随后的政策反映了对学术和研究质量的关注(见表 6.4.6)。

表 6.4.6 网络安全政策——研究与发展

政策陈述		解释	争议的原因
6.4.6.1	国家行政部门应当从各行各业挑选专家,组成网络安全专家委员会,向网络安全政策建言献策,并对网络安全计划进行评估	这是一个对国家行政部门(如美国总统)的要求,以达到超越当前智囊团小圈子,并在网络安全策略问题上寻求援助的作用	网络安全问题的广度和深度超出了任何一个人的专业知识。国家领导人应当具有最开明的观点 没有必要在这样高的水平建立一个政策。目前已经有多个路径和过程,国家领导人通过这些方式在关键问题上征求和接受咨询。网络安全问题就属于这类问题
6.4.6.2	国家政府应资助网络安全风险、系统和软件方面的基础和应用研究,与国家战略确定的优先事项一致。这样的研究应尽量协同合作、多学科和未分类的	这项政策为网络安全软件、测试、计算机和网络领域的研究提供资助。它还应当包括对国家安全的影响(与安全研究、法律和国际事务部门)以及工业控制系统(ICS)等多学科的研究	研究和发展基金不仅会产生新的能够应用于当前威胁的安全技术,而且促进研究生开展对网络安全问题的研究,并由此通过智慧来解决未来的网络安全威胁 来自于政府的研究发展基金有时会排挤和私有部门更为密切的问题。而且如果研究者没有意识到其他研究(如作为保密计划的一部分正在进行的研究),资助可能重复浪费
6.4.6.3	政府应当每年审查所有的和网络安全相关的研究与发展投资	这项政策需要一个年度成果报告,来描述如何花费分配给网络安全的国家研究和发展基金	如果没有对网络安全清晰明确的研究议程,这样的评估只会是一个主观的活动,而不是一个内容详实的报告。充其量,这就是随处可得的信息的一个简单列举,最坏情况下,政治迫害会针对主观评价的浪费 国家政府战略利益的其他研究领域由大学的附属研究计划全力支持。为了采用类似协调的战略,网络安全在重要性和资助水平上都达到了临界点

（续）

政策陈述		解释	争议的原因
6.4.6.4	应当给予在网络安全研究投入的私有部门公司税收优惠	私有企业通常遵循安全标准，使用现有产品而不是设计自主创新的解决方案。这项政策旨在鼓励创新	这项政策将通过吸引参与者到这个市场，加大网络安全研究的总体数量 目前没有从事网络安全的公司，不太可能被税收优惠政策所吸引。然而，这样的税收优惠可能导致公司对相关领域的现有研究重新分类，如作为网络安全识别机制的客户追踪。这会导致总体税收降低，且并没有在安全上获得利益 这项政策可能鼓励私有公司在网络安全研究上投入，但却不能保证国家从中获益，因为私有公司也许不会分享研究成果
6.4.6.5	应当给予在网络安全研究投入的公众持股公司税收优惠	这项政策旨在增加追求安全目标的公司的股票吸引力	在网络安全研究中的投资应当由市场结果来评判，而不是简单的支出。这些支出也许不会产生实际的安全利益 这项政策激励私有部门资助网络安全研究，增加公司市场价值，并且刺激网络安全产品的经济利益
6.4.6.6	国家级比赛应当奖励学生在网络安全领域的天赋和创新。其他比赛也应该奖励杰出大学和研究机构	有现金奖励的比赛旨在吸引有才华的学生研究网络安全问题	这项政策的实施将创建学生社团，这些学生对从事网络安全工作抱有兴趣 这项计划可能会奖励学生学习恶意黑客技术，而不是防御技术
6.4.6.7	国家应当从小学或初中学生开始鼓励网络防御意识、教育和培训，并且通过具体的网络维护者培训得以继续	目前，网络安全、网络安全性和网络道德是中小学试点计划主题，这项政策将推进其成为主流课程	这项政策将在早期促进网络安全的批判性思维，并通过这样做影响未来的决策者将道德原则纳入到未来系统中。在培训和教育上的投资将催生更为成熟的劳动力和网络专业人士 这项政策提高了全国范围内的网络安全水平。一般民众会更好地理解在网络空间中如何保护自己，而信息安全领域的专业人员将更直观地掌握如何保护系统和软件 教育是一项大型工作，许多人都要和网络空间打交道，并且需要不同程度的理解。这就意味着一种潜在的开销且长期的努力。而且，如果意识决定了技术具体化的计划（“练习安全传真的孩子！”），它们将很快过时
6.4.6.8	国家政府应当提供奖学金给那些希望从事网络安全研究的大学生，作为一段时间政府服务的回报	这项政策的目的是鼓励学生在大学阶段学习网络安全。大学本科课程通常不包括网络安全专业知识	在国家中，没有足够的知识渊博的网络安全专业人士从事维护国家利益的工作。国家奖学金计划提供了输送合格专业人才的管道 本科毕业生没有太多的网络安全专业技术。网络安全重点通常从研究生开始，因为在任何给定领域内实践网络安全所必需的基础知识量要求其在自身领域内至少达到本科水平 这项技术鼓励网络安全课程的创新性，也激励学生从事政府内的网络安全工作。同时它也鼓励大学开展目前没有的计划，如工业控制系统的网络安全

（续）

政策陈述		解释	争议的原因
6.4.6.9	学术团体应当建立网络安全行业协会的学生分会	许多行业协会培养学生分会，但是目前网络安全职业协会并没有这个势头	当今的学生都参与了社交网络。网络安全意识倾向于抑制社交网络。这类计划将在网络安全环境下把为网络安全工作的学生汇集在一起 网络安全行业协会有经验要求，协会的学生应当热爱协会，这些在网站上都是随时可以看到的。这条职业道路不需要更正式意识活动
6.4.6.10	网络安全系统、技术和操作的研究与发展，应当进行到必要的程度，以填补安全网络空间管理目标和目前能力之间的鸿沟	通常是这样一种情况，管理层想要控制网络环境，但是缺乏用以执行的方法、工具和程序。这种情形将其置于有责任却没权力的地位	这项政策使经理获得控制资产的方式，并长期使用，即使他们当前缺乏能力 对于所有类型的和网络安全相关的研究，这样的政策可以被看做是一个开放的支票簿，即使对于组织而言没有可预见的利益
6.4.6.11	所有的软件开发应当采取保护软件开发生命周期的最佳实践	这项政策要求和安全测试一样，遵守保护软件代码实践	众所周知，安全代码实践能够减少配置技术产品的漏洞 在组织策略和过程中，创新需要不断地改变。安全代码实践如果一成不变，就跟不上技术进步的步伐
6.4.6.12	所有的系统开发应当采取保护系统开发生命周期的最佳实践	这项政策与上一项政策类似，但是采用的是系统方法，而不是单一软件组件的安全	最佳安全实践要求，在开发过程早期就应当考虑系统安全要求，并与产品特性相结合 安全需求与其他任何需求一样，并不具备优先权，因为一个成功的系统最终是质量的平衡，这对利益相关者至关重要

6.5 网络基础设施问题

本节包括网络私有部门行业所面临的基础设施问题的说明性举例。美国国土安全部的国家基础设施保护计划（National Infrastructure Protection Plan，NIPP）公认 18 个由私有部门管理运营的基础设施作为国家关键基础设施和重要资源（Critical Infrastructure and Key Resources，CIKP）（DHS 2009）。尽管有些部门比其他部门更为主动，NIPP 要求每一个部门都必须加入公私部门的伙伴关系，以保证国家基础设施。这些部门包括食品和水系统、农业、医疗保健系统、应急服务、信息技术、通信、银行和金融、能源（电力、核能、天然气和石油、水坝）、交通运输（航空、公路、铁路、港口和水道）、化学和国防工业、邮政和运输实体以及国家古迹和标志。

本节包括金融服务、医疗保健和工业控制系统领域信息安全保障政策的讨论和范例。注意，工业控制系统本身并不是一个行业，而是在行业中广泛使用的自动化设备类型的通用标签。

6.5.1 银行业与金融业

银行业和金融业包含了各种各样的机构,共同关注管理金钱的产品和服务。这些机构包括银行、信用卡发行机构、支付处理器、保险公司、证券交易商、投资基金、清关公司和政府资助贷款人。美国银行业和金融业的所有公司的生产总值超过美国年度国内生产总值的8%(FBIIC 和 FSSCC 2007)。现在,所有的其他行业都在使用电子商务功能进行在线资金转移、抵押贷款的研究与应用,查看银行对账单、销售的金融建议或指导以及互动咨询的订阅。当部门使用信息技术管理资金时,它会不断受到网络攻击的威胁。有能力且执着的网络不法分子不断呈现出有组织和复杂的方法实现偷盗和欺诈。

安全性总是银行业和金融业最担忧的问题。银行业和金融业也擅长进行欺诈检测和响应。这些担忧促进了许多技术因特网安全控制的发展。业界有完整的历史记录,记载了致力于各种公共和私人论坛中提供防御攻击、增强恢复力和维护公众对银行信任关系的记录(Abend 等 2008)。这些志愿者的努力不断与网络安全政策稳步增加的监管相结合,这些政策始终与银行业和金融业密切相关(监管记录见 http://www.ffiec.gov,在持续中达到顶点;FFIEC 2006)。随着发展,金融交易出现法定管辖权,这在过去并不是金融服务的目标(Smedinghoff 2009)。除此之外,消费者对于日益增长的复杂且有组织的威胁形势做出的反应推动了金融业发展自己的网络安全政策,以解决客户所关心的问题(Carlson 2009)。

财务审计长期以来一直立足于安全控制中的最佳实践基础之上。信息系统审计师团体是第一个编撰企业安全计划和管理策略标准的团体(FSSCC 2008)。监管机构可能会继续专注于金融机构是否制定了适当的战略,旨在为系统开发生命周期进行计划、实施和检测控制。监管机构针对一些主题已经制定了详细的指导方针,如培训软件开发者,自动和人工代码检测和穿透检测。例如,在 2008 年,货币监理署办公室发布了软件应用程序安全性指导意见(OCC 2008)。安全服务中的接口完整性非常重要,是物理安全专业人员通过实验设计来预防犯罪的(Crime Prevention Through Experimental Design,CPTED)(NCPI 2001)。在接口的两侧,都需要充分的安全基础设施。通常,这需要不相关且独立的组织以及制造商,去设计详细计划书。

金融业长期以来一直被身份盗窃造成的网络安全犯罪所困扰。身份盗窃实际上不是针对银行的犯罪,而是针对消费者的。当大量消费者被欺骗,随后被犯罪分子冒充,取得进入银行账户的权限并提取现金时,银行会受到影响。由于银行过去常常遭遇欺诈,因此这种行为作为电子商务的部分成本而被容忍。然而,银行账户的接管控制导致消费者对此感到厌烦,因此促使银行监管机构提出要求,银行必须增加第二“因素”身份验证。

然而,大多数银行选择的第二因素是在密码主题上进行变化,因此仍然很容易被盗用,要么是被某些知道特定个人信息的人猜出来,要么是被入侵消费者桌面的入侵者破解出来。信息安全从业者认为,认证强度通过三个层次来逐渐加强,通常分为:“你知道的”、“你拥有的”和“你是谁”。正如在第 6.2.2 节中对假冒的讨论中描述的那样,“你知道的”指的是密码。“你拥有的”指个人拥有的用于身份证明的物理组件。“你是谁”指基于物理生物学的量度,也叫生物特征,如指纹和眼底扫描。这项政策要求三个层次中的第二个:“你拥有的”,这不容易受到猜测和窃听的威胁。

在金融机构中,消费者的信心受到了持续的威胁,这促使银行监管机构发布了“红旗”规则。该规则要求银行机构监视个人账户的潜在重大活动,目的是检测进行中的欺诈和阻止账户接管。该规则还要求银行应当通知消费者和监管机构被及时制止的欺诈行为。

注意,第6.4节中所有的政策陈述都适用于金融行业的网络安全政策决策者。凡是提供线上服务的金融机构,在第6.2节中的政策陈述也同样适用。因此,本节中的政策陈述范围从监管机构到消费者。他们对于银行业和金融业都很熟悉。前几个涉及专门应用于银行业和金融业的法规,但也能推广至任何一个有在线货币交易的公司。接下来,政策涉及银行业和金融业,以及任何花费大量时间和金钱遵守安全法规的公司。最后是一些关于服务的金融网络安全政策实例,银行可能有或可能没有自己的网络安全政策,以达成基于风险评估的网络安全目标,且不会被外部标准或法规直接影响(见表6.5.1)。

表6.5.1　网络安全政策——银行业与金融业

政策陈述		解释	争议的原因
6.5.1.1	法规,诸如用户账户遭到威胁时,对其检测和响应中的个人资料隐私和尽职调查,应当统一适用于处理消费者信息的所有机构	目前,这些法规只对金融机构的管理和审计提出要求,这项政策将其扩展到处理消费者敏感信息的零售商和其他公司	对开展类似业务的金融和非金融公司的监管标准是不同的,这种情况获得了持续的关注,既依据竞争,又考虑这样一个观念:一旦一个链中最薄弱的一环被打破,将会对整个链造成毁灭 金融机构是这样的一类组织:实际消费者的资产处于风险之中,因此没有必要将安全需求延伸至其他行业
6.5.1.2	当金融机构的网络安全风险配置文件提示系统安全问题时,银行监管部门应当提高最低监管资本金要求	监管机构定期设置最低资本金要求,银行应当在无法预见的突发事件发生时,支付开户人资产投资损失。这要求银行留有额外余额,用于网络安全问题导致的投资风险	由于网络安全攻击没有上限,银行可能丢失潜在的金额,这项政策可能就要求银行对那些事件的发生做好充分准备 长期以来,信息安全风险就是技术风险的一个组成部分,其本身也是运营风险的组成部分。这些风险一直处于监管机构的详细审查之下,目前还未要求出台新的规章制度控制风险的发生
6.5.1.3	金融机构监管部门不得禁止安全控制应如何工作,反而应当强调金融机构应当为每个消费者达成交易安全的目标	尽管法规没有指定安全措施的技术配置,监管审计师已经采取了最好的实践方法来监督执行。其结果是,银行必须使用监管指导作为检查表,以通过监管机构的安全检查	银行规定详细到了微观管理金融机构网络安全风险降低策略的程度。这扼杀了对于安全控制措施的创新,并减轻金融机构对于交易安全策略自主开发的责任,这些策略足以控制欺诈和消费者及企业账户的盗用 通过实施这些策略,组织已经成功阻止欺诈和账户盗用,因此最佳实践得以一直存在。监管机构审计师,收集这些策略,并相应进行审计,逐步为行业内的安全提高界限

（续）

政策陈述		解释	争议的原因
6.5.1.4	监管机构应当提供明确的指导，这将减轻对于移动设备上无线安全技术的担忧，使金融交易更加方便	消费者刚刚开始在移动设备上使用金融服务，还没有专门的规定用于交易通信	正如在线银行引入了身份盗窃的威胁，无线媒体上金融交易可能引入目前未知的风险，这应当是当务之急的主题 在无线媒体上进行交易所使用的技术和目前在因特网银行交易上使用的技术非常相似，因此不需要新的监管 监管机构没有足够的能力了解无线技术，以禁止非安全的使用。银行应当对他们所支持的所有交易的安全性负责，无论在什么平台上
6.5.1.5	法律要求当暴露敏感信息时通知金融消费者，这应当在全国范围内统一，如果可能，在全球范围内统一	目前，美国每个州都有自己的数据外泄通知法律，许多非美国国家也有自己的法律。但这些往往不一致	然后，银行可能只在一个州有网点，但是却有居住在其他州的消费者。这就要求小银行消耗大量的法律资源来调和，法规只是为有可能的数据外泄做准备，即使一次都不会发生 数据外泄法律应当由隐私处于危险之中的民众来成文。社团只能制定自己管辖范围内的法律，这些法律只能在各州制定
6.5.1.6	包括银行身份识别的金融机构犯罪模式分析数据，应当对所有消费者开放	尽管新的安全漏洞报告和身份盗窃无处不在，法律要求报案仅限于监管关系，且监管机构没有和一般公众共享这些数据	金融机构通过行业协会自愿分享身份盗窃信息，如金融服务信息共享和分析中心（FS－ISAC），反网络钓鱼工作组（APWG），身份盗窃援助中心（ITAC）（FDIC 2004）。这个数据被广泛公布并严格审查 虽然金融机构可能经历大规模欺诈和数据外泄，而没有通知公众，也不会有动机使安全性成为市场的差异
6.5.1.7	应当允许消费者限制以下情况的交易：将账户余额转到定义明确的其他账户，以防止资金以意想不到的方式转出	许多银行提供了“付款确认”服务，要求开户人同意执行将余额转出账户的交易	如果所有的银行都提供了这样的服务，且消费者都对他们有所了解，就会避免大量的欺诈行为 消费者对于简单的在线交易都会觉得困难，电子转账很快，但是需要额外的安全层，这就阻碍了他们为完成在线银行使用更为方便的机制
6.5.1.8	凡是账户遭受到身份盗窃，物理认证令牌应当用于补充认证令牌，可以通过软件从用户的计算环境中或者个人历史知识复制得到	银行监管机构认为，对于大多数银行认证，密码是最基本的方法，但认证方法对于阻止身份盗窃是不够的	物理验证，需要个人拥有个人发布的物理令牌或生物识别设备，以执行除了密码、个人识别码或安全问题答案之外的银行交易，这能够显著降低由身份盗窃导致的线上余额或信用盗窃的发生 用来发布物理或生物识别令牌的基础设施和设备可能成本高昂

6.5.2 医疗保健

医疗行业包括各种各样共同关注维持健康的产品和服务的机构。这些机构包括医院、医务室、诊断实验室、医疗设备制造商、急诊护理专业人员、家庭护士及许多其他医疗机构专业人员和服务。这些机构利用专业的企业支持系统,如会计、管理、协作和广告。此外,从网络空间运营的角度看,这些组成部分利用医疗行业特有的两类关键任务系统:用于实施医疗实践的系统及用于实施药物的系统。实施医疗实践,我们指:医务室、医院、其他护理提供者、药房、制药企业和保险公司的工具和技术,用以确保医疗设施和用品皆是可用的,且可以招募和培训医护人员,并为他们支付薪水。给予药品,我们指:关怀人类病患的过程。我们分别称为物流系统和供应商系统。用于医疗行业的物流和供应商系统在职能和数据内容上是不同的。

物流系统的主要职能是:通过复杂的组织工作流,连接病患和医疗提供者、设备及治疗方法,跟踪病患和资源。组织工作流从病患的家用计算机开始,通过工作福利系统、保险公司、诊断和治疗设备。这些系统中的数据内容是组织工作流功能所必需的信息。它包括很多患者认为是隐私的数据,这些信息的安全性由《健康保险隐私及责任法案》(Health Insurance Portability and Accountability Act,HIPAA)(HIPAA 2003)进行管理。

供应商系统的主要职能是向病患提供医疗护理,包括药物输送泵、自动化样品化学或毒性分析、诊断影像测试、远程监控电子植入物和其他各种各样的创新设备。这些系统的信息流从物流系统的授权开始,通过医生处方,包括自动或人工分析,以病患的条件找出适当的治疗方案,结合测试结果,将结果和物流系统进行自动化通信,完成一次简单治疗的信息生命周期。此外,一个病患可能需要任何一个供应商系统接口,这可能导致各种供应商系统的多项记录。

物流和供应商系统独特的网络安全问题集中在互操作性。互操作性是医疗行业的一个主要目标,因为它被看做是对病患的治疗做出快速准确决定的推动者。物流系统可能和供应商系统快速结合,病史可能被自动分解成基于专家系统的诊断和处方算法,使得治疗方案更为准确和有效。例如,最近成立的国家卫生信息网络(National Health Information Network,NHIN)控制了信息共享,使得健康信息能够在因特网上方便交换(HHS 2010)。国家卫生信息技术议程的关键部分是使健康信息能够跟随消费者,用于临床决策,支持医疗信息的适当使用,超越了直接护理病患,最终提高人口健康。NHIN 不是一个组织,而是由美国政府抽象定义的独立运营系统,包括信息服务网关,由信息提供者或消费者运营的健康信息组织(HIO),如急诊提供者、实验室系统或医务室、NHIN 经营性基础设施、一组 Web 服务,存储 HIO 信息和数据仓库,使得链接通过安全服务并向用户提供注册信息。本质上,NHIN 是一套用于 HIO 的规范,用于互相查询和提供数据,加上与授权 HIO 相关的信息库。只要健康信息服务已经存在,从 NHIN 角度看,就会被认为是 HIO。在 NHIN 文档中,这些被称为健康信息交换或综合交付网络。这个系统没有数据使用的限制,但是依赖于 HIO 遵守数据使用和相互支持协议(Data Use and Reciprocal Support Agreement,DURSA),而不是任何数据级安全特性或尽职调查要求,旨在保证 DURSA 能够满足可行的成功水平。

然而,信息共享的迅速与便捷,也引入了至少两类主要的安全问题:私密性和完整性。如果在医疗信息共享中,NHIN 概念是下一个被逾越的障碍,那么在网络安全中对应的障碍一定会增加。问题依然是关于证据标准,当从系统中请求病患信息时,医疗保健机构应当承担责任。例如,在遭受巨大灾难情况下,需要共享什么样的信息?这将随事件的类型而变化,不同的应急响应者需要不同的信息。再如,急诊分诊的内科医生、国家应急管理主任、美国卫生与人口服务部部长需要不同的信息(Toner 2009)。

NHIN 计划和其他计划类似的一点是,医疗保健行业尚未采取技术革命的优势。以信息共享为目标的现有的医疗保健系统及方案,可能会导致病患护理上的巨大改善,范围从自动化的化学药剂检测系统到对新闻网站的自愿捐款。在二者之间还有病患跟踪系统和强制性报告要求,在极大程度上,这些系统是独立运行且没有一体化的系统(Toner 2009)。这些系统由公共和私人共同拥有,包括紧急手术和地方、州及联邦层面的信息融合中心,用来合并各种信息流。医疗保健行业的优势是信息的自由流动,这对于试图走在下一波潜在大流行前面的服务提供者来说优势明显。

对信息共享的迅速便捷进行的新闻报道,向已经存在的医疗保健信息库的安全控制发起了新闻战,并最终失败。最近的报道显示,超过一半在医疗保健行业工作的信息技术专业人员不相信他们的机构能够充分保护敏感信息,甚至其中的大多数都经历过数据外泄(Ponemon 机构 2009)。虽然,这些统计数据可能是因为那些回答问卷的人都是最具安全意识的人,他们被安全公司的调查员设定为目标,它也表明,即使是那些医疗保健公司的人也认为他们的 IT 控制经历过多次数据外泄。内部的控制报告使执行官相信,对于行业标准而言,系统是受保护的,但是标准本身也许是不够的,一般看法认为,不能责备安全性不足,因为没有人预计会超出行业标准。在医疗保健机构中,持有"不是我的错"这种态度的人,很容易认为,技术高度复杂的公司都会遭遇攻击,这可能让医疗保健专业人员感到无助又无辜(McMillan 2010)。

工作在医疗保健行业的技术人员有一种共识,针对医疗保健数据完整性问题的集成系统解决方案所必须的大多数信息/通信技术已经存在。目前,对信息共享的阻碍并不是安全性问题,而是技术的互操作性、数据字典标准和可靠性问题,以及各级医疗保健系统的培训问题。这些问题和在结构、财务、相关政策(报销计划,规章)、组织和文化上的阻碍相同,已经妨碍了系统工具的使用,将必须被克服,以缩小医疗保健信息/通信技术的差距(Proctor 2001)。加上一系列和隐私及数据源相关的网络安全事件,极大增加了专业人员所面对的复杂性。

然而,对于互操作性和数据共享能力的政策不应当与私密性和完整性标准相混淆。互操作性标准(ASTM 2009;MD FIRE 持续中)旨在使沟通方便,并不是要控制信息流。当进一步认识到,医疗保健也采用工业控制系统技术进行自动传送治疗方案,如果管理不当,可能会造成生命危险,更重要的是要相应地识别区分和隔离政策。

因此,本节的政策陈述从规则问题到生死问题。对于那些工作在网络安全行业的人来说,他们是非常熟悉的。前几个涉及网络安全专业人员所谓的"卫生"问题。他们讨论了信息安全标准,当用于企业数据时,这些标准能有效降低数据外泄的风险。接下来的政策涉及由互操作性需求或从医疗设备到总案例数据库等各类医疗保健数据库缺乏引起的网络安全风险。剩余的政策涉及信息共享问题,信息共享的政策目标和私密性及完整性政策目标之间潜在的相互作用(见表 6.5.2)。

表6.5.2 网络安全政策——医疗保健

	政策陈述	解释	争议的原因
6.5.2.1	医疗保健机构使用的所有系统应当遵守健康保险隐私及责任法案(HIPAA)隐私与安全规则	HIPAA为所涵盖的实体详细说明了行政、物理和技术保障措施,用于保证电子保护健康信息的机密性、完整性和可用性	信息可能通过意想不到的方式进行内部转移。使公司HIPAA的范围对整个系统环境进行计划,确保此类意外转移不会导致电子保护的健康信息意外曝光。许多公司办公室系统维护像电子健康信息一样敏感的信息,例如,自己员工的个人身份信息 HIPAA合规计划操作起来非常昂贵,监管范围十分清晰。为只有存储和传送电子保护的健康信息的系统缩小管理、物理和技术保障的实现策略,这样允许没有不必要花费下的充分保护,这些花费会转嫁到消费者身上
6.5.2.2	关于医疗保健的网络安全监管应当为了基于信息分类的数据保护施加技术要求	隐私问题促使这项要求提出。尽管HIPAA提出了医疗保健问题,但并没有完全涵盖每种格式的敏感医疗保健信息,这些信息目前用于所有的物流和供应商系统	任何技术要求都会增加提供服务的成本,因此,除非在总体医疗保健有效性或物流或供应者系统上的成本降低有特定的投资回报率,否则对医疗保健数据的网络安全进行立法没有任何意义 目前,组织机构没有进行数据保护的动机。HIPAA法规甚至允许在病患同意的情况下,进行超出病患需要的数据共享。对病患进行医疗保健服务时,由于太专注于长期使用的健康数据,有可能不能做出明智的诊断,因此应当允许直接使用那些不需要病患签字放弃隐私权的数据 金融行业的经验显示,甚至是最细节的技术安全要求都不能预料所有可能的安全威胁,因此不能充分解决安全性总体目标,所以任何低层次的监管都不可能有效
6.5.2.3	数据的不可否认性和精确性应当由在私密性之前的医疗保健提供商政策加以解决	这项政策承认,安全政策有多个目标,建议识别谁修改数据的能力和识别是否正确的能力应当是医疗保健安全计划的首要目标	医疗资源稀缺,隐私不应当超越如何付出安全代价而成为首要任务。从未有人死于窘迫,但是他们已经因拿到了错误处方而死 这项政策假设安全代价是静态的。相同的保护完整性的安全控制措施可能可以当做确保隐私的措施
6.5.2.4	对医疗保健数据的访问权限应当视事件情况而定,这样的访问权限必须在诊断和治疗特殊病例情况下	目前,对医疗信息数据共享的建议并不包括与数据共享特殊目的相关的要求。这项政策将引入这项要求	合格的医疗保健供应者不应当担心对数据的正当访问。他们只要接受审查,就足够了 合格的医疗保健供应者不应当被要求在治疗前提供数据访问的正当理由,因为这将减缓医疗保健服务的速度。他们只要接受审查,就足够了 根据特定病患和引起医疗保健供应者注意的条件,对个人医疗保健数据的所有访问必须是有正当理由的 当执法需要对一个暴力受害者进行刑事立案,对医疗保健数据的访问被认为是正当理由,受害者可能不能或不愿控告袭击者。犯罪调查也许也需要医疗保健供应者提供立案过程中的病患护理记录,有些案件并不认为病患是受害者,而是潜在嫌疑人、证人或其他和犯罪有关的关系人。因此,所有的类似记录经过适当的监督和批准,应当对执法机关是可用的

（续）

政策陈述		解释	争议的原因
6.5.2.5	病患体内的无线设备植入应当需要强有力的授权，以操作命令和控制特性	有各种各样的医疗设备，其中的电子电路接收命令、改变电子信号和药物剂量。目前没有控制它们的安全标准	虽然还没有因无线网络安全攻击产生对病患健康的威胁，研究这些设备的安全性会产生不必要的花费。对于关键设备，需要有安全标准和设备认证 这些设备允许远程命令和控制能力，任何怀有恶意的人，如果理解它们是如何工作的，可能会犯下杀人的罪行，却没有任何痕迹证据 除非这些设备的安全性选项是很容易理解的，否则不可能评估病患使用设备的风险。至少，远程或无线接入不应当被允许，除非有方法审查谁在设备上远程执行了什么活动
6.5.2.6	类似于 NHIN 这样的系统应当维护与公司之间的数据使用和相互支持协议（DURSA），并共享健康信息	由第三方机构在金融或国防工业上进行的尽职调查的数据处理要求，那些发布的数据确保第三方机构的数据保护能力。类似 NHIN 的医疗保健网络依赖于合法协议，而不是任何网络安全特性的验证	为了能用于紧急病患的治疗，病患数据必须是立即可用的。对数据分享的任何安全尽职调查要求可能会限制医疗保健供应者去挽救一条生命 尽管对于正常的操作程序，没有预先审查的医疗保健信息分享可能是不合适的，所有的医疗保健信息，毫无疑问在火灾和飓风等广泛危机情况下，应当被分享 国家公认的数据分享，只有类似 DURSA 的协议，所以信任方被打破规则的人所支配。既然对于加入类似 NHIN 网络，基于审查的证据是不必要的，那么对于医疗行业的任何人，并没有什么能阻碍其在敏感医疗保健数据中创造市场
6.5.2.7	对医疗保健数据的访问权限应当由机构一级授权	这项政策接受前提条件，对于从其他机构进行数据下载，网络中的制度性参与，如 HSIN，应当是正当的，且对个人健康记录的访问不需要在就事论事的基础上证明其合理性	在通过一个接口提供来自多个源的数据的这样一个机构中，在搜索记录时节省了时间，基于数据的决策可能更快做出。多个源的数据库结合可以实现 在个人层面上的授权访问将对个人占有信息进行追责，并在数据外泄或误用时提供可追溯性 在任何 HSIN 参与者中，将多个源的健康数据结合成一个数据集的能力将会导致控制数据的完全丧失和与历史数据的同步问题。如果没有保护医疗保健数据完整性的国家计划，很有可能因为不完整的数据而导致错误决定
6.5.2.8	用于自动医疗保健供应者系统的软件如放射和送药，应当使用保险和安全的模型来进行设计	保险和安全原则有着悠久的历史，可能被引入以对这些系统产生影响，如在安全模式中出现故障和最少资源分配	专业设备软件不应当负担不必要的子程序。控制其最好的方式是将功能最小化及培训操作者 在这样的潜在危险设备中，没有观察到已知的保险和安全原则，等同于疏忽和技术玩忽职守。在系统的设计流程中，缺乏对安全的注意，会造成和工业控制系统中类似的影响，它们有许多相同的安全漏洞
6.5.2.9	国家标准和技术委员会（NIST）应当维护医疗保健供应者服务设备标准的可靠性和互操作性	NIST 为各种领域维护信息安全标准，但是医疗保健不包含其中	NIST 网络安全方法论的专家应当解决医疗保健行业中网络安全互操作性问题 NIST 安全专家是一个通才，医疗保健安全问题最好留给专业人员。而且，没有证据显示，NIST 标准在任何行业领域都是有效的

（续）

政策陈述		解释	争议的原因
6.5.2.10	促进即插即用互操作性标准的医疗标准应当执行	目前，医疗装置互操作性标准的建议重点是数据共享能力	互操作性标准将有利于安全需求，如不允许公众访问敏感数据，因为目前安全协议被认为是及时护理的潜在障碍 互操作性需求有利于规模经济，将医疗保健服务提供者的数据可移植性问题最小化 互操作性标准，如果没有与安全需求结合，可能会使问题更糟，因为它会使医疗保健数据更广泛地使用。对敏感数据的适当和授权使用，没有同行安全模型和指导情况下，它们是不能使用的 互操作性标准不仅被规模经济和数据可移植性问题证明是合理的，而且被医疗保健数据标准的不断发展和技术及材料支持的显著增加证明是合情合理的，这些支持是由联邦政府向此领域的公私伙伴关系提供的
6.5.2.11	健康信息应当被数字化，这样历史健康信息才能跟随消费者	这项政策要求，医疗保健行业应当利用信息时代可用的工具和技术，当咨询新的供应者时，允许病患从之前的医疗保健供应者接收记录。这本质上是对服务便携性的要求	每一个病患的数字化健康信息的可用性将增加诊断的总体精确度，这要求过去的历史是准确的，特别是在病患无意识或不能陈述本人历史情况下 对每一位病患的数字化健康信息应当能够用于分析，以支持和改进临床决策。数字化记录可适当用于提高健康护理治疗，超越直接护理病人，以提高人口健康 在缺乏正确和一致的医疗软件时，目前不可用且没有具体的计划，要求数据无处不在是没有意义的。事实上，要求在多种多样的软件环境中使用相同的数据可能导致表达不当，从而造成误诊
6.5.2.12	应当巩固由多个不协调的政府机构完成的数据收集和完整性保护工作	州紧急行动中心、HHS部长行动中心、疾病控制指挥官紧急行动中心及生物融合计划、国土安全部国家生物监控集成中心仍处于不协调状态	在政府要求医疗保健数据采集的地方，它应该争取最大的效用，这只能通过数据向利益相关者传播来实现。目前，过度依赖通过人来纠正跨多个医疗数据源之间的相关性研究中的点 由不同机构完成的数据收集有不同的目的，对数据分享的要求将对具体机构施加干扰，并增加不必要的花费 任何大型医疗保健信息库都是网络袭击的目标。目前，多种数据的采集方法和人与人之间的相互关系限制了数据泄露有可能造成的影响
6.5.2.13	药品生产企业不应当访问以下数据：使用其药物的医生和病患	药店和药品制造商共享处方信息。这项政策将限制关于药品采购的数据类型，这些数据可用于药品生产企业	制药厂商在药品购买时不需要看到这种级别的细节。容易驱使制药公司给医生回扣，通过此方法公司能够验证医生正在开具此药的处方。这些报酬，无论是现金还是其他利益，都会过度影响开给病患的药品的选择 病患和医生有关系，而不是制药厂商。有一些被广为宣传的事件，制药公司意外发出了病患的电子邮件地址列表，厂商用此来发布电子邮件广告，而厂商本来是没有理由可以得到病患的电子邮件地址的 制药厂商使用医生和病患数据，更好地了解药物是如何被使用的。这些信息帮助他们改善消费者服务，对医生和病患都是有益的

6.5.3 工业控制系统

尽管高度依赖自动化,ICS 通常并不设计访问控制,其软件不易更新,也没有取证能力、自我诊断和网络日志。通常,在 IT 网络中的设备在预期被更换前,生命周期为 3 ~ 7 年,且不必经常操作,ICS 设备可能是 15 ~ 20 年,也许更久,并且是全年无休每天 24h 运行的。而且,对 ICS 进行补丁或更新有许多陷阱。现场设备必须采取退出服务,这可能需要禁止过程被控制。反过来,这会花费数千美元,并影响数千人。重要的是,如何保护没有补丁、不安全的工作站,如仍然在运行 NT Service Pack4、Windows 95 和 Windows 97 的工作站。许多老旧的工作站在设计的时候,被当做工厂设备和控制系统包的一部分,在没有更换附加在工作站的大型机械或电子系统时,工作站是不能更换的。此外,许多用于 ICS 的 Windows 补丁并不是标准的 Microsoft 补丁,而是被 ICS 供应商修改过的。实现一个通用的 Microsoft 补丁可能比要防御的病毒或蠕虫更加有害。例如,2003 年,Slammer 蠕虫正在流行,一个分布控制系统(DCS)供应商向客户发出了一封邮件,内容是:不能安装通用的 Microsoft 补丁,否则 DCS 就会停止运转。另一个案例是,自来水公司为水处理厂的系统安装了来自操作系统供应商的补丁。随后,他们启动了水泵,但是却无法使水泵停下来(Weiss 2010)。

然而,正如在第 3 章讨论的那样,对于工业控制系统更大的威胁是:不必要的远程访问必须维护现场设备的操作。一个案例是,Idaho 国家实验室 Aurora 证明,利用拨号调制解调器可以物理摧毁一台柴油发电机(Meserve 2007)。另一个主要问题是,物理访问控制器的人员数量可能会改变发出机器指令的芯片组上的软件。例如,Stuxnet 蠕虫就是一个被设计通过通用串行总线(Universal Serial Bus,USB)装置进行传播的病毒。它曾被安装在 Iran 不具备因特网连接的核设施中(Zetter 2011),不需要因特网连接就能启动。

第 6.4 节中的所有政策也应当被认为是为数字资产的 ICS 制定的。然而,用来保障 IT 的已有标准和安全特性并不容易转变。ICS 安全是一个相对较新的领域,需要 ICS 特有的安全性验证流程的发展来实施商定的政策(Stamp,Campbell 等 2003)。网络安全管理标准不是直接适用的,因为它们专门解决 IT 管理问题。因此,像国际自动化协会(International Society of Automation,ISA)这样的组织发起了为 ICS - S99 工业自动化和控制系统开发标准的活动。其他一些也为 ICS 开发标准的组织包括电气与电子工程师学会(IEEE)、国际电工委员会(IEC)、国际大电网会议(CIGRE)、北美电力可靠性公司(NERC)、核能研究所(NEI)和美国核管理委员会(NRC)。

本节的政策和保护私有关键基础设施相关。表 6.5.3 包括特定使用 ICS 运行关键基础设施的行业的相关问题实例,还包括技术控制建议,用以在技术和流程上将潜在的网络破坏威胁的成功率降至最低。问题的总体设置,旨在首先以该领域的广度打动读者,并使用该认知促进对问题相关的潜在后果的深入理解(见表 6.5.3)。

表6.5.3　网络安全政策——工业控制系统

政策陈述		解释	争议的原因
6.5.3.1	系统误用可能造成严重的人员和财产损失，因此应需要强验证操作	这项政策要求操作任何系统都要经过验证，其中的事故可能造成损失，如带有无线仪的船只	我们没有理由相信，休闲车会成为网络威胁的目标，这项政策需要相当大的成本重新设计这些系统的电子元件。此外，它有可能造成意想不到的后果，来自不同制造商的电子器件将难以整合 电子市场的竞争已经创造了一个危险的境地，其中，基于因特网和/或无线命令来进行操作的许多器件有可能被了解制造商产品说明书的任何一个人入侵。制造商构建进入器件的功能是不负责任的，这允许消费者以外的任何人操作器件 对控制系统的访问限制将会造成偶然损坏，对于故意造成这些损坏的犯罪分子来说，造成损坏和控制损坏的概率是相同的
6.5.3.2	目前，网络安全威胁和响应的法律及法律框架为关键工业控制系统解决了网络安全问题，应当每年进行检查及上交报告	这项政策要求国家机构和其他公共资助的组织进行网络安全威胁情报工作，每年把调查结果写成综合报告，报告包括和网络安全相关的法律	调查结果、结论和审查建议对于将来的立法是非常宝贵的资料 尽管与日益变化的环境相比，对现有立法的审查是一个好主意，但是这项政策的措辞方式没有体现战略目标。这种开放式的的审查可能会导致浪费纳税人的钱 每年公开这样一份报告是毫无意义的，这不应当是一个报告过程，而是对政府安全服务的展望，对比应当不断更新并可用，以确保控制在面临日益变化的威胁时不断改进
6.5.3.3	国家应当强制规定在关键基础设施部门中用于识别和身份验证凭据的加密强度。这些额外的保护也应当适用于关键基础设施部门中的关键工业控制系统(ICS)	在关键基础设施部门内的组织处理机密信息，并控制工业系统。这是一个和滥用造成的潜在破坏相称的安全控制要求	这项政策将匹配这些部门中信息的高临界性及其伴随的保护。这些类别的信息不应当依赖于因特网的不安全系统。加密和识别凭据十分重要，有助于为这些部门建立更高的保障 对于许多敏感政府系统，这项政策已经实施，用于管理关键基础设施的工业控制系统只是，如果没有更多，容易受到国家安全的威胁 这项政策也将对已经难以维持的 SCADA、PLC 和其他 ICS 组件体系结构增加成本和复杂性。额外的验证可能不易使用，因此可能干扰运营商控制这些设备的能力。保护这些系统的方式是降低，而不是增加复杂性
6.5.3.4	ICS 设计准则应当包括对网络安全的要求	ICS 的设计基于性能和安全性。这项政策确保网络安全的要求要包含进设计	以无意的方式使用电子器件的能力和电路的功能及数据存储容量要相称。以意想不到的方式使用 ICS 的能力至少部分依赖于电路容量。认识到对 ICS 的数据内容进行网络启用功能会引发的故障或故意操纵，这应当激发系统设计，来保护其不受故意或意外损坏 认识到 ICS 故障或故意操纵应当促进网络故障检测措施，目前缺少措施且需要被开发，以确定有意或无意的网络事件 电子控制的物理设备可以用物理控制及逻辑控制。目前，ICS 中流行的故障检测措施应当能够补偿有意或无意的网络功能故障

（续）

政策陈述		解释	争议的原因
6.5.3.5	ICS设计应当包括网络取证能力	行业事件频繁发生，如果有的话，调查检查网络空间日志和配置。然而，许多PLC、DCS和SCADA系统通常没有识别或存储数字证据，而在这样的调查中，这些非常有用	对这一领域进行研究与发展的时机已经成熟，决定需要什么特定类型的网络取证以及它们将如何以尽可能最少的非侵入方式被利用 ICS团体有知识基础，了解需要什么样的物理参数来执行事件的根源分析。因此，ICS团体发展了对物理参数详细的取证，这些物理参数包括温度、压力、水平、流量、电机转速、电流、电压等。然而，ICS的遗留/现场设备部分极少，无法进行网络取证。而且，目前尚不清楚，对于还很新的ICS，是否存在足够的网络取证
6.5.3.6	研究和发展应当专注于特定的工业控制系统(ICS)的网络安全技术。工业控制系统的网络安全上的跨学科项目应当发展，并纳入大学计算机科学与工程计划	目前，没有在工业控制系统的网络安全方面具有跨学科计划的大学。这项政策将创造一个新的类别，追踪网络安全研究，特别是ICS的进展	没有理解实际的ICS需求或ICS的技术局限。需要ICS网络安全的研究与发展来解决合适的ICS需求。通常，在ICS网络安全领域工作的人，要么来自于IT安全团体，对ICS毫无了解，要么是ICS专家，在系统操作上知识渊博，但不懂安全。小型ICS网络安全研究致力于非Windows系统的现场设备，并不是IT类系统。有必要了解ICS网络安全要求，并制定相应的ICS网络安全技术将研究分成网络安全系统的不同类型，可能将那一点点可用的钱分成更小的部分。ICS应当被纳入主流的安全课程，而不是创造一个新领域 ICS安全，几乎没有专业知识，更不用说理解，往往不认为是至关重要的。这个领域的重点研究在教育公众和所有者/运营者应对潜在风险上非常有用
6.5.3.7	影响性能和安全性的系统功能由电子产品来控制，工业控制系统(ICS)设计准则应当包括对网络安全的要求	有电子元件的机械设备往往不属于软件，所以逻辑功能不用超出当前设备的使用实例进行测试	以无意的方式使用电子器件的能力和电路的功能及数据存储容量要相称。认识到对电路的信息内容进行网络启用功能会引发的故障或故意操纵，这应当激发系统设计，来保护其不受故意或意外损坏 电子控制的物理设备可以用物理控制及逻辑控制。目前，ICS中流行的故障检测措施应当能够补偿有意或无意的网络功能故障
6.5.3.8	监测和控制公共交通的系统应当由联邦政府进行监管	目前，控制公共交通的电子基础设施和许多系统互相连接，包括因特网。这将建立强制性国家标准，用以确保公共交通系统安全	自动检测对于犯罪分子是一种威慑，他们可能使用网络空间改变公共交通路线，使他们不会被抓住。它也提供有价值的法庭证据，用来纠正和调查系统任何未授权的使用 实施这一政策的成本可能并不合理，因为目前设计良好的人工和机械检测方法已经到位，且适用于各种交通系统
6.5.3.9	使用自动化交换系统进行自动流量控制的公共交通系统，应当实施保障措施，以保证这些系统不会被网络空间所篡改	这项政策将要求，切换系统根据自动检测和变化控制进行放置，任何检测到的变化都要被调查，且和授权活动相关	自动检测对于犯罪分子是一种威慑，他们可能使用网络空间改变公共交通路线，使他们不会被抓住。它也提供有价值的法庭证据，用来纠正和调查系统任何未授权的使用 交通行业运营商依赖网络空间进行和ICS控制系统的连接。这个能力，允许授权人员操作系统，本质上引入了由于内部攻击造成的威胁。因此，网络安全篡改机会永远不能被完全消除

（续）

政策陈述		解释	争议的原因
6.5.3.10	控制和检测水系统的系统应当设计能够在发生污染时自动向公众发出警告	目前,控制水系统的电子基础设施与许多系统互相连接,且没有禁止连接因特网。这项政策将为保护水系统建立强制性国家标准	这项政策将保证网络安全措施的实现,以保护电子网络,通常包括无线通信,连接监控系统和自动分析系统,控制水的处理和分配 这项政策将导致每次系统警告信号故障时,向公众发出假警报。这些系统足以警告运营商 这些系统正在利用远程访问实现自动化,以改善监控。对这些系统进行改进以提高网络安全将花费高昂,并造成意想不到的操作后果 水监控和分析系统的起源在科学测量上,而不是计算机操作系统技术。为了在网络空间访问控制、监控和预警模型中进行操作而去改进这些系统将花费极其高昂(这些系统正在通过远程访问进行自动化)
6.5.3.11	控制和检测易燃或易爆管道的系统应当设计,使得网络事件不会导致管道故障并在非常小的地理区域内安全隔离任何异常现象	电子基础设施控制易燃和易爆管道监控,但是没有利用自动化多种特性的优势	这项政策将确保网络安全措施的实施,以利用自动实时监控数据在多个控制点上查明读数异常的原因,以自动使无意或蓄意破坏管道或控制系统的影响最小化 今天的易燃或易爆管道监控和控制系统非常简单,为了自动化的任何改变将需要全面的设计更改,这对成本的影响太过显著,以致于无法考虑实施
6.5.3.12	任何出售给消费者的系统,在家中能进行能源消费调整,应当由他们单独控制	智能电网技术的进步提供了功能去监控家电能源,并自动开启、关闭或调整控制	这些功能为网络入侵家居环境设置了阶段。在最好情况下,电力公司可能会使用这些功能进行监控和调整消费者对电子设备的使用。在最坏情况下,黑客可能会使用这些功能进行地方或区域干扰,如电器过热或小区停电 智能电网功能的实现很可能会由软件完成,软件能够做出更好的总体决策,用来控制电力消费水平,以确保对整体社区服务的连续性,同时将对每一个业主的影响最小化。能源公司在保障软件和相关基础设施上有既得利益
6.5.3.13	组成电厂和电网的关键基础设施应当被视为一个国家的边界	这项政策将在网络空间里围绕电网建立国家边界	向国家提供电力的物理和电力基础设施,目前与因特网相连。这项政策将给予政府管辖权去保护发电站和电网免受网络攻击 政策不需要为了让政府管辖并保护电网,而在网络空间建立国家边界。更合理的政策是,电网被宣布为国家资产,并为发电站和电网制定合适的网络安全标准 这项政策将使政府管辖监控和阻止因特网与电网相邻的连接点的访问,从而为网络中立性和保密性干预国家目标
6.5.3.14	能源产业的监管标准应当加强,以解决对网络空间的依赖性造成的日益增长的风险	能源行业用自我监管流程开发了一套网络安全标准——北美电力可靠性公司(NERC)关键信息保护(CIP)网络安全标准	目前,能源行业安全标准被证明是不足的。应用 NERC CIP 不能阻止许多实际发生的网络安全事件,包括重要的与网络相关的电力中断 NERC CIP 有许多不包括的项目,如只需要解决路由协议,这将一些正在被考虑的事件如 Stuxnet 和 Aurora 排除在外 已经发现,在其他行业,监管并不会增加安全控制。如果行业不能自我识别对操作重要的控制,那么它们得不到有效地解决

(续)

政策陈述		解释	争议的原因
6.5.3.15	ICS组件之间的自动通信内使用的控制系统协议应当安全可靠	ICS设备之间用来通信的协议使用控制系统特有的协议，如Modbus、DNP－3和ICCP。这些协议都没有考虑安全性	有一个措施是在TCP/IP中“包装”协议，以促进IT系统和ICS系统之间的安全性和互操作性。在TCP/IP中，对协议进行包装可能使它们更加脆弱。TCP/IP并不是确定性的，因此，TCP/IP应当只能用于非过程或非安全的关键通信 对IT使用类似协议，将使ICS从安全工具和IT系统的特性中获益，但目前这些特性并不属于ICS 为ICS控制增加安全性，可能用来证明为ICS控制增加可访问性，如因特网链接性，且隔离的损失可能导致目前已经存在的更糟的安全性。也将使ICS遭遇到IT系统面临的相同威胁
6.5.3.16	ICS的操作应当要求时钟同步，无论时基电子处理是否完成	各种原子钟和卫星服务为电子系统提供了坚固而可靠的时间同步	ICS是确定性系统，许多程序用来观察传感器活动的实时要求和/或信息流动。因此，通信必须在规定时间内发生，并在自动行动改变系统状态之前。这项政策将使由时间同步造成的ICS故障风险最小 并不是所有的ICS系统都依赖于对时间敏感的操作，所以这项通用需求将会在这样的环境中增加不必要的花费 可靠且及时的通信对于维持ICS操作是至关重要的 引入信号验证、最小认证和足够的速度(也就是说，一些潜在因素是可以接受的) 从2003年东北电力中断中得到的主要建议是:需要时间同步
6.5.3.17	ICS团体应当积极主动地、正规地将软件保障原则应用于ICS软件的所有开发过程中	安全软件依赖于管理过程，旨在将对要求的坚持最大化及无意或蓄意漏洞的引入最小化	被广泛用来进行信息技术测试的某些安全性测试可以对ICS操作造成不利影响或导致操作人员的混乱。实例包括使用端口扫描工具导致ICS组件冻结或更糟。这项要求应当确定一组新的更加适合ICS软件测试的安全性测试，而不是需要相同的测试 ICS系统应当追求和IT系统相同水平的安全性质量，这项测试政策将推动弹性方向上的行为，足以抵御各种意想不到的输入
	适当的安全逻辑访问控制应当用于ICS系统	ICS的访问控制集中在物理设备的访问上，而不是逻辑访问。这项政策将对ICS使用适当的安全访问机制	为了操作关键基础设施或机械装置，ICS环境中的物理入侵者可能在登录计算机时不会受到质疑。一个简单的快速添加逻辑访问的方法是提供生物特征验证 密码访问控制系统通常包括在用一串数字试图登录被认定失败后进行锁屏。如果发生在ICS环境中，对于忘记密码或敲错密码的操作人员而言，时间关键控制过程可能无法访问。此事的发生将影响系统从电力中断或其他不正常情况中恢复的能力。这将是特别不利的情形，运营商承受着巨大的压力

（续）

政策陈述		解释	争议的原因
6.5.3.18	ICS通信应当使用单独的网络	这项政策将阻止ICS连接到因特网，意在阻止敌人通过公开的门户网站攻击关键基础设施。	应当把因特网和关键基础设施的连接减至最低数量 应当配置无线，以限制对授权物理设备的访问，由此消除破坏性的和潜在的恶意访问的可能性 不是所有的ICS都操作着关键基础设施。单独的网络花费高昂，是否决定引入网络隔离花费的决定，最好留给系统所有者或运营商做出的风险分析
6.5.3.19	ICS中的网络安全事件应当公开分享	在ICS网络安全事件中，有几次尝试记载及分享信息，但这些数据通常并不对公众公开	2006年的行业安全性事件数据库（ISID）报告显示，68%的网络安全相关事件是由于恶意软件，4%的由于故意破坏，8%的由于黑客行为。只有12%的事件是意外（Byres和Leverage 2006）。这是过时的小片段的数据，其应当被收集，以便能够态势感知ICS威胁 行业网络安全事件数据不是系统收集的，只是零星贡献给一些仅限会员的论坛，收集数据的目标是在找到解决方案的同时确保机密性，而不是提高公众意识。因此，教训并没有被广泛共享，且共同的安全故障也没有得到系统地解决 由于诉讼文化加之对知识产权的关注，美国的工业控制运营商并不信任政府会以运营商的最佳利益采取行动。需要非政府的ICS CERT来收集并分析ICS网络事件 工业控制系统安全事件也许具有破坏性的后果，并且已知成功攻击的数据将毫无疑问地被对手计划下次进攻时使用
6.5.3.20	为了在ICS系统中验证足够的安全性，应当确立安全认证和测试程序	这项政策的目的是制定、实施和维持核查战略，确保ICS在设计和实现过程中解决安全性，以及开发新的通过设计实现安全性的ICS系统	ICS是系统的系统。已经证明，表面上安全的系统可能缺乏抵抗力，显而易见不安全的系统也是缺乏抵抗力的。当安全性依赖于系统如何安装和维护时，任何系统认证都是一个时间快照。当部分系统能够更改网络环境变量（硬件、软件、通信，甚至可能是人），系统需要再认证 ICS涵盖了这样一个广泛的行业，目前尚不清楚ICS网络安全测试要求如何验证，以及由谁来验证
6.5.3.21	应当确立对ICS安全人员的安全认证和测试程序	各种ICS操作需要认证的专业工程师（PE），但是没有一个专业工程学科包括网络安全能力要求	与缺乏ICS安全课程类似，在人才认证特别是解决ICS网络安全上还存在缺口。因此，需要评估在这一领域个人工作的能力，以解决IT和ICS应用的结合 ICS安全是工程中一个新兴的且高度专业化的领域。它将控制系统工程、具体的工程领域、IT安全、工业网络、风险管理和安全系统工程相结合。它也需要对商业平台的了解（如Windows、UNIX、LINUX、SQL等） IT认证如CISSP和CISM专注于传统的IT，并没有解决ICS独有的问题

第7章　政府的网络安全政策

7.1　美国联邦政府网络安全战略

本节从战略角度出发，考察了美国联邦政府所通过的网络安全政策。在1990年代早期之前，美国网络安全政策是一个应对电子记录激增的简单响应，第2章已进行描述。本章记录了更多近期关于联邦级网络安全已经促成的战略及相关政策问题，解释了政府应对历史事件的行动，并且暗示了政府在未来可能采取行动的有关领域。首先，对过去的20年中，对于当今在华盛顿形成的政策讨论具有最重大意义的事件做一个简短的历史回顾。虽然大多数事件显然是以网络为中心的，但它们对网络安全政策领域的贡献并不那么显著。历史回顾从上世纪90年代初在美国发生的恐怖袭击以及政府所采取的后续行动开始。本章通过观察已经被历史证明过的战略和政策而得到结论。

美国联邦政府对待网络安全政策的态度，即有对国家标准与技术研究院（National Institute of Standards and Technology，NIST）和国家安全局（National Security Agency，NSA）标准的强制执行，也有对严峻形势的一无所知。在任何时候，在美国参议院和众议院中都会有一些与网络安全相关的议案处于不同的建设状态中。许多法案的修改版本是从先前的国会就开始做的，其中有些是全新的尝试。没有一个正在起草的相关法案是仅仅“修补”国家面临的网络安全问题的。事实上，对于网络安全政策，专业人士认为美国国会通过的某一项法案将会对网络空间安全产生很大的影响，这一看法可能是不合适的。

当然，有许多由国会或由政府机构采取的行动，通过这些行动，试图来阐明网络安全政策。也有许多对政策和战略的融合产生的猜测及误解。纯策略描绘的是决策者希望事情如何发展的蓝图。为了实例化战略，政策应该结合流程、议事程序、标准和强制力。根据不同的战略，这一系列需要实例化的事情可能是不完整的。此外，即使是精心策划，尝试执行实例化一个战略，有时也可能不能实现战略目标。尤其是当战略正在执行过程中，环境发生演变时，如在瞬息万变的网络空间环境中。

例如，在2006年身份盗窃可能成为公共政策的目标。当时，主要的信用卡公司可能被（由潜在的立法形成的）支付卡行业安全标准委员会视为目标，这反过来又创造了支付卡行业的数据安全标准。为了证明符合现有的金融隐私权保护政策，这些标准被广泛采用，我们怀疑，这会阻扰进一步立法。然而，即使在标准被采用后，主要的付款处理器（符合行业创建标准）出现了大规模数据源的泄密，直接导致了身份盗窃的发生。一个类似自我调节（通过自愿采用不跟踪消费者的隐私标准）试图阻挠立法的尝试正在网络广告行业中开展（Wyatt 2012）。这些例子说明了一个事实：标准和政策是非常不同的事情，为实现遵从政策而设计的标准，并不一定可行。

7.2 美国联邦政府网络安全公共政策发展简史

7.2.1 1993 年 2 月 26 日纽约世界贸易中心爆炸事件

自 1920 年在华尔街发生的 TNT 爆炸造成 35 人死亡后，第一次针对美国本土的重大恐怖袭击是计划在一片氰化物气体中摧毁 WTC 双子塔楼（麦尔罗伊 1995）。如果这次恐怖袭击计划成功了，会有成千上万的美国人死亡。然而，塔楼一并没有倒落在塔楼二上，并且氰化物气体在剧烈的爆炸中燃烧完了，而没有蒸发。这次恐怖袭击的结果是："只有"6 人死亡，超过 1000 人受伤。后来在恐怖分子的便携式计算机中发现了恐怖袭击的一些细节，这是已知的第一例恐怖分子使用个人计算机跟踪计划和行动信息的恐怖袭击。

发生爆炸的一个月内，4 名负责实施恐怖袭击的嫌疑人被逮捕。1993 年 9 月 13 日犯罪嫌疑人出庭受审。审判持续了 6 个月，有 204 个证人出庭陈述并且出具了 1000 多件证据。1994 年 3 月 4 日，在联邦法院，陪审团对 4 名被告裁定所有 38 项指控成立。1994 年 5 月 25 日，法官判处 4 个被告人每人 240 年监禁和 25 万美元罚款。

很少有美国人知道这次爆炸背后包含的破坏性野心的真实情况，但 2 年后，负责策划这次爆炸事件的关键人物（一个持伊拉克护照进入美国，名为 Ramzi Yousef 的男人）又参与了另一个巨大的爆炸阴谋。1995 年 1 月恐怖分子异常愤怒的某一天，Yousef 和他的同伙密谋炸毁美国 11 架商用飞机。为了通过机场的金属探测器，炸弹被制成的液体炸药。

但是，Yousef 在马尼拉公寓混合化学炸药时引起了一场大火，他被迫逃离，并留下了一台计算机，其中包含的信息导致他于 1995 年 2 月 7 日在巴基斯坦被捕。在他的藏身地发现的物品中有一封信，信件中称，如果没有释放他们被羁押的同伙，他们将采取行动威胁菲律宾。信中声称"有能力使用化学品和有毒气体……针对重要机构、住宅人群以及饮用水水源。"随后巴基斯坦把他交给美国当局，1998 年 1 月 8 日他被判处 240 年监禁。

7.2.2 1994 年 3 月 ~5 月针对美国空军的网络攻击：目标锁定五角大楼

"罗马实验室"是美国空军主要的指挥和控制研究机构。位于纽约的这个空军实验室的计算机网络在 1994 年的春天受到了网络攻击（Virus. org 1998）。这次袭击最终追击到两个被称为"Kuji"和"Datastream Cowboy"的年轻黑客，他们来自于英国，但使用不同的访问点侵入其他空军设施和北大西洋公约组织（North Atlantic Treaty Organization，NATO）。

"Datastream Cowboy"承认有罪并被处以罚款。"Kuji"是以色列公民，被判无罪，因为在以色列没有适用于这类事件的法律。因这一事件，罗马实验室花费了 500000 美元来使他们的计算机连接在线重新设置保护；然而，这个数字并没有反映出数据破坏的损失。一个黑客承认". mil"的网站通常比其他网站更容易遭到破坏。

"Datastream Cowboy"是来自英国 Middlesex 郡 Harrow 镇 Purcell 学校的学生 Richard Pryce，他只有 16 岁。1994 年 5 月 12 日他在家中被捕，但当天晚上被保释外出。在他的计算机硬盘中发现了五个偷来的文件，其中包括一个作战仿真程序。另一个偷来的文件用于处理人工智能以及美国空中作战序列，这个文件过大以至于他的台式计算机都放不下。他把这个文件放在他曾在纽约使用过的一个互联网服务提供商提供的私人存储空间,访问它需要使用个人密码。调查人员通过在线聊天论坛将其定位,当时他正在论坛里吹嘘他的所作所为。

"Kuji"是21岁的Mathew Bevan,一个温文尔雅的计算机工作者,并且酷爱科幻小说。他的卧室墙上贴满了《X档案》的海报,他对Roswell事件(1947年7月,一个不明飞行物坠毁在新墨西哥州Roswell附近)充满兴趣。1996年6月21日,他在其工作的位于英国Cardiff的Admiral保险办公室被逮捕。

为什么两个相当普通的年轻人能进入军事管理计算机系统并且引发了如此巨大的安全警报?他们两人都很聪明并善于表达,但从他们的背景经历中却看不出能够利用计算机的魔力去战胜美国军方。他们的成功基于坚持和好运,五角大楼计算机系统的安全性错误也成全了他们。

Pryce在几年后的一次采访中谈到:"我曾经在电子公告板中获取软件,其中有一个"蓝盒子"软件,能重现各种不同的频率从而可以打免费电话。我打电话到美国南部,该软件会产生噪声,使电话接线员认为我已经挂了。然后我就可以向世界的任何地方拨打免费电话了。我登录因特网,在黑客论坛学习需要的技术并获得需要的软件。你可以得到针对不同类型计算机操作的文本文件解释。这只是一个游戏,一个挑战。我很惊讶地发现,我做得很好。从破解大学使用的计算机到入侵军事系统,破解能力迅速提升。"Datastream Cowboy"这个名字一下就闪现在我的脑海中。"

Pryce使用默认的客户密码很容易获得对罗马实验室计算机的低级别安全访问权。一旦进入这个系统,他可以检索密码文件并将其下载到他的计算机上。然后他运行了一个程序,以每秒50000字的速度去攻击密码文件。根据此案的伦敦警察厅调查员Mark Morris说,"他最终破解了文件,因为美国空军(United States Air Force,USAF)的一个中尉用"Carmen"做过密码。这是他的宠物雪貂的名字。一旦Pryce得到了密码,他就可以自由地进出系统。那些被认为是机密和高度机密的信息,他都能够阅读。"

7.2.3 1994年6月10月花旗银行盗窃案:如何抓住一个黑客

1994年中期,一个有组织的俄罗斯犯罪团伙成功地将花旗银行的1000万美元转移到世界各地不同的银行账户上。这起被称为"花旗银行盗窃案"的事件在一定程度上推动了美国国会参议员Sam Nunn主持的"网络空间安全"听证会。

从很多方面来看,那些参与花旗银行盗窃案的黑客并不是世界级的黑客,事实上他们仅仅只是洗钱。当银行和联邦官员开始监视黑客通过花旗银行的中央电汇部门转移现金的行动时,他们对网络攻击从何时开始一无所知。监视从七月一直持续到十月,在这期间有40笔交易。现金是从远在阿根廷和印度尼西亚的银行账户转移到旧金山、芬兰、俄罗斯、瑞士、德国和以色列的银行账户上。最后,除了在监视开始之前转移的40万美元,其他的都找回了。

8月5日监视行动有了突破,那天黑客从一个印尼商人的账户将218000美元转移到在旧金山的美洲银行账户上(Mohawk 1997)。联邦特工发现该账户属于俄罗斯圣彼得堡的Evgeni和Erina Korolkov。8月下旬,当Erina Korolkov飞往旧金山取款时,她被逮捕了。

9月,监视人员识别了来自圣彼得堡的链接,派人前往俄罗斯。通过电话记录发现,花旗银行的计算机可以被AO土星(一家专业的计算机软件公司)访问,Vladimir Levin就在那里工作。10月下旬,花旗银行认为已确定了黑客,于是改变了代码和密码,并且关闭了黑客进入的通道。12月下旬,Erina Korolkov开始配合调查。1995年3月4日美国发布逮捕令,在伦敦郊外的Stansted机场逮捕了Levin和Evgeni Korolkov。黑客是如何获得分配给佛罗里达Pompano银行的员工代码及密码的,如何学会系统调用的,这些都不得而知。花旗银行表示没有证据表明银行内部与黑客勾结。

7.2.4 1995年4月19日Murrah联邦大楼:主要恐怖主义事件及其影响

1995年4月19日上午9:02,一辆卡车炸弹炸毁俄克拉荷马城的Alfred P. Murrah联邦大楼的前半部分,造成168名市民死亡,其中包括19名儿童,超过500人受伤。强大的爆炸在大楼前留下了一个30英尺宽、8英尺深的弹坑。当地应急部门、消防员、警察局以及城市搜索和救援队迅速赶到现场。总统在7h内下令部署地方地区政府、州政府和联邦政府资源。这是第一次根据Stafford法案(第501[b]节)使用总统的权力,授权联邦紧急事务管理署(Federal Emergency Management Administration,FEMA)进行国内事件的结果管理事务。

蓄意破坏位于远离华盛顿和纽约市的"神经中枢"的中西部办公楼,比生命和财产的损失有更大的影响。政府官员很快发现,爆炸也影响到了其他政府机构和业务横跨美国的私营部门,因为存放在Murrah大楼内的功能和数据受到了破坏。

Murrah联邦大楼常驻了一些联邦机构,包括缉毒署、烟酒火器管理局、美国海关总署、美国住房和城市发展部、退伍军人管理局、社会安全局以及其他机构。

袭击事件发生后,政府官员意识到,一个看似不起眼的联邦大楼的损失是能够引起连锁反应的,这个连锁反应就是对通常与联邦建筑的功能没有关联的区域经济的影响。(政府官员的)看法是,除了人类生命和物理基础设施的损失,该大厦控制的一套流程(即联邦调查局(Federal Bureau of Investigation,FBI)的一个地方局和工资部门)也遭到了破坏,事件还对其他机构、职员、供应链的私营部门和远离建筑的物理破坏造成了迄今为止都难以想象的影响。这明确指出了基础设施之间的相互依赖性和脆弱性是重大问题。

俄克拉荷马城爆炸案的直接结果之一就是颁布了第39号总统决策指令(Presidential Decision Directive 39,PDD 39),该指令指示司法部长领导整个政府的力量来重新审视现有的基础设施保护是否足够。因此,司法部长Janet Reno召集了一个工作组来调查这个问题,并将结果与可选择的策略汇报给内阁。这项调查于1996年2月初完成,特别强调了对关键信息系统和计算机网络的网络基础设施缺乏重视的问题。

因此,网络威胁的话题与关键基础设施保护和恐怖主义联系上了。随后,克林顿总统于1996年与关键基础设施保护总统委员会(Presidential Commission on Critical Infrastructure Protection,PCCIP)开始制定国家保护战略,从那时开始基础设施保护就一直保持着高优先级。

7.2.5 关键基础设施保护总统委员会—1996

自20世纪70年代,美国官员就提出了对恐怖主义的担忧。然而,直到1985年副总统工作组发布关于恐怖主义的报告后,美国才正式确认将打击恐怖主义作为其政策。第二年,里根政府发布了国家安全决策指令 207(National Security Decision Directive 207,NSDD 207),主要侧重于由国外恐怖主义事件引起的执法(危机)活动。它要求国家安全委员会(National Security Council,NSC)组织跨机构工作组来协调国家响应,并且指定联邦政府负责国内外的恐怖事件。国务院被指定为负责国际恐怖主义政策、程序和项目的领导机构,FBI 被任命为应对恐怖主义行为的领导机构。直到 1995 年,联邦结构没有额外的重大政策变化。

1995 年 4 月,俄克拉荷马城爆炸案后的两个月,总统克林顿发表 PDD 39,其中对 NSDD 207 指令进行了扩展。次年,由行政命令(Executive Order,EO)下令组成 PCCIP。如下的 EO 13010 摘录,表明了政府对保护国家关键基础设施重要性的深刻理解。

"某些国家基础设施是非常重要的,当它们不能工作或遭到破坏时,会对美国的国防和经济安全产生恶劣的影响。这些关键基础设施,包括电信、电力系统、油气储运、银行和金融、交通、供水系统、紧急服务(包括医疗、警察、消防、救援)和政府的组织衔接。这些关键基础设施的威胁分为两类:有形资产的物理威胁("物理威胁")和电子、射频或基于计算机的信息攻击以及控制关键基础设施通信组件的威胁("网络威胁")。由于许多的关键基础设施是由私营部门拥有和经营的,所以政府和私营部门共同制定一个策略来保护它们,并确保其继续经营。"(http://frwebgate. access. gpo. gov/cgi – bin/getdoc. cgi? dbname = 1996_register&docid = fr17jy96 – 92. pdf)

PCCIP 由美国空军退役将军 Robert (Tom) Marsh 担当主席,被称为 Marsh 委员会。委员会的最终报告《关键基础设施》于 1997 年 10 月发行,对他们(总统关键基础设施保护委员会 1997)所定义的主要基础设施和威胁都做了形式化的描述和定义。它还对联邦政府的一系列政策提出了建议,其中大部分成为 1998 年 5 月 PDD 63 的内容。

作为委员会最终报告的一个结果,1998 年克林顿政府发布了 PDD 63,这一具有里程碑意义的文件中详细地概述了未来保护国家基础设施免受潜在攻击的方法。同样在 1998 年,作为从俄克拉荷马城爆炸案学习的经验结果,克林顿政府发布了 PDD 62(打击恐怖主义)和 PDD 67(连续性的政府运作),连同 63 号总统决策指令形成了三位一体的国家政策,旨在解决国家政府和基础设施在不同地区的弱点。PDD 62 设置了一个国家协调员的职务,隶属 NSC,负责安全、基础设施保护和反恐。PDD 63 是第一个针对关键基础设施保护的国家政策,它构建了一个框架,框架内 CIP 政策允许发生演变。

7.2.6 63 号总统决策指令—1998

63 号总统决策指令是在 PCCIP(PDD 63,1998)的建议上提出的。委员会的报告称,国家要努力保证美国日益脆弱和相互关联的基础设施的安全性,如电信、银行和金融、能源、运输和基本的政府服务。PDD 63 使跨部门合作达到的一个激烈的高潮,部门之间共同努力评估这些建议,并最终建立了一个保护关键基础设施的可行且创新的框架。

PDD 63 创建了四个新的机构:

(1) 在 FBI 的国家基础设施保护中心(National Infrastructure Protection Center,NIPC)融合了来自 FBI、美国国防部(Department of Defense,DoD)、美国特勤局(United States Se-

cret Service,USSS)、能源、交通、智能社区和私营部门的代表,他们尝试在合作中与其他机构进行信息共享。NIPC为促进便利提供主要手段,并协调联邦政府应对突发事件、减少攻击、调查威胁和监控重建。2003年NIPC并入国土安全部(Department of Homeland Security,DHS)。

(2)信息共享和分析中心(Information Sharing and Analysis Center,ISAC)鼓励由与联邦政府合作的私营部门来建立,并仿照美国疾病控制和预防中心的模式。今天,在许多经济部门中都有了ISAC机构。一些国家已经为他们的产业和经济部门建立了类似组织。

(3)国家基础设施保障委员会(National Infrastructure Assurance Council,NIAC)成员是来自私营部门的领导人和国家/地方官员,委员会为国家的政策制定计划提供指导。NIAC还未被建立,一个新的"NIAC"(国家基础设施咨询委员会,National Infrastructure Advisory Council)出现了,它由EO 13231在2001年创建,它的职能是,为银行、金融、运输、能源、制造和政府重要经济部门的关键基础设施的信息系统安全提供来自美国总统的建议。

(4)关键基础设施保障办公室(Critical Infrastructure Assurance Office,CIAO)由商务部创建,负责协调私营部门和各自的联邦机构联络部门制定的关键基础设施发展计划。基于部门计划的内容,CIAO协助制定了第一个关于信息系统保护的国家计划。办公室也帮助协调国家教育和宣传计划,立法和公共事务项目。2003年CIAO并入DHS。

7.2.7 国家基础设施保护中心(National Infrastructure Protection Center,NIPC)和ISAC—1998

国家基础设施保护中心源自基础设施保护工作小组(Infrastructure Protection Task Force,IPTF),1996年成立于FBI,旨在提高"协调现有基础设施的保护力度去更好地解决和预防将会削弱区域或国家影响的危机。"IPTF被安排在FBI是为了利用其新成立的计算机调查和基础设施威胁评估中心(Computer Investigation and Infrastructure Threat Assessment Center,CITAC),该中心同样成立于1996年,专门处理计算机犯罪。

在PDD 63下,FBI汇集了来自美国政府机构、州和地方政府以及合伙私营部门的代表来保护美国关键基础设施。1998年FBI成立了NIPC,作为美国政府威胁评估、预警、调查的焦点,并且对威胁或者攻击关键基础设施的行为做出响应。2003年NIPC的职能被转移到DHS。

PDD 63分配给行业建立ISAC机构的任务,这样公司可以分享攻击、威胁和脆弱性的信息。ISAC机构原本是要成为NIPC的触点来对行业潜在的威胁提出警告。而最终,一些ISAC机构的建立是为了铁路、电力、能源、金融服务和信息技术公司。除了为这些议会委员会埋单,相关公司必须克服对自身弱点的保留来共享需要保护的国家基础设施的信息。更多的ISAC机构在过去的几年中建立起来,不幸的是,今天它们中的大多数只是一个早期的空壳。信息共享是很难的,且取决于参与其中的人(不只是组织)之间的相互信任。

7.2.8 “合格接收机”演习—1997

1997 年夏，美国参谋长联席会议组织了所谓的“无预警”演习，测试国防部检测和防御对各种军事设施和重要计算机网络的协同网络攻击的能力。演习有数十个世界一流的计算机黑客参与，并且持续一个多星期(Pike 2012a)。美军参谋长联席会议给了这次高度机密的演习代号为“合格接收机 97”。假装黑客的红队是如何开展他们的攻击的，这些操作细节将展示给 NSA 的高级官员。

在 6 月 9 日发动攻击之前，官员们向攻击小组提出了 35 条 NSA 计算机黑客基本规则。他们被告知仅可以使用从因特网上自由下载的软件工具和其他黑客实用程序。不能使用 DoD 的阿森纳机密攻击工具。攻击小组还不能违反任何美国法律。攻击的主要目标是夏威夷的美军太平洋司令部。其他目标包括五角大楼的国家军事指挥中心、科罗拉多州的美国太空指挥部、俄亥俄州的美国运输指挥部以及加利福尼亚州的特种作战司令部。

NSA 红队黑客分散在全国，假装被朝鲜的情报部门所雇佣，开始挖掘进入军事网络的途径。红队黑客获得了数十个国防部关键计算机系统的自由访问权限。他们可以自由地为其他黑客创建合法的用户账户，删除有效的账户，格式化硬盘，读取电子邮件，使数据紊乱。他们做这一切时，并没有被追踪到或识别出来。

演习的结果使官员们大为震惊，包括负责管理这次演习的 NSA 高级成员。潜在的攻击者不仅能够破坏和削弱防御系统和控制系统，而且演习结束后对他们的技术分析显示，可以使用相同的工具和技术轻易地使美国的许多私营部门基础设施如电信网和电力网陷于瘫痪。

7.2.9 Solar Sunrise 漏洞入侵事件—1998

1998 年 2 月，美国的一些军事系统管理员报告了一例针对数十个非保密计算机系统的协同攻击。入侵者访问了控制 DoD 管理和部署军事力量的非保密、管理以及账户系统(PIKE 2012b)。随后美国国防部副部长 John J. Hamre 把它称为对美国军事计算机系统“迄今为止最有组织性、系统性的攻击”。虽然攻击利用了一个 Solaris 操作系统中已经存在几个月的已知漏洞，但攻击恰恰在波斯湾紧张局势加剧的这个时间出现，Hamre 博士和其他高级官员相信，他们正目睹着伊拉克为扰乱在中东部署军队所做的努力。

美国回应称这一事件需要 FBI、司法部的计算机犯罪科、空军特别调查办公室、美国国家航空和航天局(National Aeronautics and Space Administration, NASA)、(Defense Information System Agency, DISA)、NSA、中央情报局(Central Intelligence Agency, CIA)以及军队和政府机构的各种计算机应急响应小组的大规模的和协力的努力。

最终，人们发现，攻击是两名加利福尼亚州的年轻黑客在一个以色列青少年黑客的指导下完成的。他们使用从一所大学的网站上下载的工具，从而获得计算机的访问权限，并安装了嗅探程序来收集用户密码。他们创建了一个后门，然后使用另一所大学网站的补丁修复了漏洞来防止他人重复他们的攻击。不像大多数的黑客，他们并没有搜寻受害者计算机上的内容。

如今,国防官员仍然将 Solar Sunrise 入侵事件作为例证来说明将无恶意的黑客攻击与即将会出现的真正的网络攻击区分开来的难度。同时,法律实施时将本次调查作为跨网络合作犯罪的典型例子。

7.2.10 计算机网络防御联合工作小组—1998

基于 Marsh 委员会的发现,1997 年“合格接收机”的结果以及从 Solar Sunrise 事件中吸取的教训,由于国家对网络的日益依赖而导致危险不断增加,DoD 已开始探索应对危险的一些选择。经过几个月的协商和激烈的讨论,决定创建联合工作小组(Joint Task Force,JTF)用来作为情报界的外部操作组织(而不是许多人想的作为情报机构的分支),并且将有权直接对 DoD 计算机和网络进行以防御为目的的技术改变(Gourley 2010)。

1998 年 12 月发起的计算机网络防御联合工作小组(Joint Task Force – Computer Network Defense,JTF – CND)最初由美国国防部长(Secretary of Defense,SECDEF)负责,1999 年 10 月被分配到美国航天司令部(United States Space Command,USSPACECOM)。2000 年,它被重新命名为计算机网络军事行动联合工作小组(Joint Task Force – Computer Network Operations,JTF – CNO),2002 年 10 月,随着美国战略司令部(United States Strategic Command,USSTRATCOM)和 USSPACECOM 的合并,JTF – CNO 成为 USSTRATCOM 的一个组成部分。

2004 年 6 月,SECDEF 重新将组织改编为全球网络军事行动联合工作小组(Joint Task Force – Global Network Operations,JTF – GNO),并任命 DISA 指挥官作为它的司令官。JTF – GNO 被赋予权力去负责全球网络的军事行动和防御。

2004 年 7 月,JTF – GNO 将其行动指挥部进行职能整合,形成了全球网络作战中心(Global NetOps Center,GNC),DISA 全球网络军事行动和安全中心(Global Network Operations and Security Center,GNOSC)、DoD 计算机紧急事件响应小组(DoD Computer Emergency Response Team,DoD – CERT)和全球卫星通信系统支持中心。由此,GNC 负责引导、指导和日常遵守网络作战政策的监督,为 DoD 全球信息网格(Global Information Grid,GIG)提供共同防御,并确保提供的战略重点的信息是令人满意的。

2008 年 11 月,JTF – GNO 的职责被分配给 NSA,2009 年 6 月 SECDEF 下令战略司令部(Strategic Command,STRATCOM)最晚于 2010 年 10 月“废除” JTF – GNO,作为新的网络司令部的启动部分。2010 年 9 月 7 日 JTF – GNO 解散,结束了其短暂的存在。

7.2.11 2001 年 9 月 11 日恐怖分子袭击美国:灾难性事件对交通系统管理和操作的影响

2001 年 9 月 11 日针对美国的恐怖袭击不仅暴露了物理安全、航空安全、法律执法调查和情报分析上的弱点,同时也说明了在纽约曼哈顿下城的关键基础设施之间相互依存的关系(DeBlasio,Regan 等 2002)。

纽约市的街道下面,和大多数大城市一样,有隧道、管道、通道、和各种不同设施的线路。当 WTC 双子塔楼倒塌时,数百吨的钢铁和混凝土影响了周边地区,切断地下公用设施,破坏电信交换机,粉碎配电变压器和备用发电机。

WTC 建筑群的七栋建筑物 293 层的办公室驻扎了大约 1200 家公司和组织。双子塔楼的每一层都有超过 1 英亩(1 英亩 =40.4686 公亩 =4046.86m^2)的办公空间。建筑群里包括 239 部电梯和 71 部自动扶梯。WTC 容纳了大约 5 万名办公室职员和每天平均 9 万名访客。

地下商场是曼哈顿下城最大的封闭式购物中心,同时也是 WTC 建筑群主要的室内行人循环平台。

每天大约有 15 万人使用双塔购物中心下面的三个地铁站。地下停车场包括 2000 个车位,每天只有 1000 个在使用。1993 年袭击之后,出于安全保障的原因减少了停车位的数量。

由于 1993 年的 WTC 恐怖爆炸事件以及后续紧急事件,如 1999 年皇后区停电事件和 1995 年东京地铁毒气袭击事件,纽约地区针对主要突发事件的规划在 2001 年 9 月 11 日之前就有了显著增加。在纽约市市长办公室的指导下,纽约市应急管理办公室(Office of Emergency Management,OEM)大大提升了资源和准备,其中包括 1999 年在 WTC7 号楼完成的一个新的紧急指挥中心。OEM 形成了一个特别小组,实施升级纽约市区域现有的应急计划。该地区使用了事故指挥系统(Incident Command System,ICS)。除了采用 ICS,个别机构还升级了内部应急程序。

1993 年爆炸事件后,WTC 进行了自身升级,花费了超过 9 千万美元进行安全改进,包括一个具有电源重复源的安全设备,如火灾报警、应急照明和对讲机。最重要的是,建筑管理部门认真做了疏散预案,每 6 个月进行一次疏散演习。每层楼都有"防火员",有时高级主管负责组织和管理他们疏散的楼层。双子塔楼中 99% 的住户在楼层崩溃下幸存下来,部分原因是存在这样的预先防备措施。

在 9 月 11 日早晨,WTC 相邻的 Verizon/NYNEX 大厦没有崩塌,但毗邻的 WTC 建筑群的其他许多建筑遭受了巨大毁坏。那一天拍摄的许多照片并没有显示人行道和街道上出现的混乱情况。由于大型钢大梁刺入人行道达几英尺深,埋在街道下的 Verizon 大厦的光纤和铜电缆发生了物理损坏。数百万加仑的水从破裂的水管、蒸汽线和哈德逊河涌入地下管道,不仅冲走了电信电缆,而且还有气动邮件管、电力电缆和其他基础设施。这样的破坏在 WTC 建筑群周围的几个街区都有发生。Verizon 大厦外面的几大束地下光缆实际上被切成了两半,被水和泥浆包裹着,并有蒸汽从断裂的高压线路中喷出。

位于西街 140 号的 Verizon 大厦建于 1926 年,纽约电话公司在这栋大厦中办公。多年来,成千上万的电话线以及数百万数据电路被连接到这座建筑上。Verizon 大厦旁边的 WTC7 号楼里有两个 Con Edison 变电站,为纽约下东区大部分建筑和杜安街到富尔顿街再到南渡口的几乎每一栋建筑提供电力。当 WTC7 号楼在 9 月 11 日晚倒塌时,这些变电站被立即摧毁了。幸运的是,Verizon 大厦所有的 1737 个员工安全撤离了大楼。

Verizon 大厦中有几层交换设备和通信设备。尽管受到了很大的物理破坏,许多部件利用备用电源仍然在继续工作。有一部电话交换机被发现时,仍然在工作着,它悬挂在架子上,仅仅通过电力电缆外护套的强度保持在适当的位置上。这表明,国家通信基础设施的许多电子元件具有显著的修复能力。

9 月 11 日后的几个星期,WTC 建筑群附近街区的人行道上一直被几英里(1 英里 =

1.609344 千米)的电力和通信电缆覆盖着。由于地下管道遭到了严重损坏,Verizon 大厦和 Con Edison 变电站很快决定通过使用 Streetlevel 网络恢复运行。

类似的情形发生在五角大楼的底层,就在美国航空 77 航班撞击点正下方。五角大楼两个因特网网关中的一个受到了撞击的影响,但是仍然能继续运作,这多亏一个员工迅速想到能够用延长线进入受损的空间为路由器供电。几天后从废墟中将设备取出时,它仍然在工作。

许多关于通信基础设施面对物理攻击时表现出的漏洞的教训都是在 911 事件之后学到的。不幸的是,由于电话公司的兼并和收购,之前网络的冗余设计已经在很大程度上减少了。例如,纽约证交所(New York Stock Exchange,NYSE)设计了十几个不同的通信路径,大约 1/2 在 Verizon 建筑中终止了,其余的通过不同的路径到达其他交换局,之后继续前行。至 9 月 11 日那天,仍有十几个“不同的路径”,但它们都是虚拟的,Verizon 大厦中只有一个物理终端。

例如,纽约证券交易所已经设计了十几个不同的通信路径,大约 1/2 的到达 Verizon 大厦就终止了,其余的尝试其他不同的路线到了更北一点的交换局。9 月 11 日,仍有十几个的“单独路径”,但它们只是虚拟的——除了一条路径,所有的物理路径都在 Verizon 大厦被终止了。

在 AT&T 电话主导电话市场的时候,许多美国的大都市都有两个主要的中央电话交换中心。企业决定其通信电路到当地交换局的物理路径是很重要的,可以确保他们没有为那些所谓的“虚拟”的多样性付费。

7.2.12 美国政府对 2001 年 9 月 11 日恐怖袭击事件的响应

进入 21 世纪,美国国家安全委员会在 2001 年 2 月 ~9 月恐怖袭击之前的一篇题为“寻求国家战略”(http://www.au.af.mil/au/awc/awcgate/nssg/phaseII.pdf)报告中已经颁布了一系列国家政策建议。由前参议员 Gary Hart (D)和 Warren Rudman(R)组成的称做 Hart - Rudman 委员会回应了先前的报告,焦虑地提到在美国领土上出现重大恐怖事件的必然性以及国家防止或应对这种攻击的薄弱能力,仅 8 个月后的 9 月 11 日便得到了验证。

除此之外,该委员会呼吁创建一个名叫国家国土安全局(National Homeland Security Agency,NHSA)的新的联邦机构。新组织的使命将是“巩固和完善二十几个在国土安全起一定作用的不同部门和机构的使命。”虽然 Hart - Rudman 和较早的 Gilmore 委员会(1999 年)对关键基础设施都不是特别地关注,报告还是强化了 1996/97 PCCIP 的基本信息:采取行动的时间正是现在,不能等到以后。

虽然同意 Hart - Rudman 为“国土安全”而设立中央协调点,George W. Bush 总统最初选择于2001 年9 月20 日在白宫内建立以国土安全办公室(Office of Homeland Security,OHS)为名称的机构。OHS 在随后一个月成为国土安全委员会(Homeland Security Council,HSC)。政治压力最终导致创建了一个内阁级机构,2002 年 11 月 DHS 成立。2003 年2 月 OHS/HSC 主管,宾夕法尼亚州前州长 Tom Ridge 被任命为全国第一位国土安全部部长。直到 George W. Bush 政府执政晚期,HSC 作为一个独立的机构组织仍然存在。2009

年，Barack Obama 政府将国家安全和国土安全委员会全体人员合并成单独的国家安全人员。对于总统来说，NSC 和 HSC 是依法存在的独立的顾问委员会，虽然两个委员会的工作人员是相同的。也是在 9 月 11 日恐怖袭击后，Bush 总统发出 EO 13231（信息时代的关键基础设施保护 http://frwebgate.access.gpo.gov/cgi-bin/getdoc.cgi? dbname=2001_register&docid=fr18oc01-139.pdf，该行政命令使网络安全处于优先级，并相应增加资金以保证联邦网络的安全。EO 13231 创建了两个新的白宫机构，白宫网络空间安全办公室和总统关键基础设施保护委员会（President's Critical Infrastructure Protection Board, PCIPB）。这两个机构成为新 HSC 的正式组成部分，网络安全办公室位于 Eisenhower 行政办公楼（Eisenhower Executive Office Building, EEOB），被认为是 NSC 的一部分。PCIPB 办公室与 EEOB 隔着几个街区，紧邻白宫的安全边界，这样更容易协调跨部门行动，以及使私营部门参与到安全的网络空间国家战略发展中。

2002 年，作为 DHS 的一个组成部分，总统提出巩固和加强联邦网络安全机构。DHS 于 2003 年初开始运行，国家网络安全司（National Cyberspace Security Division, NCSD）创建于 2003 年 6 月。NCSD 和卡内基·梅隆大学的计算机紧急事件响应小组/协调中心（Computer Emergency Response Team/Coordination Center, CERT/CC）共同操作运行美国计算机应急准备小组（United States Computer Emergency Readiness Team, US-CERT），并作为单点联系，解决新兴的国家网络空间安全问题。

7.2.13 国土安全总统决策令

成立于 1947 年的 NSC 已成为总统思考外交政策和国家安全问题的重要论坛。在为总统提供发展政策建议过程中，NSC 收集事实和政府机关意见，进行分析，确定方案，并为总统的决定指出政策选择。然后，总统的决定由决策指令公布。因为 Bush 政府包括 NSC 和 HSC，在他两届任期里发布了两套决策指令，即国家安全总统决策令（National Security Presidential Directives, NSPD）和国土安全总统决策令（Homeland Security Presidential Directives, HSPD）。

这里有三个 HSPD 值得一提，因为它们说明了不同类型的网络安全政策是如何最终成为总统决策令的。HSPD 7 取代了 PDD 63（Clinton 政府），并把关键部门增加到 17 个。HSPD 12 介绍了用于所有联邦雇员和联邦承包商的常规识别系统的必要条件。HSPD 23，是布什总统发布的最后一个 HSPD，同时也发布了 NSPD 54，概述了确保用于支持关键基础设施的联邦政府网络及私营部门网络安全的 12 点综合计划。这个计划就是俗称的综合性国家网络安全倡议（Comprehensive National Cybersecurity Initiative, CNCI）。

Bush 政府于 2003 年 12 月 17 日发布 HSPD 7，为联邦部门和机构建立国家政策，以确定和优先考虑美国的关键基础设施和重要资源，并保护其免受恐怖袭击。HSPD 7 要求国土安全部部长负责协调国家整体工作，以提高国家对于关键设施的保护，并指派其他部门和机构承担特定职责。

HSPD 7 取代了 PDD 66，使关键基础设施部门的总数提高到了 17 个。（关键制造业作为第 18 个部门于 2009 年加入）。接下来的段落来自于 HSPD 7，介绍 DHS 创立之后，各部门是如何重组的。

（15）（国土安全部）部长应为下列的每一个重要的基础设施部门协调保护行动：信息技术，电讯，化工，公共交通（包括大众运输、空运、海运、地面/水面、铁路和管道系统），紧急服务和邮政及航运。国土安全部应配合适当的部门和机构，确保对包括水坝、政府设施、商业设施在内的其他重要资源的保护。此外，作为跨部门协调者，国土安全部还应当评估，是否需要在适当的时候协调额外的关键基础设施和重要资源的覆盖面。

（18）认识到每个基础设施部门都拥有自己独一无二的特点和运行模式，指定了具体的部门机构，包括：

（a）农业部——农业，食品（肉类，家禽，蛋制品）；

（b）公共与卫生服务部——公共卫生，医疗保健，食品（不包括肉类，家禽，蛋制品）；

（c）环境保护局——饮用水和污水处理系统；

（d）能源部——能源，包括生产精炼，储存，油气分布以及除了商业核电设施的电力；

（e）财政部——银行和金融部门；

（f）内政部——国家纪念碑和图标；

（g）国防部——国防工业基地。

（19）按照美国国土安全部部长提供的指导，具体的机构应当：

（a）与所有和联邦政府相关的部门机构、州和地方政府、私人部门，包括基础设施部门的关键人员和实体，进行合作；

（b）促进或为脆弱性评估提供便利；

（c）鼓励利用风险管理策略来防止和减轻攻击关键基础设施和重要资源的影响。

具体部门的机构，在其部门的协调下配合委员会（工业）和政府协调委员会（政府），通过风险分析框架和共享国家基础设施保护计划（National Infrastructure Protection Plan，NIPP）指定的信息一起开展工作。发展 NIPP 是由 HSPD 7 提议的（见第 27 段），并由 DHS 负责。第一个临时的 NIPP 于 2004 年出版，2009 年出版了最新版本。

7.2.14 国家战略

虽然发布国家战略是联邦政府的日常职能，但是有关国土和网络安全方面，只有在 2001 年恐怖袭击事件之后的少数国家战略值得一提。这些发布的国家战略是总统制定战略决策的基本准则，并设定了有远见的观点和概念，不同的部门和机构在此基础上发展自己的战略和业务政策。

国土安全国家战略（2002）定义了“国土安全”，并根据以下三个目标确定了国家战略框架：

- 预防美国境内的恐怖袭击；
- 降低美国面对恐怖主义袭击的脆弱性；
- 最大限度地减少损失和从袭击中恢复。

改进“信息共享”一直是政府目标，国土安全战略认识到使用信息系统来提高信息共享的力量，以及许多有待填补的鸿沟。下面是一些战略执行摘要：

“信息系统有助于国土安全的各个方面。虽然美国的信息技术是全世界最先进的，但信息系统并不足以支持国土安全任务。用于联邦执法、移民、情报、公共卫生监测和应急管理的数据库还没有相互衔接,因此无法了解哪里有信息空白或存在冗余。此外,各州和大都市的通信系统都存在缺陷;大多数州和当地的应答器并不使用兼容通信设备。为了更好地保卫国土,我们要在保证足够隐私的前提下把大量的知识连接到每个政府机构里。"

国土安全国家战略确定了此领域内的五大举措:

- 整个联邦政府实现集成信息共享;
- 州、地方政府、私有工业和公民实现集成信息共享;
- 为与国土安全相关的电子信息采用共同的"元数据"标准;
- 提高公共安全应急通信;
- 确保可靠的公共卫生信息。

新的国土安全国家战略在 2007 年 10 月发布,提出了四个新的目标:

- 防止恐怖袭击和破坏;
- 保护美国人民、关键基础设施以及重要资源;
- 响应并且从发生的袭击事件中恢复;
- 继续加强基础以确保长期成功。

2007 年战略扩大了范围,除了恐怖主义还包括人为灾害及自然灾害。最初列出的三个目标致力于组织国家的工作。后面的目标是旨在创建和转换国土安全原则、系统结构和机构。这包括用综合方法进行风险管理,建立防备文化,制定全面国土安全管理系统,提高事件管理,更好地利用科学和技术,并借助国家权力和影响力的杠杆作用。

国家网络空间安全战略(2003)概述了组织和优先工作的初步框架,为联邦政府部门和机构在网络空间安全中承担的责任提供了方向,还为州、地方政府,私人公司和组织、每位美国公民确定了他们可以采取的步骤,以改善国家的集体安全。该战略强调公共/私人参与的作用,提供了一种能为网络空间各个部分安全做贡献的框架。由于网络空间是动态变化的,因此随着时间的推移,需要对战略进行调整和修改,原本计划每年对战略进行更新。然而,自从该战略在 2003 年 2 月发布之后,一直都没有变化。

关键基础设施和重要资产的物理技术防范的国家战略(2003)确定了一套清晰的国家目标和宗旨,概述了指导原则,该原则巩固了我们为保护基础设施和资产所做的努力,这些基础设施和资产对国家安全、治理、公共健康与安全、经济及公众信心至关重要。该战略也提供了统一的组织,确定了具体措施推动近期的国家保护优先事项,并通告资源分配过程。最重要的是,它建立了建设基础,培养了合作环境,政府、行业和公民个人可以更有效和高效地履行各自的保护职责。国家网络空间安全战略,自 2003 年 2 月发布以来,没有更新过。然而,最近奥巴马政府公布了两个网络战略:一个关于可信网络空间身份;另一个关于解决国际网络空间实践。

网络空间可信身份国家战略(National Strategy for Trusted Identities in Cyberspace, NSTIC)是一项白宫倡议:与私营部门、宣传组、公共机构和其他组织合作,以提高敏感在线交易系统的隐私性、安全性和便利性(http://www.nist.gov/nstic/about-nstic.html)。战略要求发展可互操作的技术标准和政策,在"身份标识生态系统"中个人、组织和潜在基础设施,如路由器和服务器,可以得到权威认证。该战略的目标是避免个人、企业和公共机构为身份盗窃和欺诈之类的网络犯罪付出高昂代价,同时有助于确保互联网继续支持创新,促进产品和创意蓬勃发展。

2011 年,奥巴马总统发布了网络空间国际战略,旨在鼓励创新,通过任何媒介且不限国界寻求、接受、传递信息与思想,保护人身安全免受欺诈、偷盗和威胁。作为目标,它表示"美国将开展国际工作,促进一个开放、可互操作、安全、可靠的信息平台和通信基础设施,支持国际贸易和商业,加强国际安全,促进言论自由和创新。"该目标以下列几个特定政策陈述为依据,体现了国家价值观:

- 国家必须尊重线上及线下基本的言论自由和联盟自由的权力。
- 各国应当承诺并通过国内的法律尊重包括专利、商标、版权和商业秘密在内的知识产权。
- 当个人使用互联网时,应当受到保护,避免任意和非法地对个人隐私的干扰。
- 国家必须识别和检举网络犯罪,确保法律和惯例不会成为犯罪分子的避风港,并及时与国际犯罪调查进行合作。
- 与联合国宪章保持一致,国家具有自我防护的固有权力,可能会因网络空间中某些攻击行为而触发。

7.3 网络犯罪的上升

在任何文化中都会有犯罪分子利用那些不幸的人、易受骗的人和不注意自己个人安全的人,因特网也不例外。不同的是,许多犯罪分子可以用几乎匿名的方式从事他们的工作,并且远离大多数执法活动的范围。通常情况下,网络犯罪集中在信用卡盗窃、诈骗、网络赌博和色情,以及试图通过使用假电子邮件和假网站骗取用户的这些行为上。其他的犯罪包括盗窃知识产权,如交换 P2P 文件、销售或分发破解或复制软件。

许多安全专家认为,在 20 世纪 90 年代,我们处在几次主要的网络中断碰撞期,被称为"网络珍珠港"。然而,2003 年底和 2004 年初,另一种威胁出现了并从此占据主导地位。有组织犯罪集团发现网上有太多价值以至于不能被忽略。这就使得所有的在线用户成为新犯罪活动的受害者,他们常常不知道自己已经遭遇抢劫或欺诈。

更糟的是,Web 2.0 技术的爆炸(维基,P2P,社交网络和其他自我表达形式)使犯罪分子更容易地利用这些不知情的受害者。在工厂更糟,由于升级,这些新技术正在取代旧系统。通过引进 Web 2.0 技术监测和运行 ICS / SCADA 系统,有可能向外面的犯罪团伙开放内部控制网络。关键基础设施控制系统中蕴藏着巨大的价值,世界各地的犯罪集团只需不到一毫秒就可以利用任何你可能出现的小失误。

自 2008 年以来,Verizon 每年都会发表一份数据泄露调查报告(Data Breach Investigation Report,DBIR),对导致大型数据库泄露的一系列事件进行调查分析。年复一年,Verizon 团队宣称绝大部分的大型数据泄露是带有犯罪意图的。基于 2010 年进行的将近 800 起数据泄露调查数据(括弧内的数字是从 2009 年开始变化的百分比)已于 2011 年发布,详见(贝克,赫顿等人 2011):

- 92%源于外部代理(22%)
- 17%牵连内部人士(-31%)
- 9%涉及多个当事人(-18%)
- 50%使用黑客攻击的某种形式(+10%)
- 49%包含恶意软件(+11%)
- 29%涉及物理攻击(+14%)
- 17%由特权滥用导致(-31%)
- 11%利用社交策略(-17%)
- 83%的受害者是随机的(< >)
- 92%的攻击并不是高难度的(+7%)
- 76%的数据是从服务器入侵的(-22%)
- 86%是由第三方发现的(+25%)
- 96%漏洞通过简单或中间控制可以避免(< >)
- 89%要求遵守 PCI-DSS(第三方支付行业数据安全标准)的受害者并没有遵守规定(+10%)。

罪犯克星们很快就学会了在网络空间如何发现和追捕罪犯,但这是很难打赢的战斗。今天的犯罪分子有明显的优势。但愿,在几年后这个优势将会转移到这些罪犯克星们身上,但现在的互联网就像150年前狂野的西部。

在过去的几年中,出现了一个更为险恶的犯罪技术——在东南亚生产的伪造计算机及网络设备已经进入美国市场。由 FBI 和其他执法机构的调查发现,在所有进入美国的电子产品中大约10%是假冒的,或含有大量的假冒伪劣配件。更糟的是,有越来越多的证据表明,外国政府在开放的世界市场中销售的他们国家生产的产品中,故意安装后门和其他隐藏的接入功能。美国国防部、国土安全部和其他机构非常担心,如果长此以往会对关键基础设施系统和网络意味着什么。

7.4 间谍活动与国家行动

冷战期间以及之前的几个世纪,国家花了很大的风险招募和训练间谍,使其在外国领土进行工作。今天,因特网使间谍行动变得非常容易,只需打开 Web 浏览器,然后查询搜索引擎,这将人类生命损失的风险降低到几乎为零。当然,这个理论只适合监视互联网的国家。

除了政府之外,许多公司从事一项被称为"竞争情报"的活动,这是商业间谍的委婉说法。这项活动非常流行,甚至为所有企业间谍成立了职业协会——战略和竞争情报专业人员,或 SCIP(2010 年 5 月更名为:社会竞争情报专业人员 Society of Competitive Intelligence Professionals;http://www.scip.org)。

20 世纪 90 年代后期,一些美国政府系统被发现拥有隐藏的账户和进行大量的未经授权的活动。随着调查的发展,联邦政府之外的更多计算机和系统被发现有未经授权的账户。"数据泄露"成为新的流行词汇,而不是"入侵"或"未经授权的访问"。这次的目标似乎是包含着花费了几十年积累的大气数据、水深数据和其他信息的大型数据库。攻击的来源不明,攻击者使用了复杂的方法通过多个被感染的计算机进行路由攻击,并使用"drop sites"站点作为被盗数据收集点。在这些攻击行为中,没有出现任何被破坏的迹象。这看似是电子间谍活动,知识产权窃取的一个经典案例,只是通过互联网,而不是使用James Bond 曾经用过的缩微胶卷和间谍相机。

7.5 对日益增长的间谍威胁的政策应对:美国网络司令部

2009 年,美国国防部的网络司令部(United State Cyber Command,USCYBERCOM)设定了 JTF - GNO 的职责,JTF - GNO 是在 1998 年发起的针对来自国外网络入侵威胁的"临时"组织。21 世纪第一个十年后期高度复杂的攻击导致白宫重新考虑如何最好地应对日益增长的威胁,并使网络安全进入军事计划和行动成为永久性制度。今天,USCYBERCOM 指挥作战和大多数国防部的网络防御,当总统指挥时还可以进行"全方位"的军事网络空间作战。然而,USCYBERCOM 并没有权限对私营部门的网络进行操作,如因特网或公共电话系统。

根据美国国防部:

"USCYBERCOM 将会融合国防部全方位的网络空间行动,并计划、协调、整合、同步以及开展活动;领导日常防御和 DoD 信息网络的保护;协调 DoD 作战,对军事任务提供支持;指导指定的 DoD 信息网络的操作及防御;时刻做好准备,当指令下达时,进行全方位军事网络空间作战。司令部负责将已有的网络连接成一个整体,建立目前尚不存在的协同效应以及同步作战效能,以保卫信息安全环境。"

"USCYBERCOM 将会集中指挥网络空间军事行动,加强 DoD 网络空间功能,整合和巩固 DoD 网络专家。因此,USCYBERCOM 将会提高 DoD 的能力以确保具有适应性和可靠性的信息和通信网络,反击网络威胁,并保证对网络空间的访问。USCYBERCOM 的工作也将支持海陆空三军,使其更自信地进行高节奏的、有效的军事行动,保护司令部和控制系统以及网络空间基础设施,这些基础设施用来支持武器系统平台不会被破坏、入侵和攻击。"

"USCYBERCOM 隶属于 USSTRATCOM,是其统一指挥的子司令部。服务内容包括陆军网络司令部(Army Forces Cyber Command,ARFORCYBER)、第二十四 USAF、舰队网络司令部(Fleet Cyber Command,FLTCYBERCOM)、海军部队网络司令部(Marine Forces Cyber Command,MARFORCYBER)。"

USCYBERCOM 将会如何有效地提高关于国家最敏感的网络安全还有待观察。其中最重大的挑战将是军事组织长期存在"卡壳"的心态——我的就是我的,在我的地盘上其他团体或命令不应该有任何权利。由于网络空间的毫秒本质及意识到一个团体造成的风险能够迅速影响到其他团体,为了 USCYBERCOM 的成功,这种态度将不得不改变。不幸的是,他们拒绝合作或进行联合防御,对于已经学会利用边界弱点的敌对团体来说,这些组织更容易暴露。

7.6 国会行动

在这本书的写作过程中,美国参议院和众议院中几项议案正处于不同的建立状态。许多法案的修改版本是由以前的国会来写的,其中有些是全新的尝试。不可能仅凭一个法案就能"修补"目前所面临的网络安全问题。事实上,对于任何网络安全政策专业人士来说,去相信国会通过的一项法案将会对网络空间安全产生很大的影响,这一看法可能是不合适的。

第111届国会(2009—2010)产生了50多个独立的"网络法案",试图立法来解决网络安全问题。在参议院,两个法案主导了大部分的讨论——Lieberman/Snowe(国土安全委员会)法案和Rockefeller/Collins(商业委员会)法案。前一个法案引入了"切断开关"的概念,在媒体和华盛顿引发了广泛地嘲笑。最终,法案的陈述将其去掉了,但这一概念还是提醒人们,国会对立法议程的尊重达到了何种程度。2010年中期选举之前,强烈期望通过全面的网络安全立法,以显示两党支持解决不断增长的国家威胁,但是无论在参议院还是众议院,都不能通过投票来产生一个法案。

在写本书时,第112届国会(2011—2012)至少有一打网络安全法案被提交到参众两院。虽然有些法案是全新的,但大多数法案是第111届国会提出议案的改写。然而,国会焦点放在了预算和经济问题上,一个全面的网络安全法案被很快地制定成法律是不可能的。更有可能的是,由众议院多数起草,通过较小的法案来解决具体问题。

一些与网络安全相关的法案已经被丢弃。例如,禁止网络盗版法案(Stop Online Piracy Act,SOPA,H. R. 3261)和保护知识产权法案(Preventing Real Online Threats to Economic Creativity and Theft of Intellectual Property Act,PROTECT IP Act, or PIPA, S.968),这两项国会法案旨在扩大美国执法力度打击网上贩卖受版权保护的知识产权和打击假冒商品。这两个法案在技术界受到了广泛批评,通过对有影响力的网站如维基百科关闭一天以示抗议后,最终被国会驳回。

两个众议院的法案,H. R. 3523("2011年网络情报共享和保护法案",由国会议员Mike Rogers和国会议员Dutch Ruppersberger提出)和H. R. 3647("2011年促进与增强网络安全及信息分享效率法案",由国会议员Daniel Lungren提出)似乎已经少有争议了。前一个法案解决具体的法律限制,防止私营部门和政府共享关键和时间敏感的网络安全数据。后一个法案规定的更加全面,包括对新的信息共享组织的规定,在DHS指定一个领导网络安全的官员,促进在DHS的研究,为解决新的技术性网络安全问题寻找新的解决方案,并指导DHS与私营部门关键基础设施资产的所有者联合发展国家网络安全事件应急响应计划。

众议院和参议院网络安全法律的一个主要考虑因素是"覆盖关键基础设施"的概念,或者法律适用于私营部门的哪些部分。在众议院的一个法案中,定义包括:如果由于网络安全漏洞遭到中断或破坏,那些可能会导致重大生命损失、主要经济瓦解、主要人口中心大规模撤离或导致国家安全能力严重退化的设施或功能。一些工业部门正在寻找特定的"股权割让",或这一定义的例外,以致于他们能够不受任何新政府的监督或监管。他们认为，他们的部门受到了超出他们控制的外部压力，任何限制性的立法不仅会阻碍技术增长，而且会限制资产所有者通过操作基础设施系统而获得的利益。

据几位参议员所说，立法行动的首要动机是害怕通过互联网对美国的关键基础设施采取攻击，这不仅是可能的而且在不久的将来是极有可能的。国会不希望背上这个包袱，他们希望能够表明，在出现危机之前已经采取行动并且不能因为忽视这个问题而被指责。此外，私营部门希望政府在对企业施加任何监管或惩罚性的体制之前，先解决好自身的问题。行业希望政府提供激励措施使其更加安全，例如减轻监管负担，降低企业税，以及可以用贷款或补助来抵消成本。然而，在今天这个任何事情都要先进行预算的世界，国会花费纳税人的钱来制定网络安全立法是不太可能的。适当的消费动机正是行业所需要认同的，也许可以找到一个中间立场。

7.7 总　结

美国联邦政府对待网络安全政策的态度，既有对 NIST 和 NSA 标准的强制执行，也有对严峻形势的一无所知。本章试图说明，过去 20 年来联邦政府为应对不断变化的威胁及对网络空间日益增长的依赖性，进行了哪些政策上的改变。随着因特网和网络空间 20 年的发展，政府的网络安全政策也逐渐加强了力度。不幸的是，网络空间的威胁和漏洞的发展速度让公共政策很难追赶上(Brenner 2011)。尽最大的努力可能只有减缓攻击或尽可能限制损坏量。

网络安全政策并不是静态的，必须像网络空间一样灵活，其目的是进行保护和管理。通常，政府无法适应快速地变化，且公共政策迅速落后，而攻击策略、系统、人类教育和意识不断发展。这可能是因为联邦政府自身组织是非常有层次且线性的，就确保计算机和计算机网络而言，最大的敌人就是联邦政府自己。可以预料，相比之下的敌对网络有着非常松散的行政领导和稀疏的运行结构，但是在战略上能够进行协同攻击(Robb 2007)。网络是复杂且相互关联的，没有单一的权力或控制点。维护网络可能需要分散的且无等级结构的方法组织管理(Brafman，Beckstrom 2006)。一些私有部门公司已经转变为平坦的、分散的组织结构，从而能更加成功地抵御外部力量。是时候需要重新考虑政府的组织模型了，应使他们看起来更像网络空间。

第8章 结　论

本书中每一章都从不同的角度介绍网络安全。虽然每一个都可能成为一篇独立的论文,但是他们共同说明了网络安全政策是个多维话题。第1章,将网络安全政策设定在目前的专业实践状态下。第2章,提出网络安全领域是以技术控制为目的,成为一个迅速发展的军事竞赛。第3章,反映了网络安全政策的目标,并对尝试验证和确认目标是否已经实现进行描述。第4章,强调决策者在企业战略目标的背景下需要仔细评估网络安全政策选择带来的影响。第5章,阐述了网络安全策略的编目方法。第6章,提供了大量的政策问题实例。第7章,讲述了政府是如何提出网络安全政策的。

每章介绍了不同层次的细节,以此为依据设计整体网络安全的决策过程。然而,这些层次不是抽象的累积,而是在同一基本真理上提出的完全不同的观点:由网络空间引起的日益复杂的安全问题。结合各章说明了网络安全政策的复杂性,以及网络安全政策制定者面临的相应的困难。即使网络安全政策制定者有明确的目标,且组织牢牢根植于原则,他们还是会在国家任务之前犹豫不决,并且会不断地监测网络以确保政策没有导致意外的后果。本书的结论是,随着网络空间和相应的网络安全措施的发展,任何类型的网络安全政策问题也应该相应发展。

因此,本书大量的工作在于总结了足够的背景信息,确保读者准备好面对、理解和对任何网络安全政策问题进行原因分析,无论是传统的还是新的。为此,这很有必要,以鼓励对过去理解透彻,才能使读者不会重蹈覆辙。然而,网络变化的步伐正在加快,以致于那些专注于网络安全政策问题的人可能在本书的话题中发现了遗漏。对于那些不小心将他们最喜欢的问题遗漏的读者,我们将问题留给你推广宣传,并希望这本书能带来更多见多识广的参与者进入到你的网络安全政策的辩论中。

我们希望至少有一个信息是明确的:没有可用于产生网络安全的蓝图,没有标准能够提供灵丹妙药,没有行动方案对潜在障碍一清二楚。应该清楚地知道,网络战略家和企业家迄今做出的选择并没有基于网络安全问题,未来也不可能基于网络安全问题做出选择。每一个利益相关者,无论是个人因特网用户、小型企业、跨国企业集团,还是单一国家民族,必须制定自己的网络安全维护策略,该策略应该完全依赖于他们自身的任务和占用网络空间的目的。无论采用哪个网络政策,都应该严格审查是否与自身的战略相兼容。

情况的确如此:每个人必须决定自己的最佳利益。这里没有关于网络的大宪章,也没有宪法。就像在新大陆的殖民者,统治存在于千里之外,且没有统治者点头就毫无权利。就像在荒蛮的美国西部,违法行为和维持治安在同时进行着,然而无助的受害者和旁观者常常向攻击屈服。要想起诉网络犯罪,现存的法律是过时的,社会上的某些人有时似乎在歌颂银行和铁路上的比利小子[1]。

这本书并没有支持由任何一个或多个实体来控制网络空间。最有可能的解决方案在于平衡控制网络操作和维护需要创新的灵活性。然而,今天在控制和灵活性之间的选择,通常没有得到那些人(知道这样选择带来的后果影响的人)的认真对待。一般情况下,网络空间的利益相关者对所处环境都天真到一无所知,导致他们无法保护自己免受网络攻击。我们希望这本书能减少这种无知。

即使果真如此,仅仅识别出导致今天网络不安全的因素并不是网络安全成功的一个充分条件。即使是最开明的、仁慈的治理结构都需要竭尽全力地试图解决无数网络用户的政策问题,同时又严格控制网络冲突。在这个奇怪的新世界需要网络安全政策的新模式,超越当今存在的国家和外交结构。例如,为私营部门的全球集团设定内部网络安全政策是很有必要的,政策与边界必须是一致并保持和谐。

网络安全政策的发展不是一项容易的任务,它不局限于法律、管理或技术的界限。它需要一个混合式的思维方式,跨越专业界限并强调创新要求。正如工业革命,用新的方式思考世界必会占据优势。这并不是说,网络安全政策的决策会成为数字时代的专属,而是说,除非这一代应对潜在的灾难,灾难就是不处理问题带来的结果,否则建立因特网的社会无疑会继续失去良好的组织,精良的设备和确定的威胁目标,这个社会知道如何定义、阐明并实现与我们自己敌对的网络安全目标。

为了协助达成协议,我们已经为网络安全政策问题建立了参考框架和分类方法,并在分类方法中对其进行解释。希望这本参考书有助于外行正确地解释网络安全指示,并帮助今天的网络安全政策制定者建立这些指示。有了这个基础,本书的未来版本或其他类似的书可以以此为出发点,描述未来不断改变的网络安全形势。

译者注1:比利小子(Billy the Kid,1859 年 11 月 23 日—1881 年 7 月 14 日),又名亨利·麦卡蒂(Henry McCarty)、亨利·安特里姆(Henry Antrim)和威廉·H·邦尼(William H. Bonney),出生于纽约市,因林肯郡战争而成名。美国著名枪手、西部传奇人物。据传他总共杀死了 21 个人,但较为大众接受的数字是 4 ~ 9 人。麦卡蒂(或邦尼,他在最恶名昭彰的时期经常使用这个名字)是一个蓝眼、身高 173 ~ 175cm、皮肤光滑、门牙突出的男性。据称他在多数时候是相当友善与优雅的。甚至有许多人用“如猫般轻盈”形容他。而他的优雅外观与他的狡猾以及用枪天赋,也赋予了他“恶名昭彰的歹徒”与“深受爱戴的人民英雄”两种完全不同的形象。——维基百科 http://zh. wikipedia. org/zh - cn/比利小子

术语表

本书中有关网络安全政策的相关词汇、术语及短语，虽然有很多技术性的定义，但目标是更为通俗化。读者可以通过查询更多专业性出版物了解它们。

访问控制列表(Access Control Lists,ACL,称为 ak - els):为计算机用户分配对文件、程序的访问权限,比如读、写执行等;列表包含个人用户或用户组,其中组是以成员列表或一个用户记录属性被当成一个角色。

账户劫持(Account Hijacking):在不知情的情况下使用计算机证书。

高级持续性威胁(Advanced Persistent Threat,APT):一种收集网络间谍或网络攻击对手情报的侦查手段。

反恶意软件(Anti - malware):用于检测和减少恶意软件所带来的破坏性影响。

反病毒软件(Antivirus):用于检测和减少恶意自我复制软件造成的破坏性影响。

可用性(Availability):一种系统安全属性,指系统安全功能性需求。

不良尺度(Badness - ometer):用来衡量系统不安全性尺度。

带宽(Bandwidth):用于衡量通过电信线路传输的移动数据量。

比特(Bit):表示为 0 或 1,通常结合其他比特将信息表示为二进制形式。

黑帽黑客(Black Hats):网络犯罪分子。这个词起源于西部的一个老电影,电影中坏人通常戴黑帽子,而好人戴白帽子。

黑名单(Blacklist):在互联网环境下,为避免网站操作员的恶意行为(如网站传播恶意软件)或不正当使用组织计算资源行为(如赌博网站),从而将这些网站列为黑名单。

蓝牙(Bluetooth):一种能够近距离范围无线通信的网络协议。

Bogon:虚假网络的缩写,这个术语指识别网络中未分配地址空间的数据包。

边界网关协议(Border Gateway Protocol,BGP):一种用于发送互联网站点之间数据的网络通信协议。

Bot:机器人的缩写,它是指软件。

僵尸网络(Botnet):由同一个操作者控制的多个机器人。

缺陷(Bug):软件中的编码错误。

业务逻辑(Business Logic):在安全环境下,用于管理软件程序中信息的规则。

字节(Byte):一个 8 位的有序集合,可以表示一个字符。

载体(Carrier):一种通信工具,在物理位置(可能是卫星、移动电话)和/或基于陆地位置之间传输数据。

证书(Certificates):可以证明与组织或个人相关的加密密钥。

注册信息安全审核员(Certified Information Security Auditor,CISA):由信息审计和控制协会(前身为 EDP 审计协会)提供的一种技术审核认证。认证要求通过信息系统审计工具和技术试验测试,以及教育及经验的独立认证。请参考 www.isaca.org。

注册信息安全管理师(Certified Information Security Manager, CISM):由信息审计和控制协会颁发的一种信息系统安全管理认证。认证需要测试企业安全知识体系和独立的教育和经历证明。请参考 www.isaca.org。

注册信息系统安全师(Certified Information Systems Security Professional, CISSP):由国际信息系统

安全协会颁发的安全认证。认证需要测试信息对安全工具和技术的掌握,并且需要 CISSP 的认可。请参考 www. isc2. org。

首席信息安全官(Chief Information Security Officer, CISO):在一个组织内部具有独立管理本机构范围内安全规划的最高个人头衔。

点击欺骗(Click Fraud):当没有人点击互联网网站链接时,通常由自动化软件打开网页的一种行为。

补偿性控制(Compensating Control):一种减轻漏洞安全风险的措施。通常情况下,这项措施具有检测和响应能力,能够弥补系统功能的缺失,从而防止漏洞的产生。

计算机应急响应小组(Computer Emergency Response Team,CERT):以接收网络异常报告并解决突发问题为目标所成立的组织。

保密性(Confidentiality):一种系统安全属性,是指对系统用户进行信息访问限制。

内容(Content):在网域空间上下文环境下,用数据表示信息。

内容过滤器(Content Filters):与数据相比,文字的字符串可以决定它是否包含特定信息,例如,NNN - NN - NNNN,其中 N 将任意号码转换为被用来作为一个 U S 社会安全号码的内容过滤器。

控制行为(Control Activity):将人、进程和技术相结合,其目的是实现控制一个对象。

控制目标(Control Objectives):对安全态势的管理意向声明。

证据(Credentials):用于识别用户和身份验证的计算机信息,也称为登录证据。

网络犯罪即服务(Crime as a Service,CAAS):网络攻击,如拒绝服务攻击。

犯罪软件(Crimeware):以 CAAS 为目的而创建的软件。

密码学(Cryptography):通过采用传播和混沌复杂方法,并与其他比特(或密钥)的大序列相结合的数据隐藏方法。在这种情况下,传播即将信息转换成具有统计性更长更模糊的格式,混沌即将信息与密钥的联系更紧密。

网络安全(Cyber Security):指保护网络空间的属性。通常,网络安全是指利用人员、进程和技术去防止、检测并恢复网络空间中信息的机密性、完整性及可用性的破坏。

网络空间(Cyberspace):能够让用户没有物理连接界线进行信息共享的空间集合。

国防工业基础(Defense Industrial Base,DIB):该机构的主要客户是美国政府。

拒绝控制(Denial of Control):拒绝进入系统命令。

拒绝服务(Denial of Service,DOS):有意致使系统通信中断。

拒绝查看(Denial of View):拒绝查看系统状态,由系统操作员以其他方式查看数据。

回拨(Dial - Back):一种机制,用来记录一个电话通话,断开连入的呼叫,并向同一个号码发起出站呼叫,仅仅当它已经被授权连接那个号码。

自主访问控制(Discretionary Access Control,DAC):一种计算机访问控制机制,它能够允许用户可以访问数据并可授予其他用户访问权限。

分布式控制系统(Distributed Control Systems,DCS):允许管理员运用多个控制回路的系统。

分布式拒绝服务(Distributed Denial of Service,DDOS):由多个独立运行的计算机组织起来发起攻击,所导致的系统通信有意中断。

分布式网络协议(Distributed Network Protocol,DNP3):一组工业控制系统通信协议,它将信息分为三个部分,即物理、数据和应用程序。

域名密钥识别邮件(Domain Keys Identified Mail,DKIM):一种加密协议,它可帮助用户验证邮件及其出处的完整性。

域名服务(Domain Name Services,DNSs):一种将互联网地址映射为互联网统一资源定位符的方式。

域名抢注(Domain Squatting):为公司或个人的商标、版权或标识符在互联网上注册一个域名。

Doxing:有意在网络上披露他人隐私或诋毁他人的行为。

电子商务(e - Commerce):"e"是"电子"的缩写,电子商务是指通过互联网实施的商业活动。

电子邮件(Email):最初,电子邮件称为电子商务,其中"E"代表"电子",现在主流词汇如电子邮件,指采用互联网电子邮件协议发送和接收信息。

加密(Encryption):使用加密技术隐藏数据内容的过程。

终端用户(End User):使用计算机或手机设备的用户,通常用来指对设备没有管理权限的用户。

终端用户许可协议(End User License Agreements,EULA):为在软件买家和卖家之间形成一个合法契约而创建的软件行业标准。

联邦紧急事务管理署(Federal Emergency Management Administration,FEMA):一个美国联邦政府机构,其主要职责是对国内发生重要性管理事故做出应答。

现场指令(Field Instrumentation):具有集成工业控制系统电子电路的物理传感器和机制。

防火墙(Firewall):一种被部署在两个网络之间的电子设备,可以拦截来往的所有信息流,以控制只有协议类型符合要求的数据包才可以通过。

漏洞(Flaw):在一个软件系统中,漏洞是指无法达到预期功能需求的设计失误,其具体表现为软件中代码的一部分,若这部分代码被替换更改,即可使整套软件符合设计规范。

免费软件(Freeware):这种软件任何人都可以使用,但被授权用户可能需要接受许可协议。它通常容易与开源软件混淆,但不同的是免费软件的源代码不一定是可用的。

全球定位系统(Global Positioning System,GPS):一种允许电子设备上的软件和多个卫星通信,用于确定地理位置的系统。

FUD 因素(FUD Factor):指在安全性环境下,影响消费者决策的因素,如恐惧、犹豫、怀疑。

图形用户界面(Graphical User Interface,GUI):用于查看信息和/或操作计算机的信息描述软件。

黑客主义(Hactivism):网络空间的政治抗议。从事破坏与政治抗议目标相关的一个或多个政府或企业网络。

主机入侵检测系统(Host Intrusion Detection System,HIDS):一种文件完整性检测和报警系统,如单绊线入侵检测。

身份盗用(Identity Theft:):假冒其他用户使用数据,识别个人计算机记录。

假冒(Impersonation):一种方法,用户通过它在一个验证会话或命令中操作数据,可以作为一个不同的个体出现在授权系统中。这些不同的个体同时也是授权系统的一个用户。

简易爆炸装置(Improvised Explosive Device,IED):一个具有触发机制的爆炸性装置,当由一个特定目标接近时可引发爆炸。

工业控制系统(Industrial Control System,ICS):一个具有监测和控制物理过程的系统。

信息系统审计与控制协会(Information Systems Audit and Control Association,ISACA):一个由信息系统审计、安全、治理和风险管理等专业实践人士组成的网络安全与审计国际协会。

信息技术(Information Technology,IT):通常指对计算机系统进行管理,以达到信息处理的目的。

完整性(Integrity):信息的一个属性,是指信息的真实性、准确性及来源。当应用到一个系统中时,完整性是指保证信息的真实性、准确性,及被记录或报告信息的出处。

智能电子设备(Intelligent Electronic Device,IED):一个组件,能够提供 SCADA 或 ICS 的其他控制组件的软件配置、监控及通信功能。

国际控制中心通信协议(Inter - Control Center Communications Protocol,ICCP 或 IEC 60870 - 6/TASE.2):一个符合服务层 OSA 模型的工业控制系统通信国际协议。

互联网编号分配机构(Internet Assigned Numbers Authority,IANA)或一个委托的区域网络注册(Regional Internet Registry,RIR):分配互联网地址的组织。

互联网名称与数字地址分配机构(Internet Corporation for Assigned Names and Numbers,ICANN):该

组织创建一个规则，以确定互联网用户如何为自己声明地址及命名。

互联网工程任务组（Internet Engineering Task Force，IETF）：一个组织，使技术人员对互联网标准提出建议并做出协同工作。

面向互联网（Internet - facing）：用于描述一个可以访问公共互联网的系统。

互联网协议（Internet Protocol，IP）：一种用于传输互联网信息的电子通信协议。

互联网注册（Internet Registrar）：一个服务企业，它能在顶级域如“. com”提供互联网域名的注册。

互联网服务提供商（Internet Service Provider，ISP）：一个提供互联网服务连接的公司。

入侵检测系统（Intrusion Detection System，IDS）：对于物理安全，指对来自照相机、工作人员的徽章或物理访问卡读卡器的图像进行监控的算法，而在网络安全环境下，术语IDS是指用于监测主机或网络中恶意软件和/或破坏性对网络空间资源的影响。

入侵防御系统（Intrusion Prevention System，IPS）：一种用于描述软件网络安全术语，它能够终止在任意用户之间的网络连接中属于网络攻击的恶意软件或命令。

作业控制技术（Job Control Technician）：一种用于管理大量计算机进程的技术，并确保每一个进程在执行时所用的时间，并在需要时输出可用。

Joyride：在未授权的方式下使用计算机进行网络游戏或其他非破坏性目的的应用。

密钥管理（Key Management）：通过用户、进程及技术组合方法产生加密密钥以确保加密数据的可用性。

登录（Login）：用于识别一个用户并对计算机用户进行身份验证，简称形式为证书。

恶意广告（Malvertising）：一种包含在网站上的恶意链接广告，使用户在不经意间将恶意软件下载到终端计算机上。

恶意软件（Malware）：以恶意为目的设计的软件，以窥探用户的活动、窃取数据或破坏目标计算机的完整性。

强制访问控制（Mandatory Access Control，MAC）：一种方法，用于保护系统信息或需由系统管理员或操作员来执行的系统功能的访问权限，这些权限不能由系统信息的用户进行更改。

中间人攻击（Man - in - the - middle）：一种网络攻击方式，攻击者拦截用户和目标服务器之间的通信，并冒充用户与服务器进行对话。这样，服务器响应攻击者，攻击者再响应用户。事实上，在这个过程中，攻击者同时假冒了用户和服务器两者的身份进行通信。

混聚（Mash - up）：对许多网站的一个整合，以保证所有完整的功能，如将运行在不同网络服务提供商中的日历及购物车应用程序链接到一起，并通过用户在这些应用程序主页上的体验的方式显示其状态。

平均修复时间（Mean - time - to - repair，MTTR）：基于记录的实际修复时间的历史数据，预测一种特定类型的系统故障修复时间。

消息发送（Messaging）：一个通用术语，指通过如电子邮件、聊天或点对点等服务协议将信息以电子方式发送的过程。

Modbus：用于工业控制系统中通信命令的信息结构。

多因素身份验证（Multifactor Authentication）：身份验证要素是指你所具有的，你所知道的，以及你是什么。任何一个采用多种技术对用户身份验证过程都是多因素身份验证。

双向识别（Mutual Identification）：两个通过网络进行通信的计算机系统在建立会话连接之前，首先相互进行身份识别以确认对方身份的过程。

域名空间（Name Space）：互联网的命名惯例，以全球顶级域名结尾，比如“. com”。

国家基础设施咨询委员会（National Infrastructure Advisory Council，NIAC）：2001年由行政命令13231创建，该NIAC在信息系统安全的关键基础设施方面为美国总统提出建议。

国家基础设施保护计划（National Infrastructure Protection Plan，NIPP）：A. U. S国土安全刊物部门处

理公共及私营部门组织之间的工作关系,对国家基础设施造成负面影响的不可预见紧急情况做出回应。

国家安全通信咨询委员会(National Security Telecommunications Advisory Committee, NSTAC):由行政命令12382创建的通信行业利益相关者,其目标是通过通信连接为美国总统解决危机事件提出建设性意见。

网络中立性(Net Neutrality):网络安全政策立场,其赞成内容在互联网上自由地传播,反对试图对信息流规范化及互联网服务提供商控制信息的路由,而不是电子传输。

网络地址转换(Network Address Translation, NAT):一种通信协议,允许一个网络路由设备为同一台计算机标注不同网络地址,该地址取决于网络接口与计算机之间的通信。

网络监听(Network Listening):将网络流量复制给一个设备,以窃听网络通信为目的。

网络区域(Network Zone):一组网络地址,这些地址的通信安全通过围绕常见的流量堵塞及相似流量过滤器进行管理。

节点(Node):一个连接网络的电子设备具有通信功能。

北大西洋公约组织(North Atlantic Treaty Organization, NATO):北美和欧洲联盟国家致力于履行签署于1949年4月4日的北大西洋条约目标。

在线行为广告(Online Behavioral Advertising):以提供显示个人为目的定制的广告,收集网络上的个人行为。

开源软件(Open Source):这种软件的开源代码免费提供在互联网上,用户可以为它增加其他的功能,但在这类软件工程中要求参与者遵守许可协议。

操作系统(Operating System):一种计算机程序,硬件受一套标准的实用工具所控制,尽管硬件正在被访问。

操作(Operations):描述保障系统如期运行的任务单元。

包(Packet):在互联网通信协议中,如传输控制协议,数据包是指为了提取IP地址,通过互联网路由器连续序列读取的表示数据段的字节串,并且其他字段需要通过数据包将信息发送给目标者。

补丁(Patch):一段软件代码,试图取代那些操作不正确的代码部分,而无法代替以受影响应用程序或产品为基础的整个代码库。

渗透测试(Penetration Test):一种软件安全质量保证技术,用于检测已知的漏洞、软件老化。

个人识别信息(Personally Identifiable Information, PII):能够被用于创建金融负债消费关系的信息。

网址嫁接(Pharming):一种更改用户域名解析服务,并将它们发送到恶意网站上,或本地或一个域名服务器上。

网络钓鱼(Phishing):发送看似是来自友善资源的电子邮件或其他信息,而实际是引诱用户去下载恶意软件到自己的计算机上。

Phone Home:一种软件或恶意软件,可以发起和软件厂商或者恶意软件操作者的通信反馈。

策略服务器(Policy Servers):存储可变配置的计算机安全技术,且不要与管理政策相混淆。

端口(Port):内存中可寻地址空间,用于发送和接收网络通信。

可编程逻辑控制器(Programmable Logic Controller, PLC):用于自动化机电的数字计算机。PLC应用于计算机工业和机器方面。一个PLC专为多输入、输出部署。

代理服务器(Proxy Servers):对于一个给定目标去拦截网络通信,如在互联网上,允许它继续其目的之前先检查是否满足规则。

公钥密码学(Public Key Cryptography):一种密码算法,指采用一对独立的秘钥实现加解密过程,用户保存其中的私钥部分,而其他人可以利用公钥来验证用户身份。

访问监视器(Reference Monitor):一种软件,使得操作系统通过中断所有资源请求的方式给经授权的用户分配资源,并在它们被响应之前与访问控制列表加以对比。

远程访问(Remote Access):使用计算机资源通过电话线、互联网连接或无线及卫星访问。

远程访问工具(Remote Access Tool, RAT):能够实现远程访问的恶意软件。

远程终端单元(Remote Terminal Unit, RTU):允许在一个 SCADA 系统中手动输入命令的设备。

拒绝(Repudiate):否定。

请求注释(Request for Comment, RFC):拟定的互联网技术标准,按编号、标题、作者和关键字索引。

逆向工程(Reverse Engineer):检查系统和/或软件的过程,以确定它是否能工作。

安全套接层(Secure Socket Layer):一个通用术语,指的是所有安全通信协议,它可对最终用户和 Web 服务器之间的通信进行加密。

安全信息管理(Security Information Management, SIM):一个特定产业在计算机安全方面的术语,对中心存储库中数据(通常指日志文件,如事件日志)的趋势分析收集。

发送者身份认证(Sender Authentication):发送者 ID 框架(SIDF)或发送者策略框架(SPF)。

安全运营中心(Security Operations Center, SOC):一个企业的部门,其任务是检测并响应安全事故。

智能电网(Smart Grid):一个数字化电网,它将所有参与者的行为等相关信息进行集成、分发,以提高电力服务的效率、可靠性和持续性。它采用双向通信使得网络不易受攻击。

智能仪表(Smart Meters):基于测量值对电力检测并更改配电装置。

社会工程(Social Engineering):使用友好的行为获得信息,这些信息可能被用来提交账户劫持、识别身份和知识产权盗用行为,包括间谍活动。

社交网络(Social Networking):采用协同软件使互联网上的朋友、同事或具有相似目标和/或兴趣的个体之间分享内容。

垃圾邮件(Spam):这个术语起源于一个罐装肉类产品,现在指不受欢迎的消息,是一种最常见的电子邮件。

电子欺骗(Spoof):一种方法,通过它一个系统可以操作通信协议中的数据,便于通过一个网络接口显示另一个系统的属性,电子欺骗等同于模拟。

间谍软件(Spyware):恶意软件用于捕捉用户的击键及其他活动,以完成配置文件,出售给广告商或犯罪软件运营商,进行间谍活动或 APT 活动。

数据采集与监视控制系统(Supervisory Control and Data Acquisition, SCADA):一般用于大型工业控制系统、地理上分散的应用程序,如电子、天然气及水力传输与分配系统。

成体系系统(System of Systems):几个独立执行各自任务的操作系统联合起来完成一个特定任务或者达到某一特定目的的联合系统。

技术弊端(Technology Malpractice):在满足信息安全需求时管理技术上的疏忽。

TNT:三硝基甲苯,一种炸药。

顶级域名(Top - level Domain, TLD):指以字符串结束的互联网名称的一串字母。例如,"com," "org," and "net." gTLD 是一种通用的顶级域名,ccTLD 是一个国家或地区代码的顶级域名。TLD 是包含两者的一般术语。

流量过滤器(Traffic Filters):被允许加入网络区域的网络流量协议规范,也可能包括区域里机器的源或目标互联网地址。流量过滤器通常遵循防火墙规则。

传输控制协议(Transmission Control Protocol, TCP):一个定义网络设备间数据发送的规范。它定义了以何种顺序和数据位数发送到一个网络地址,以及它所遵循的协议和收到数据后被处理的应用。

传输层安全(Transport Layer Security, TLS):更新 SSL 的最新规范。

Tripwire:用于监视文件属性,当文件被修改或删除时,便于检测和察觉它。

未分配地址空间(Unallocated Address Space):被制定的 1918 互联网工程任务组(IETF)意见请求

(RFC)中,没有给任何实体分配互联网地址,以便于所有实体在内部使用它们。

通用串行总线(Universal Serial Bus):操作系统和外设之间的数据通信协议。

虚拟专用网络(Virtual Private Network, VPN):对公共网络上的多台计算机之间保密通信的加密方法。

白帽黑客(White Hat):一个网络安全专业人员,模拟网络犯罪行为去测试系统的安全性。这个词起源于西方的老电影,电影中坏人通常戴黑帽子,而好人戴白帽子。

白名单(White List):一个电子邮件域列表,没有被垃圾邮件过滤器阻止,或一个软件程序列表,没有被列入病毒区,或其他安全过滤器列表。

零日漏洞(Zero - Day):当被用做描述威胁、攻击或漏洞时,零日漏洞是指在威胁未被发生时产生的漏洞。

区域(Zone):在一个区域内,网络配置需要流量过滤器去指定对系统所有的授权访问。

参考文献

[1] Abend, V., et al. (2008). Cybersecurity for the banking and finance sector. *In Wiley Handbook of Science and Technology for Homeland Security*, ed. J. G. Voeller. Hoboken, NJ: John Wiley & Sons, Inc.

[2] Acohido, B. and J. Swartz (2008). *Zero Day Threat*. New York: Sterling Publishing Co., Inc.

[3] Adair, S., R. Deibert, et al. (2010). Shadows in the cloud: Investigating Cyber Espionage 2.0. A joint report of the Information Warfare Monitor and Shadowserver Foundation.

[4] Alexander, K. (2011). Congressional testimony. House Armed Services Committee. Washington, DC.

[5] Alperovitch, D. (2011). Revealed: Operation shady RAT, McAfee.

[6] Amoroso, E. (1999). *Intrusion Detection*. Sparta, NJ: Intrusion. Net Books.

[7] Amoroso, E. (2006). *Cyber Security*. Summit, NJ: Silicon Press.

[8] Amoroso, E. (2010). *Cyber Attacks*. Burlington, MA: Butterworth – Heinemann.

[9] ANSI and ISA (2010). The financial management of cyber risk. An Implementation Framework for CFOs, American National Standards Institute (ANSI) and the Internet Security Alliance (ISA).

[10] Assante, M. (2009). Critical cyber asset identification letter. Chief Information Security Officer, North American Electric Reliability Corporation (NERC).

[11] ASTM (2009). ASTM Standard F2761 Integrated Clinical Environment, or ICE. From http://www.astm.org, ASTM International, West Conshohocken, PA.

[12] Baker, W., A. Hutton, et al. (2011). Data breach investigations report. From http://www.verizonbusiness.com/go/2011dbir, Verizon Business.

[13] Barrera, D. and P. Van Oorschot (2011). Secure software installation on smartphones. IEEE Security & Privacy, 42 – 51.

[14] Bayuk, J. (2000). Information security metrics: An audit – based approach. Computer Systems Security and Privacy Advisory Board (CSSPAB) Security Metrics Workshop (Sponsored by NIST).

[15] Bayuk, J. (2005). *Stepping through the IS Audit, A Guide for Information Systems Managers*, 2nd Edition. Rolling Meadows, IL: Information Systems Audit and Control Association.

[16] Bayuk, J. (2007). *Stepping through the InfoSec Program*. Rolling Meadows, IL: Information Systems Audit and Control Association.

[17] Bayuk, J. (2010). *Enterprise Security for the Executive: Setting the Tone at the Top*. Santa Barbara, CA: Praeger.

[18] Bayuk, J., D. Barnabe, et al. (2010). Systems security engineering, a research roadmap, final technical report, Systems Engineering Research Center. From http://www.sercuarc.org.

[19] Bilgerm, M., L. O'Connor, et al. (2006). Data – centric Security, IBM.

[20] Bishop, B. (2010). China's internet: The invisible birdcage. China Economic Quarterly September. Available at http://www.theceq.info/.

[21] BITS (2007). BITS email security toolkit. From http://www.bitsinfo.org, The Financial Services Roundtable.

[22] BITS (2011). Malware risks and mitigation. From http://www.bitsinfo.org, The Financial Services Roundtable.

[23] Boardman, J. and B. Sauser (2008). *Systems Thinking: Coping with 21st Century Problems*. Boca Raton, FL: Taylor & Francis.

[24] Botha, R. A., S. M. Furnell, et al. (2009). From desktop to mobile: Examining the security experience. *Computers & Security* 28(3 – 4): 130 – 137.

[25] Boyd, J. (1987). A discourse on winning and losing. Briefing slides. Maxwell Air Force Base, AL, Air University Library Document No. M - U 43947.

[26] Brafman, O. and R. A. Beckstrom (2006). The starfish and the spider: The unstoppable power of leaderless organizations portfolio hardcover.

[27] Brenner, J. (2011). America the Vulnerable. New York: Penguin Press.

[28] Byres, E., J. Karsch, et al. (2005). Good practice guide on firewall deployment for SCADA and process control networks. UK National Infrastructure Security Coordination Centre (NISCC).

[29] Byres, E. and D. Leversage (2006). The industrial security incident database. Metricon 1.0, From http://www.securitymetrics.org.

[30] Carlson, J. (2009). Financial services. In Enterprise Information Security and Privacy, ed. C. W. Axelrod, J. Bayuk, and D. Schutzer. Norwood, MA: Artech House.

[31] Ceruzzi, P. E. (2003). A History of Modern Computing, 2nd Edition. Cambridge, MA: MIT Press.

[32] CETS (2004). Convention on cybercrime. CETS No.: 185. From http://conventions.coe.int.

[33] Charette, R. (2009). Now is the time to define software never - events. IEEE Spectrum.

[34] Chatzinotas, S., J. Karlsson, et al. (2008). Evaluation of security architectures for mobile broadband access. In Handbook of Research on Wireless Security, ed. Y. Zhang, J. Zheng, and M. Miao. Hershey, PA: IGI Global.

[35] Cheswick, W. R. and S. M. Bellovin (1994). Firewalls and Internet Security. Reading, MA: Addison - Wesley.

[36] Chew, E., M. Swanson, et al. (2008). *Performance Measurement Guide for Information Security.* (Rev 1, first version 2003). Washington, DC: National Institute of Standards and Technology.

[37] CISWG (2005). Report of the best practices and metrics teams. Corporate Information Security Working Group, US House of Representatives, Subcommittee on Technology, Information Policy, Intergovernmental Relations and the Census, Government Reform Committee.

[38] Clarke, R. A. and R. K. Knake (2010). *Cyberwar.* New York:HarperCollins.

[39] Cleland, S. and I. Brodsky (2011). *Search and Destroy: Why You Can't Trust Google Inc.* St. Louis, MO: Telescope Books.

[40] Cloppert, M. (2010). Evolution of APT state of the ART and intelligence driven response. US Digital Forensic and Incident Response Summit. From http://computer - forensics.sans.org, SANS.

[41] COSO (2009). Guidance on monitoring internal control systems. Internal Control - Integrated Framework Introduction, Committee of Sponsoring Organizations of the Treadway Commission, Members include: American Accounting Association, American Institute of Certified Public Accountants, Financial Executive Institute, Institute of Internal Auditors, Institute of Management Accountants. From http://www.coso.org.

[42] CSIS (2008). *Securing Cyberspace for the 44th Presidency.* Washington, DC: Center for Strategic and International Studies.

[43] DeBlasio, A., T. Regan, et al. (2002). Effects of Catastrophic Events on Transportation System Management and Operations, New York City - September 11, U. S. Department of Transportation, ITS Joint Program Office, April 21, 2002. From ntl.bts.gov/lib/jpodocs/repts_te/14129_files/14129.pdf.

[44] Denmark, A. M. and J. Mulvenon, Eds. (2010). *Contested Commons: The Future of American Power in a Multipolar World. Washington*, DC: Center for a New American Society (CNAS).

[45] Denning, D. (1982). *Cryptography and Computer Security.* Reading, MA: Addison - Wesley.

[46] DHS (2009). National infrastructure protection plan (NIPP). U. S. Department of Homeland Security. Available at http://www.dhs.gov/xlibrary/assets/NIPP_Plan.pdf.

[47] DoD (1985). *The Orange Book, Trusted Computer System Evaluation Criteria.* Washington, DC: Department of Defense. (supercedes first version of 1983).

[48] DoD (2005). Information assurance workforce improvement program. US Department of Defense, DoD 8570.01 - M.

[49] Drew, C. (2011). Stolen data is tracked to hacking at lockheed. The New York Times, June 3.

[50] Drucker, P. (2001). *The Essential Drucker.* New York: HarperCollins.

[51] DSB (1970). Security controls for computer systems. Defense Science Board.

[52] DSB (1996). Information warfare – Defense. Defense Science Board.

[53] DSB (2005). High performance microchip supply. Defense Science Board.

[54] FBIIC and FSSCC (2007). Banking and finance, critical infrastructure and key resources, sector – specific plan as input to the national infrastructure protection plan. Financial and Banking Infrastructure Information Committee and Financial Services Sector Coordinating Council.

[55] FDIC (2004). Putting an end to account – hijacking identity theft. Federal Deposit Insurance Corporation Division of Supervision and Consumer Protection Technology Supervision Branch.

[56] Fernandez, E. B. and N. Delessy (2006). Using patterns to understand and compare web services security products and standards. Proceedings of the Advanced International Conference on Telecommunications and International Conference on Internet and Web Applications and Services (AICT/ICIW 2006), IEEE.

[57] FFIEC (2006). *IT Examination Handbook – Information Security Booklet.* Washington, DC: Federal Financial Institutions Examination Council, www. ffiec. gov.

[58] FS – ISAC (2011). Threat viewpoint, advanced persistent threat. Financial Services Information Sharing and Analysis Center, www. fsisac. com.

[59] FSSCC (2008). Research and development agenda. Financial Services Sector Coordinating Council for Critical Infrastructure Protection and Homeland Security, Financial Services Sector Coordinating Council, www. fsscc. org.

[60] FTC (2011). *Consumer Sentinel Network Data Book.* Washington, DC: U. S. Federal Trade Commission. From http://www. ftc. gov/sentinel/reports/sentinel – annual – reports/sentinel – cy2010. pdf.

[61] Furr, J. (1990). Wikepedia entry attributes spam usage to him.

[62] Gallaher, M. P., A. N. Link, et al. (2008). *Cyber Security, Economic Strategies and Public Policy Alternatives. Cheltenham*, UK: Edward Elgar.

[63] Garcia, M. L. (2008). *The Design and Analysis of Physical Protection Systems.* Burlington, MA: Butterworth – Heinemann.

[64] Gilliland, A. and R. Gula (2009). SCAP panel discussion. Financial Services Information Security Caucus. New York.

[65] Gilmore Commission (1999). First annual report to the President and the Congress of the Advisory Panel to Assess Domestic Response Capabilities for Terrorism Involving Weapons of Mass Destruction. Available at www. rand. org.

[66] Gordon, L. A. and M. P. Loeb (2005). *Managing Cybersecurity Resources.* New York: McGraw – Hill.

[67] Gorman, S. (2012). Chinese hackers suspected in long – term Nortel breach. *The Wall Street Journal*, *February* 14.

[68] Gourley, B. (2010). JTF – CND to JTF – CNO to JTF – GNO to Cybercom, ctovision. com, September 8, 2010. Available at http://ctovision. com/2010/09/jtf – cnd – to – jtf – cno – to – jtf – gno – to – cybercom/.

[69] Grampp, F. T. and M. D. McIlroy (1989), Why we moved crypt to /usr/games, and other fatherly advice. AT&T Bell Laboratories Technical Memorandum nos. TM 11275 – 890302 – 03TMS and TM 11270 – 890301 – 06TMS.

[70] Guinnane, T. W. (2005). Trust: A concept too many. Economic Growth Center, Yale University, www. econ. yale. edu/ ~ egcenter/research. htm.

[71] Hathaway, M., et al. (2009). Cyberspace policy review, assuring a trusted and resilient information, and communications infrastructure. United States Executive Branch.

[72] Hayden, L. (2010). IT security metrics: A practical framework for measuring security & protecting data: McGraw – Hill Osborne media.

[73] Herley, C. (2009). So long, and no thanks for the externalities: The rational rejection of security advice by users. New security paradigms workshop. Oxford, United Kingdom, ACM.

[74] Herrmann, D. (2007). The Complete Guide to Security and Privacy Metrics. Boca Raton, FL: Auerbach Publications.

[75] HHS (2010). Nationwide Health Information Network (NHIN) exchange architecture overview. DRAFT v. 0. 9, US

Department of Health and Human Services.

[76] HIPAA (2003). Health Insurance Portability and Accountability Act of 1996 (HIPAA) security rule. US Department of Health and Human Services. Federal Register Vol. 68, No. 34.

[77] Hoglund, G. and G. McGraw (2008). *Exploiting Online Games.* Boston, MA: Pearson Education.

[78] Hubbard, D. W. (2007). *How to Measure Anything.* Hoboken, NJ: John Wiley & Sons, Inc.

[79] Hubbard, D. W. (2009). *The Failure of Risk Management.* Hoboken, NJ: John Wiley & Sons, Inc., p. 6. IETF (ongoing). Request for Comments (RFC). Internet Engineering Task Force Archives. Available at http://www.ietf.org/rfc.html.

[80] Igure, V. M., S. A. Laughter, et al. (2006). Security issues in SCADA networks. *Computers & Security* 25(7): 498 - 506.

[81] INCOSE (2011). INCOSE systems engineering handbook, version 3.2.1. ISA. International Society of Automation S99 - Industrial Automation and Control Systems Security.

[82] ISACA (2007). Control Objectives for Information Technology (COBIT). Rolling Meadows, IL, Information Systems Audit and Control Association, IT Governance Institute.

[83] ISF (2007). The standard of good practice for information security. Information Security Forum, http://www.isfsecuritystandard.com.

[84] ISO/IEC (2002). Information technology - Systems Security Engineering - Capability Maturity Model (SSE - CMM, ISO/IEC 28127). International Organization for Standardization (ISO) and International Electrotechnical Commission (IEC).

[85] ISO/IEC (2005a). Information technology - Security techniques - Information security management systems - Requirements (ISO/IEC 27001). From http://www.iso.org.

[86] ISO/IEC (2005b). Information technology - Security techniques - Code of practice for information security management (ISO/IEC 27002). International Organization for Standardization (ISO) and International Electrotechnical Commission (IEC).

[87] ISO/IEC (2007). Systems and software engineering - Measurement process (ISO/IEC 15939). International Organization for Standardization (ISO) and International Electrotechnical Commission (IEC).

[88] ISO/IEC (2009a). Information technology - Security techniques - Evaluation criteria for IT security - Part 1: Introduction and general model (ISO/IEC 15408). International Organization for Standardization (ISO) and International Electrotechnical Commission (IEC).

[89] ISO/IEC (2009b). Information technology - Security techniques - Information security management - Measurement (ISO/IEC 27004). International Organization for Standardization (ISO) and International Electrotechnical Commission (IEC).

[90] ISO/IEC (2009c). Systems and software engineering - Systems and Software Assurance - Part 2: Assurance case (ISO/IEC 15026). International Organization for Standardization (ISO) and International Electrotechnical Commission (IEC).

[91] Jacobs, A. and M. Helft (2010). Google, citing attack, threatens to exit China. The New York Times, January 12.

[92] Jakobsson, M. (2009). Academia. In Enterprise Information Security and Privacy, ed. C. W. Axelrod, J. Bayuk, and D. Schutzer. Norwood, MA: Artech House, 191 - 198.

[93] Jansen, W. (2009). Directions in security metrics research. National Institute of Standards and Technology Interagency Report. NISTIR 7564, www.nist.gov.

[94] Jaquith, A. (2007). Security Metrics. Upper Saddle River, NJ: Pearson Education.

[95] Jaquith, A. and D. Geer (2005). Security Metrics, a community website for security practitioners. From http://www.securitymetrics.org.

[96] Khusial, D. and R. McKegney (2005). e - Commerce security: Attacks and preventive strategies. From http://www.ibm.com/developerworks/websphere/library/techarticles/0504_mckegney/0504_mckegney.html#N10078.

[97] Kim, G. , P. Love, et al. (2008). *Visible Ops Security.* Eugene, OR: Information Technology Process Institute.

[98] Kim, G. and E. H. Spafford (1994). *The Design and Implementation of Tripwire: A File System Integrity Checker.* Proceedings of the 2nd ACM conference on computer and communications security. Fairfax, VA: ACM Press.

[99] King, S. (2010). Science of Cyber Security, JST – 10 – 102. McLean, VA: MITRE.

[100] Kocieniewski, D. (2006). Six animal rights advocates are convicted of terrorism. The New York Times, March 3.

[101] Kuehl, D. T. (2009). From cyberspace to cyberpower: Defining the problem. In *Cyberpower and National Security*, ed. F. D. Kramer, S. H. Starr, and L. Wentz. Dulles, VA: Potomac Books, Inc.

[102] Landwehr, C. E. (2009). A national goal for cyberspace: Create an open, accountable internet. *IEEE Security & Privacy*, 7(3): 3 – 4.

[103] Littman, J. (1990). Shockwave rider. *PC Computing*, June. Loveland, G. and M. Lobel (2011). Global state of information security survey. Price Waterhouse Coopers, CIO Magazine, and CSO Magazine.

[104] Lynn, W. (2010). Defending a new domain. *Foreign Affairs* 89(5): 97 – 108.

[105] Markoff, J. (2012). Researchers find a flaw in a widely used online encryption method. *The New York Times*, February 15.

[106] Maughan, D. (2009). A roadmap for cybersecurity research. US Department of Homeland Security.

[107] McGraw, G. (2006). *Software Security.* Boston: Pearson Education.

[108] McHugh, J. (2000). Testing intrusion detection systems. *ACM Transactions on Information and System Security*, 3 (4).

[109] McMillan, R. (2010). More than 100 companies targeted by Google hackers. *Computerworld*, February 27. Available at www. computerworld. com.

[110] McNeil, J. (1978). The Consultant, Coward, McCann, and Geoghegan, Inc. , also a BBC television series. MD FIRE (ongoing). Medical device free interoperability requirements for the enterprise. From http://www. mdpnp. org.

[111] Menn, J. (2010). *Fatal System Error.* New York: Perseus Books Group.

[112] Meserve, J. (2007). Staged cyber attack reveals vulnerability in power grid. CNN News. From http://www. youtube. com/watch? v = C2qd6xXbySk. Miniwatts (ongoing). Internet World Stats, Miniwatts Marketing Group. http://www. internetworldstats. com/stats. htm.

[113] MITRE (ongoing). Common Vulnerabilities and Exposures, dictionary of common names for publicly known information security vulnerabilities. http://cve. mitre. org.

[114] MITRE (2009). Common Weakness Enumeration (CWE/SANS) top 25 most dangerous programming errors. From http://cwe. mitre. org/. S. Christey.

[115] Mohawk (1997). Putting the terror in terrorism, busted in 97. December Available at http://web. textfiles. com/ezines/OCPP/ocpp05. txt.

[116] Monty Python (1970). Monty Python's flying circus spam sketch. From http://www. youtube. com/watch? v = anwy2MPT5RE.

[117] Mylroie, L. (1995). The World Trade Center bomb: Who is Ramzi Yousef? And why it matters. *The National Interest*, December 1. Available at http://nationalinterest. org/article/the – world – trade – center – bombwho – is – ramzi – yousef – and – why – it – matters – 1035. National vulnerability database. http://nvd. nist. gov/.

[118] NCPI (2001). *Understanding Crime Prevention*, 2nd Edition. National Crime Prevention Institute. Woburn, MA: Butterworth – Heinemann.

[119] Nelson, A. J. , G. W. Dinolt, et al. (2011). A security and usability perspective of cloud file systems. SoSE 2011 6th International Conference on System of Systems Engineering, Albuquerque NM.

[120] NERC (2010). High – impact, low – frequency event risk report. From http://www. nerc. com/files/HILF. pdf, North American Electric Reliability Corporation, June 2010.

[121] Neumann, P. G. (2004). Principled assuredly trustworthy composable architectures. SRI International. Available at http://www. csl. sri. com/ ~ neumann/chats4. pdf.

[122] NIST (2011). Managing information security risk. National Institute of Standards and Technology, Joint Task Force Transformation Initiative Interagency Working Group.

[123] NRC (1996). *Cryptography's Role in Securing the Information Society.* National Research Council. Washington, DC: National Academy Press.

[124] NSPD – 54/HSPD – 23 (2008). The Comprehensive National Cybersecurity Initiative, National Security Presidential Directive 54/Homeland Security Presidential Directive 23.

[125] NTIA (1998). Improvement of technical management of internet names and addresses. National Telecommunications and Information Administration (Editor), Federal Register, Vol. 63, No. 34, FR Doc. 98 – 4200.

[126] NTSB (2010). San Bruno pipeline incident, preliminary report. Accident No.: DCA10MP008. From http://www.ntsb.gov/Surface/pipeline/Preliminary – Reports/San – Bruno – CA.html, National Transportation Safety Board.

[127] OCC (2008). Bulletin OCC 2008 – 16. Subject: Information Security Description: Application Security, US Office of the Comptroller of the Currency.

[128] Pande, P., R. Neuman, et al. (2001). The Six Sigma Way. New York: McGraw – Hill.

[129] Pariser, E. (2011). *The Filter Bubble.* London: Penguin Group.

[130] PCI (2008). Payment Card Industry (PCI) Data Security Standard, Version 1.2. Payment Card Industry (PCI) Security Standards Council, https://www.pcisecuritystandards.org.

[131] PDD – 63 (1998). U.S. Presidential Decision Directive 63. Available at http://www.fas.org/irp/offdocs/pdd/pdd – 63.htm.

[132] Peltier, T. R. (2001). *Information Security Policies, Procedures, and Standards.* Boca Raton, FL: CRC Press.

[133] Pike, J. (2012a). Eligible receiver. Available at http://www.globalsecurity.org/military/ops/eligible – receiver.htm.

[134] Pike, J. (2012b). Solar sunrise. Available at http://www.globalsecurity.org/military/ops/solar – sunrise.htm.

[135] PMI (2008). A Guide to the Project Management Body of Knowledge (PMBOK ® Guide), 4th Edition. Newton Square, PA: Project Management Institute. Ponemon Institute (2009). Electronic health information at risk. Available at www.ponemon.org.

[136] Powell, C. (2009). Security leadership. Fortify Executive Summit & ISE Mid – Atlantic Awards Washington, DC, Executive Alliance, Inc.

[137] Preckshot, G. G. (1994). Method for performing diversity and Defense – in – Depth analyses of reactor protection systems. UCRL – ID – 119239. US Nuclear Regulatory Commission Lawrence Livermore National Laboratory, Fission Energy and Systems Safety Program.

[138] President's Commission on Critical Infrastructure Protection (1997). Critical foundations: Protecting America's infrastructures, http://www.fas.org/sgp/library/pccip.pdf.

[139] Proctor, P. (2001). The Practical Intrusion Detection Handbook. Upper Saddle River, NJ: Prentice Hall.

[140] Ramachandran, J. (2002). Designing Security Architecture Solutions. Hoboken, NJ: John Wiley & Sons, Inc.

[141] Rattray, G. (2001). *Strategic Warfare in Cyberspace.* Cambridge MA: The MIT Press.

[142] Rekhter, Y., R. G. Moskowitz, et al. (1996). Address allocation for private internets. Request for Comments: 1918 Internet Engineering Task Force, Network Working Group.

[143] Rescorla, E. and T. Dierks (1999). The Transport Layer Security (TLS) protocol, version 1.2. Request for Comments: 5246, Internet Engineering Task Force, Network Working Group.

[144] Rice, D. (2008). Geekonomics. Boston: Pearson Education.

[145] Robb, J. (2007). *Brave New War, The Next Stage of Terrorism and the End of Globalization.* Hoboken, NJ: John Wiley & Sons, Inc.

[146] Rohmeyer, P. (2010). Technology malpractice. In Cyberforensics: *Understanding Information Security Investigations*, ed. J. Bayuk. New York: Springer.

[147] Ross, R., S. Katzke, et al. (2007). Recommended security controls for federal information systems, SP 800 – 53

Rev 2. National Institute of Standards and Technology.

[148] Rost, J. and R. L. Glass (2011). The Dark Side of Software Engineering. Hoboken, NJ: Wiley.

[149] RSTA (ongoing). Root Server Technical Operations Association, www. rootservers. Org.

[150] Ruitenbeek, E. V. and K. Scarfone (2009). The Common Misuse Scoring System (CMSS): Metrics for software feature misuse - DRAFT NISTIR 7517. National Institute of Standards and Technology.

[151] Safire, W. (1994). On language - Cyberlingo. *The New York Times Magazine*, December 11, 1994.

[152] Sarno, D. (2012). Phone apps dial up privacy worries. *Los Angeles Times*, February 18.

[153] Savola, R. M. (2007). Towards a taxonomy for information security metrics. International Conference on Software Engineering Advances (ICSEA). Cap Esterel, France, ACM.

[154] Schacht, J. M. (1975). *Jobstream Separator System Design.* NIST History of Computer Security. McLean, VA: MITRE.

[155] Schewe, P. F. (2007). *The Grid.* Washington, DC: Joseph Henry Press. Schmidt, H. (2006). *Patrolling Cyberspace.* N. Potomac, MD: Larstan Publishing.

[156] Schneider, F. B., Ed. (1999). *Trust in Cyberspace.* National Research Council. Washington, DC: National Academy Press.

[157] Schneier, B. (2003). *Beyond Fear.* New York: Copernicus. Schwartz, N. D. and C. Drew (2011). RSA faces angry users after breach. *The New York Times*, June 7. Schweitzer, J. A. (1982). *Managing Information Security, A Program for the Electronic Age.* Woburn, MA: Butterworth Publishers Inc.

[158] Schweitzer, J. A. (1983). *Protecting Information in the Electronic Workplace.* Reston, VA: Reston Publishing.

[159] Shannon, C. E. (1949). Communication theory of secrecy systems. Bell Labs Technical Journal, 28(4).

[160] Siegel, M. (2005). *False Alarm, the Truth about the Epidemic of Fear.* Hoboken, NJ: John Wiley and Sons, Inc.

[161] Singleton, F. (1994). The evolution of EDP auditing in North America. *IS Audit and Control Journal* Ⅳ: 38 - 48.

[162] SIT (2010). *Global Cybersecurity Policy Conference.* Washington, DC: Stevens Institute of Technology.

[163] Skoudis, E. and L. Zeltser (2004). *Malware: Fighting Malicious Code.* Upper Saddle River, NJ: Prentice Hall.

[164] Slater, R. (1987). *Portraits in Silicon.* Cambridge, MA: MIT Press.

[165] Smedinghoff, T. J. (2009). Legal and regulatory obligations. *In Enterprise Information Security and Privacy*, ed. C. W. Axelrod, J. Bayuk, and D.

[166] Schutzer. Norwood, MA: Artech House.

[167] Spamhaus (ongoing). The Spamhaus Project. From http://www. spamhaus. org. SSE - CMM ®(2003). Systems Security Engineering Capability Maturity Model ®. Model Description Document, Version 3.0.

[168] Stamp, J., P. Campbell, et al. (2003). Sustainable Security for Infrastruture SCADA, Sandia National Laboratories. SABD2003 - 4670.

[169] State (2010). International traffic in arms regulations. http://www. pmddtc. state. gov/regulations_laws/itar_official. html, US Department of State.

[170] Sterling, B. (1992). *Hacker Crackdown.* New York: Bantam Doubleday Dell Publishing Group.

[171] Stoll, C. (1989). *The Cuckoo's Egg.* New York: Doubleday. Stouffer, K., J. Falco, et al. (2009). Guide to Industrial Control Systems Security, SP 800 - 82. National Institute of Standards and Technology.

[172] Thompson, H. H. (2003). Why security testing is hard. IEEE Security & Privacy, 1(4).

[173] Thompson, H. H. and S. G. Chase (2005). *The Software Vulnerability Guide.* Hingham, MA: Charles River Media.

[174] Toner, E. S. (2009). Creating situational awareness: A systems approach. Workshop on Medical Surge Capacity, Institute of Medicine Forum on Medical and Public Health Preparedness for Catastrophic Events.

[175] UCF (ongoing). Unified Compliance Framework™, http://www. unifiedcompliance. com/.

[176] US - CERT (ongoing). The original CERT was privately operated, and has since been supplemented with one run by the US Department of Homeland Security, From http://www. cert. org/ and http://www. us - cert. gov/.

[177] Vijayan, J. (2008). McColo takedown: Internet vigilantism or online neighborhood watch? *Computerworld*, November

17. Available at www. computerworld. com.

[178] Virus. org (1998). Targeting the Pentagon, Rome labs attack story. *InfoSec News*, March 31. Available at http://lists. virus. org/isn – 9803/msg00123. html.

[179] Ware, W. (1970). Security controls for computer systems. From http://seclab. cs. ucdavis. edu/projects/history/papers/ware70. pdf, Report of Defense Science Board Task Force on Computer Security.

[180] Weiss, J. (2010). *Protecting Industrial Control Systems from Electronic Threats.* New York: Momentum Press.

[181] Wolf, C. (2008). *Proskauer on Privacy: A Guide to Privacy and Data Security Law in the Information Age.* New York: Practising Law Institute.

[182] Wyatt, E. (2012). White House, consumers in mind, offers online privacy guidelines. *The New York Times*, February 23.

[183] Zetter, K. (2011). How digital detectives deciphered Stuxnet, the most menacing malware in history. *Wired.* Available at http://www. wired. com/threatlevel/2011/07/how – digital – detectives – deciphered – stuxnet/all/1.

[184] Zimmer, B. (2009). On language. *The New York Times Magazine*, October 5.

内容简介

本书所探讨的网络安全政策涉及行政、立法、司法、商业、军事和外交行动等众多领域，阐释了网络空间、网络安全和网络安全政策之间的关系，描述了网络安全演化历史以及衡量网络安全的方法。针对政策决策者所面临的复杂网络安全环境，全面地给出了不同组织和行业的网络安全政策列表，以及美国政府为调整网络安全战略与政策所做出的努力。本书不仅可以作为大学高年级学生和研究生的网络信息安全教材和参考书，也适合于从事网络与信息安全领域行政管理、政策制定的高层管理人员，以及从事研究和开发的工程师和技术人员等。